国家社会科学基金艺术学项目资助
项目批准号：14BG070

福州大学哲学社会科学学术著作出版
资助计划项目

福州大学哲学社会科学文库

闽北地域文化与民居建筑样式

柯培雄 著

中国建筑工业出版社

图书在版编目（CIP）数据

闽北地域文化与民居建筑样式／柯培雄著. —北京：中国建筑工业出版社，2021.1

ISBN 978-7-112-25301-2

Ⅰ.①闽… Ⅱ.①柯… Ⅲ.①民居-建筑艺术-福建 Ⅳ.①TU241.5

中国版本图书馆CIP数据核字（2020）第120089号

责任编辑：王晓迪　郑淮兵
版式设计：锋尚设计
责任校对：王　烨

闽北地域文化与民居建筑样式
柯培雄　著
*
中国建筑工业出版社出版、发行（北京海淀三里河路9号）
各地新华书店、建筑书店经销
北京锋尚制版有限公司制版
北京中科印刷有限公司印刷
*
开本：787毫米×1092毫米　1/16　印张：19　字数：338千字
2021年1月第一版　　2021年1月第一次印刷
定价：**78.00**元
ISBN 978-7-112-25301-2
（36075）

前言

闽北独特的自然环境与历史文明造就了其独具特色的地域乡土文化。闽北地域建筑经历了漫长的发展，是历代闽北人民改造自然、利用自然的智慧结晶。两晋开始，中原汉族四次大规模迁徙入闽，在地域文化的撞击与交融中，富有地域文化特色的传统民居建筑便出现了。闽北地区明清时期的古村落是传统民居地域建筑保存最为完整的聚落之一，完美地体现了自然环境、传统哲学思维、地域风俗文化的融合。但目前对闽北地域文化与地域建筑形式语言的研究却很少有人涉及。

本书主要从闽北地域文化及其所反映的地域建筑形式语言角度出发，对闽北古村落空间结构进行考察，探讨这一空间结构的演变过程，揭示其历史变迁机制与历史文化内涵。古村落原生态的文化特质、村落布局和建筑文化是闽北明清时期地域建筑中比较有特色的地方，与闽西、闽南等区域有较大的区别。本书紧紧围绕闽北古村落具体建筑形态，从传统文化的宏观层面出发，结合传统民居地域建筑文化进行历史分析，分别从文化观念、技术水平、宗教信仰和形式语言四个方面，分析闽北传统民居地域建筑的内涵与价值、地理条件与地域文化背景，以及闽北地域建筑形式在技术利用上体现的民族性、文化性和地域性的民居建筑形式语言差异。本书还对民居建筑的地域居住模式及其形态源流与脉络进行梳理，从当地民居建筑的内涵、布局、平立面特点、结构形制、装饰和禁忌等几个方面展开研究。

作为人文环境与自然环境相结合的产物，闽北地域建筑形态受地理人文因素的影响，有着独特的历史背景、文化传统和民族特征，拥有高度发达的传统建造技术，蕴含着古人在营造活动中积累的丰富经验。闽北各地地域建筑特色迥异，识别度高，包含了与地域建筑相适应的营造观念和由多种文化交融所形成的地域特征。闽北传统民居地域建筑在长期的实践过程中形成了具有地域特色的建筑风格，不管是何种建筑形式，都具有深厚的文化底蕴，虽经历发展与演变，却仍保持着强大的生命力。主要表现为两种：一种是沿河岸采用的干栏式吊脚楼结构形制；另一种是房屋主体以穿斗式和部分抬梁式木结构为主，山墙采用风火墙的建筑形制。它们作为世代相传的地域建筑形制，在结合地形、节约用地、适应气候条件、节约能源、运用地方材料以及注重环境生态等各方面都体现了与自然的和谐共生，是闽北地域建筑文化的宝贵遗产。

从文化地理学的观点来看，闽北地域建筑蕴含着丰富的历史文化遗产和民族文化渊源。闽北古村落集中体现了包括古越文化的遗风、宗教文化的传播、朱子文化的传承、中原文化的交汇、海洋文化的融合等在内的多元立体的人文景观。古村落的空间结构在历史上特别是明清时期经历了一个形成、转变和变迁的过程，这一过程与人口的迁移、家族的发展、民间信仰仪式活动以及区域历史背景紧密相关。家族、宗教与市场等历史因素相互作用与影响，同时塑造了闽北古村落的空间形态及其社会文化内涵，这也是促使闽北古村落形成与发展的重要历史机制。认识古村落的原生态呈现的朴实无华的美，研究传统民居的地域文化并从中汲取营养，是地域建筑传承保护和可持续发展的重要途径。

闽北地域建筑的历史与文化传承、建筑形式语言应以建筑内容为依据，以建筑的内涵为最重要的表达方式，通过建筑的形状、空间、色彩、材料、尺度等，按一定的规律和组合方式、构造逻辑、环境文脉，探寻形式背后所隐藏的文化内容、精神内容，从功能美、形式美、造型美、结构美、材料美等方面得到完美呈现。传统民居地域建筑是以构成建筑整体形态基本单位的点、线、面、体、色五个方面表达建筑的基本形式语言。建筑的功能美是审美的第一要义，形式美是传达功能美的载体，一切所要表达的建筑风格都要与形式、内容有机结合，形成审美对象两个相互不可分割的要素。

闽北传统民居地域建筑是人类的一种象征，人类从蛮荒、居无定所到造庐而居，经历了漫长的岁月。民居建筑文化记录着社会变迁、家族兴衰、风土习俗，包裹着富有特色的建筑、雕刻、装饰艺术，扑朔迷离又生动鲜活，是闽北先民劳动创造的结晶。本书还以装饰形式为切入点，对建筑装饰的常见工艺即砌筑工艺、雕刻工艺、彩绘工艺进行归纳整理。对闽北具有代表性的地域建筑装饰的分析，主要以材料、构筑、气韵为介质分析闽北地区（包括延平、武夷山、建阳、建瓯、邵武、光泽、顺昌、浦城、政和等地）灰砖建筑的地域特色。

综上所述，闽北地域建筑文化多元兼容和各自传承的特性构成了其文化的丰富性，成为闽北历史文化不可或缺的内容。开展对闽北地域建筑功能、形式、多元文化特征、传统民俗文化和建筑装饰艺术的综合研究，必将对闽北地域建筑的发展有非常积极的意义。在全球化的大趋势下，经济和科技的全球化使地域文化的趋同化日益严重，地域文化日渐消退。因而，应该积极有效地保护、继承和发展地域建筑文化，使建筑在满足功能需要的同时体现地域文化特色。要保护好非物质文化遗产和研究传统营造技艺，真正认识到非物质文化遗产的传承规律，并按此规律来呵护遗产。

目 录

闽北地域文化与民居建筑的技术水平

第三章 闽北地域建筑的公共空间与宗教信仰

第四章

闽北民居的地域性表达与建筑形式语言

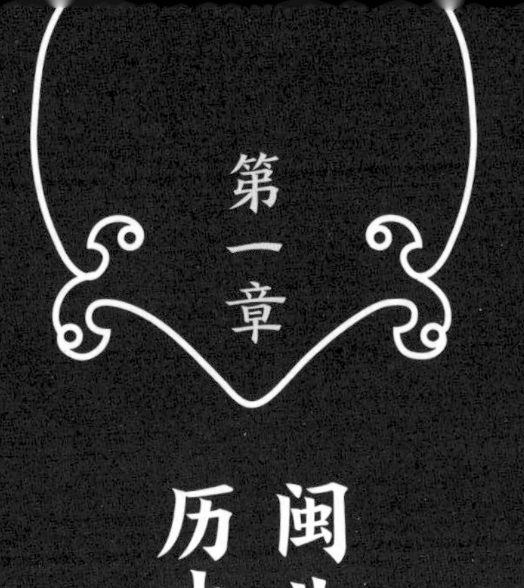

第一章

闽北地域建筑的历史与文化观念

第一节

闽越文化与地域建筑文化的历史渊源

一、闽北地域的典型特征

南平市位于福建省北部，辖二区三市五县，即延平区、建阳区、邵武市、建瓯市、武夷山市、顺昌县、浦城县、光泽县、松溪县、政和县，俗称“闽北”，地处闽、浙、赣三省交界地带，面积2.63万平方公里，占福建省面积的21.66%，总人口305万，是一个以丘陵为主且溪流密布的内陆山区，境内山岭耸峙、低丘起伏，河谷与山间小盆地错综其间，有武夷山、杉岭、仙霞岭、鹫峰山四大山脉，其中武夷山脉主峰黄岗山为华东最高峰。具有适于农耕生产的优越性，是福建省最早开发的内陆腹地。

古时，闽北西邻荆楚，北接吴越，秦、汉之后，中原人口南迁，尤其自五代离乱，江北士大夫、豪商巨贾多逃难于此。在这块山川秀丽的土地上，中原文化、荆楚文化和吴越文化融合，历史文化积淀丰厚，具有独创性、多元性、神秘性和辐射性。由于交通不便、相对封闭的地理环境等因素制约，闽北地域文化相对独立，具有鲜明的地域特征。完整保存下来的民俗，成为闽北地域文化的突出表现形式，形成“一地一俗”的文化格局。闽北是福建省语言分布最为复杂的地区，从古至今没有全闽北共同认同并能相互交流的方言。

闽北从新石器时期起就是古越人栖息之地。在周朝为七闽地，春秋以后为闽越地。战国时期，越王勾践后裔率大批流散的宗族入闽后，建立了闽越国，揭开了闽北文明史的第一页。三国时期，全闽第一座郡城——建安郡（今建瓯）的设置，标志着汉文化已大规模传入闽北。据考证，自两晋开始，就有北方汉人南迁福建。历史上，汉人南迁入闽的三条要道均在闽北（杉关路、分水关路、仙霞岭）。因此，闽北自然成为中原文化的集散地，最终造就了福建文化中心地带之一的历史地位。闽北是中原汉人迁徙入闽的第一站。中原汉人入闽大体可分为四次：第一次是西晋末年永嘉之乱八姓入闽。“永嘉之乱，衣冠南渡，始入闽者八族”（《三山志》）。林姓、黄姓、陈姓、郑姓、詹姓、邱姓、何姓、胡姓八姓，本系中原大族，入闽后先在闽北（今南平地区）及晋安（今福州）定居，而后渐向闽中和闽南沿海扩散，史称“衣冠南渡，八姓入闽”。这八姓多为中州世族，文化素养较高，为避永嘉之乱而携眷南逃，多定居在闽江流域和晋江流域。随着西晋士大夫入闽，汉文化输入闽北，陆续入闽的中原及吴越故地的汉人很早就成为闽北居民的主体。第二次是隋唐以后，闽北人开始兴文重教、读书求仕。在此间，移民不但传承着中原的先进文化和生产技术，同时经受了闽江流域等不同地域文化的撞击与交融。第三次是唐末五代时期王审知治闽。河南光州固始人王审知与其兄一起率五千人马入闽，定都福州，后被封为“闽王”。第四次是北宋南迁、宋室南渡前后。中原百姓为避战乱，再次出现了南迁浪潮，使福建地方人口急增。闽北从唐末到明朝中叶，创办的书院在全省一直处于领先地位，培养了一大批文人学子考取功名。这四次大移民和陆续入闽的移民，都不同程度地带来了中原的先进文化，加快了闽北的开发和进步。另外有不少闽人北上访学，也将中原文化带回闽地。

古代福建是一个移民省份，从汉民迁徙的历史可以看出，“永嘉之乱”开中原汉人南下的先河，大批中原汉人迁移到了闽北、闽西、闽南等地定居。移民使中原的文化传到闽北，再与闽北本土文化结合，形成了具有鲜明特色的地域文化；晋时也有部分汉人因中原战乱而南下，大批汉人通过陆路、海路进入闽地。根据北方汉人入闽的时间和路线，福建可以分成东南沿海区和西北内陆山区两大片。前者包括闽东、莆仙、闽南，后者包括闽北、闽中、闽西北。这两大片的分界恰好与晋代晋安郡和建安郡的分界重合。由海路迁入的大批北方移民，先在各江河出海口（闽江、木兰溪、晋江、九龙江）定居，建立一系列县城，合称晋安郡，然后又沿河谷向内陆地区推进；另一个方向是由陆路从江西、浙江越过仙霞岭、武夷山进入福建，在闽江上游各流域设县，组成建安郡。两郡之间长期没有大规模的交流和接触，两郡之间的空间到唐代才逐步填满（戴志坚，2009）。

闽北被誉为“闽邦邹鲁”和“道南理窟”，朱熹“琴书五十载”所构建的理学体系为世人景仰，亦有“东周出孔丘，南宋有朱熹，中国古文化，泰山与武夷”之说。良好的学习风气，尊师重教的优良传统，使闽北文风鼎盛、人才辈出，曾出过2000多位进士和17位宰相。千百年来，闽北人民用自己勤劳的双手在这块山川秀丽的土地上创造了丰富多彩的闽北地域文化。家家有“读圣贤书，行仁义事”“士服诗书，农安耕凿”的古训。程门立雪、喜文重教、才情横溢、夺冠登科的典故千百年流传。

自汉晋时期开始，中原入闽的移民在闽北定居下来，男耕女织，秋收冬藏，至宋代已进入文化高度成熟时期，科举繁荣，人才众多，还涌现了朱熹、李纲、杨时、真德秀、柳永、宋慈、游酢、黄峭、李侗、杨亿、严羽等一批著名人物。宋明时期，福建的闽学成为后封建社会时期的主流思想，其骨干朱熹及其师友弟子多半都是闽北人。闽学是福建最大的哲学学派，其思想核心是天理论，是主要在闽北发展起来的一个重要学派，为中国后期封建社会理学的主要代表。无论思想深度还是影响力，闽学堪称福建文化的顶峰，至今不可逾越。

闽北山区的地理环境决定了其本土文化发育相对滞缓，受外部地域文化的影响是闽北地域文化发展的一个特色。闽北文化格局呈现明显的多元化发展态势，即由几个文化密集地构成若干个文化中心地带。在历史上，交通的顺畅是走向文化繁荣的关键因素。闽北文化的迅速崛起无疑是各种因素共同作用的结果。因其特殊的地理位置与独立性，宋代的闽北成为福建文化区域的中心地带，为书院的兴起和发展提供了良好的社会环境。

闽北拥有独特的地理环境，古代就成为福建沟通中原汉文化、政治、经济的走廊和桥梁，在漫长的历史长河中又是闽越文化的摇篮，逐渐形成了具有浓郁地域特征的价值观念、思维方式、道德规范、文化形态、历史遗存和社会习俗。闽北地域文化的形成经历了在一定的地域中与环境相融合的长期过程，是一种打上了地域烙印的独特文化，在不断发展、变化，但又具有相对的稳定性、独特性。

闽北的闽越国存在的时间大致在公元前334年至公元前110年之间，是战国时期被楚国所灭的越人逃到该地时，与当地的百越族原住民所共同建立的一个国家，是闽北历史上地方割据政权中时间最早最长也最为强盛的古国，尤其是公元前202年之后的六七十年。在近一个世纪的岁月中，闽越人既保持了闽北远古文化中的风俗习惯、宗教观念等，又在政治、经济、文化、艺术等方面效法中原内地，创造出灿烂一时的闽越古国文化，闽北武夷山城村的闽越王城是当时东南一带规模最大的城市。

闽越文化是闽北地区古代居民创造的地方文化。闽越族文化与中原华夏文化有接触与交流。据文献记载，在尧舜时代，中原地区的华夏族已与闽越地区的原始部落发生联系。秦、汉以后，中原文化进入闽北，吴、越文化也继续向闽北传播并“沉积”在这里，有的成为基本固定的民俗文化并传承至今，有的则发生变异，在其原有的形式上产生了新的内涵。北宋末年，中原汉人大规模南迁入闽，逐渐占据了整个闽北，并与闽越遗民融合。高度流动的移民特征，使闽北人拥有开放兼容的文化心态，能宽容平和地吸纳外来人和外来文化，并与当地的原生文化兼容并蓄、相得益彰。1986年，福建考古队在闽北的武夷山、光泽、邵武、松溪、政和等地发现商周闽越人活动和生活遗址，出土的鼎、樽、编钟和戈等，形制与纹饰都和中原地区同期所出的同类物基本相同，应是由中原地区输入的。闽越地区与相邻地区及中原文化交流的史实，得到了考古材料的印证。不同时期的汉人南下，带来了中原不同时期的汉语言，在不同定居地与当地土语相融合，形成了闽北纷杂的地方方言。闽北是山区，自然环境的影响还使闽越人的衣着奇特，“短绻不挎”，“短袂攘卷”。闽越人日常主要穿短衣短裤，以方便涉水、游泳、划船。闽越人之善于驾舟、能治船、习水斗，显然不是从中原带来的，而是向原住民学的。汉人南迁也带来了中原不同时期的建筑形式和风格，对闽北民居样式、形式和风格的形成影响较大。

闽北的“干栏”建筑是闽越人生活居住的主要建筑形式。不同于中原人直接在地上挖地基、盖房子，在古代，闽越地区地面潮湿，而且草木茂密，蛇虫猛兽较多，为了避免潮气和蛇虫野兽的侵袭，闽越人在地面上营建住所时是用木桩将房屋架空，房子与地面之间有一定距离，这种建筑形式就叫作“干栏”。在古代文献里，“干栏”又称为“交栏”“阁兰”“葛栏”等。出现于旧石器时代的“巢居”是“干栏”建筑最原始的形式。干栏是巢居的一种较高级形式，并且与楼阁的起源有着密切关系。

二、历史沿革与地理环境

闽北古闽越文化可追溯到3800多年前的船棺遗存。武夷山城村汉代闽越王城是闽越族历史辉煌的一章。闽越王城遗址位于城村西南1千米，北距武夷山市区35km，南距建阳市30km。城村发现的占地面积达48万平方米的大型闽越王城遗址，仅闽越王城宫殿群的基址面积就达2万平方米。宫殿采用对称布局，展现一种方正、规整、对仗的美，创造了庄严肃穆、端庄凝重、平和宁静的空间境界。遗址坐落在起伏的丘陵山地上，是闽越社会先进经济和文化的缩影。而众多闽越遗址和遗物，明显留有汉文化影响的历史痕迹。如闽越王城宫殿、城址的建筑风格以及各种瓦当的汉字装饰纹样，有的与同时期中原地区的基本相同，具有极高的历史文化和研究价值。

闽越王城遗址发现于1958年，在此之前，城村村庄西南侧的北岗山是一片杂草丛生的蛮荒之地，村民在开荒时，无意间在这块山丘上挖出了几块残破的瓦片，这些瓦片和村中常见的黑瓦截然不同，瓦面上饰有排列有序的线条纹案，形成整齐而有韵律的节奏。瓦片随即被送到了当地文物部门。考古学家在此地进行了进一步发掘，发现了大量装饰有绳纹、印有文字的陶片、瓦片。经正在武夷山地区进行文物普查的考古专家初步鉴定，这些陶片、瓦片均为汉代文化遗存。

城村西南侧竟有如此众多又如此密集的古代建筑材料遗存，考古专家们推测，这一区域很有可能是一座距今两千多年前的汉代闽越王城遗址。次年，福建省文物部门组织了一支考古队再次来到城村进行考古发掘。此次遗址发掘发现了大量古代建筑构件以及各类生活用具等，并且基本探明了闽越王城的范围、平面形制、城墙结构等问题，掀开了沉寂数千年的闽越王城的神秘面纱。有关城村确有汉代闽越王城遗址的推测也得到了印证。在此之前，福建境内还从未发现过汉代遗存，城村古汉城遗址的发掘，填补了中国南方曾经缺失的一段重要历史。

闽越王城建在三座山丘之间一块平坦开阔的高坪上，占地48万平方米，有4个城门。因随着山峦起伏之势筑造而成，东西城门之间是一条宽10米的大道，用鹅卵石铺成。大道北面是占地2万平方米的宫殿区，仅主殿就有900多平方米。所以，王城的地势西高东低，城址的平面形状不很规整。考古专家证实，这座王城在选址时，是经过精心勘测和规划的。当时的闽越国是汉代东南一带势力最强的国家，城村的闽越王城也是东南一带规模最大的城市。

闽越王城是中国长江以南保存最完整的一座汉代王城遗址，在创建选址、建筑手法和风格上独具一格，是中国古代王城的一个典型代表，在中国建筑史上占有重要地位。位于闽越王城西、南两侧的高山与东、北两侧的溪流，如同一道天然屏障，将王城包围其中；王城的四周各开有一道5m宽的城门，因有河道穿城而过，在王城的东、南两侧分别设置了水门；而在王城的西北、西南两处的制高点上，分布有烽火台和瞭望台；城墙外，还围绕着几米深的护城壕沟。城址呈长方形，南北长860m，东西宽550m，保护规划控制面积约$14.6km^2$。

闽越王城的东、西、北三面，崇溪环绕，依山傍水，风景优美。城墙沿山势夯土建筑，残高4~8m，东西城垣共保留3处豁口通道，为当年的城门。王城外有护城壕。经发掘，王城内分布着殿宇、楼阙、营房住宅、冶铁、制陶和墓葬等遗址多处，有冶炼作坊区、制陶窑址区、墓葬遗址区、官署遗址区、居民遗址区等。中央高台上的闽越王城宫殿遗址包括大门、庭院、主殿、侧殿、厢房、回廊、天井、水井和排水管道等。建筑物坐北朝南，左右对称，布局严谨，与当时平原地区的城市布局截然不同，是江南独树一帜的“干栏式建筑”。闽越王城令人称奇的排水系统，利用自然山坡与沟谷建

汉代文化遗存陶片、瓦片

中央高台上的宫殿遗址

成，实行雨水和污水分流，规划十分合理自然。有学者认为，城村边的闽越王城是当年闽越王余善的行宫，也有人推测是汉武帝平定闽越后设立的一个军事城堡。究竟谁是谁非，还有待考证。

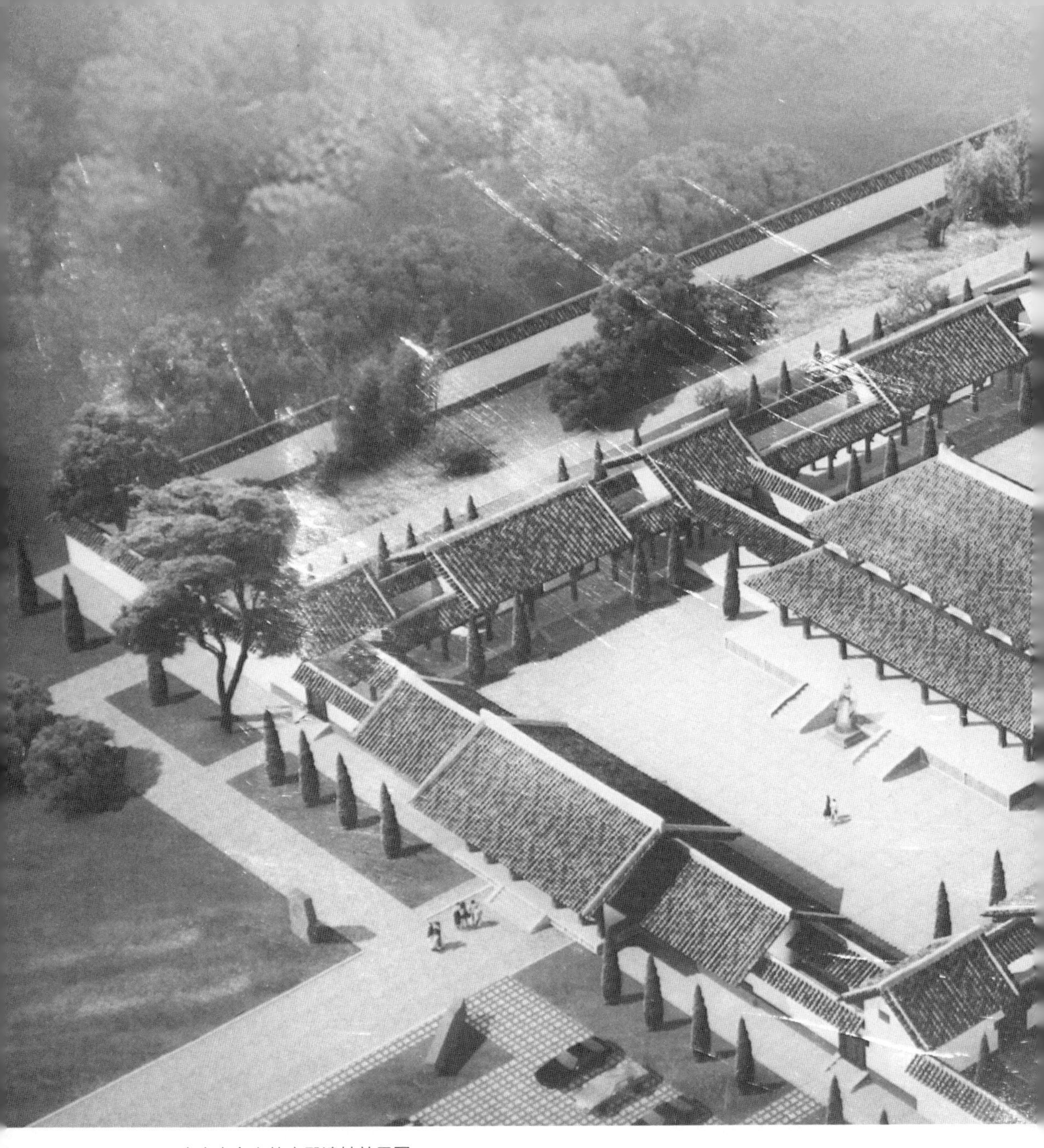

中央高台上的宫殿遗址效果图

1. 历史沿革

距今两千多年前，是一个烽烟四起、群雄并立的年代，楚越两国间发生了一场战争，越国战败，越王被杀，越王勾践的后裔——无诸与越国臣民，辗转来到福建武夷山一带的山区，定居下来，他们在这里砍竹作筏，靠捕鱼猎兽为生，

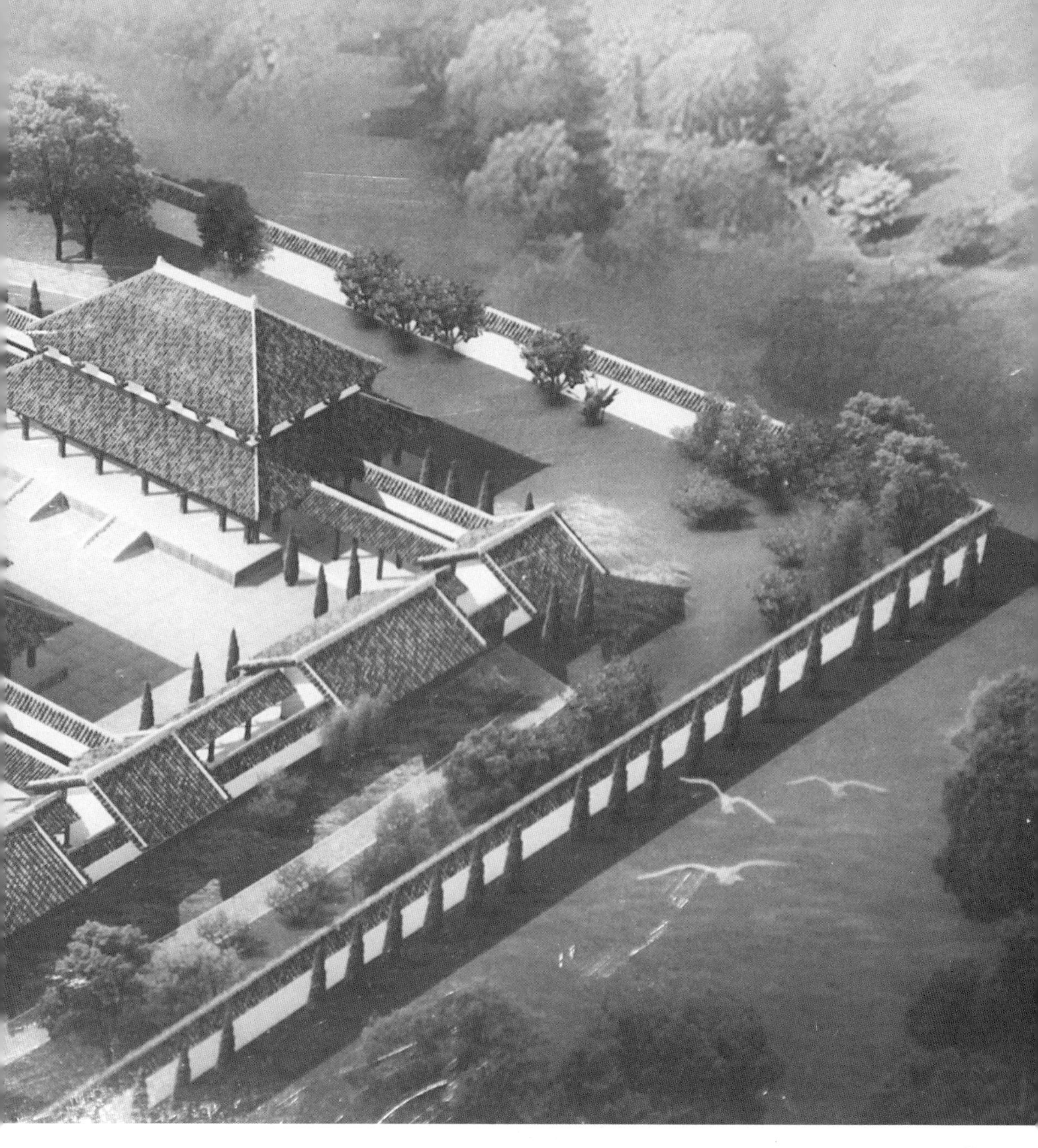

渐渐形成一个闽越人的部落。战国秦汉时代，由闽越族人建立了闽越国，闽越人的部落又强大起来，无诸做了部落首领后，便立国称王。司马迁在《史记·东越列传》中，记述了闽越国兴衰的历史沿革。

秦在统一六国以后，为强化中央集权，派军队向福建进军。始皇二十五年

（公元前222年）在闽越族聚居地设立闽中郡。闽中郡的辖地包括今之福建省全境，以及相邻的浙江省、江西省、广东省的一部分。闽中郡虽为秦王朝的四十郡之一，建制却不相同，秦未派守尉令长到闽中来，只是废去闽越王无诸的王位、改用“君长”的名号让其继续统治该地，这自然引起闽越人的强烈不满。

秦末农民大起义时，无诸和摇率领闽中郡的子弟归附鄱阳令吴芮，跟随诸侯灭秦。由于西楚霸王项羽在分封各路起义军及诸侯时，没有封无诸等闽越王族，因此在长达五年的楚汉战争中，无诸等闽越首领就率领越人辅佐汉王，所以，当刘邦率大军直捣秦都咸阳时，闽越人也汇入起义的浪潮中，帮助刘邦推翻了秦王朝，为刘邦建立大汉立下功劳。汉高祖五年（公元前202年）刘邦登上皇位后，立刻封无诸为闽越王，让他在当地建立国家，在闽中故地称王。于是无诸成为西汉王朝首封的少数民族国王，统治闽中，建都在东冶。在这一年，无诸开始修建闽越王城。汉惠帝三年（公元前192年），汉廷又将闽越族的另一位首领摇封为东海王，建都在东瓯，世人也称他为东瓯王。自此闽越族分为闽越国和东瓯国，史书通常合称两国为东越。

闽越族人建立了闽越国

无诸死后，子孙内讧迭起，北征东瓯，南击南越，频频挑起战争。汉武帝建元三年（公元前138年），闽越出兵围攻东瓯，东瓯王不得已率领民众内迁至江淮一带，其领地被闽越国所并。汉武帝建元六年（公元前135年），闽越王郢又发动对南越国的进攻，南越王赵胡派使者向汉廷求救，汉武帝调两路大军讨伐闽越。大军压境之时，郢的弟弟余善刺杀其兄，向汉廷谢罪，汉廷遂罢伐越之师。闽越王郢被杀后，汉武帝立没有参与谋乱的无诸之孙繇君丑为越繇王，继承闽越国王位。但繇王无法控制威势日增的余善，汉武帝不愿为余善的事再兴师动众，就封余善为东越王，与繇王并处。闽越国从此产生了一国二王的局面，同时原来的东瓯故地也从此名正言顺地归余善统治。余善几乎控制了整个闽越国，最后发展到刻“武帝”玺，自立为帝，并发兵反汉。

闽越国的迅速发展壮大，严重地威胁了西汉王朝。这时的西汉王朝经过近百年的休养生息，国富民强，特别是汉武帝在位期间，汉朝进入鼎盛时期，他不能容忍各边远地区政权日益强大。元鼎六年（公元前111年）秋，余善公开发兵反汉。汉武帝在击败北方匈奴后，回首考虑解决南方两越割据政权的问题。闽越王擅自称帝，汉武帝才不得不调遣四路大军共数十万人围攻闽越国。就在血战即将全面展开时，汉王朝对闽越国内部采取分化瓦解的手段，故越衍侯吴阳与建成侯敖、繇王居股合谋，共同杀了余善，率兵投降汉廷，闽越国叛乱被平定。为了彻底消除后患，汉武帝诏令大军将闽越国人全部强令迁往江淮地区，恢宏一时的闽越王城，也在汉兵燃起的熊熊大火之中消失。就这样，闽越国的历史在进入第九十二个年头时戛然而止，闽越王城的城池宫殿毁于战火，变成了一片废墟。城村这块古老的土地也因此荒芜了数百年。此后的中国历史中再不见它的影子，并入了大汉帝国的版图，闽越人也逐渐与汉族融合，成为中华民族的一员。

汉武帝消灭了闽越国后，在闽越故地设冶县，隶属会稽郡。在闽越立国前后的一段时间内，闽越文化呈蓬勃发展态势，而汉越文化交流及融合的现象也已经出现。尽管西汉中央政府加强了对闽中之地的实质性管理，但是汉代的福建仍然是偏僻的边疆，人烟稀少。除了驻防的官吏和军队以及一些避世者进入福建，这一时期北方中原汉人迁闽的人数十分有限。

东汉末年至三国两晋南北朝时期，北方因中原地区连年战乱，人们四处逃亡，中国开始了将近一个世纪的移民，同时北方汉人也把中原文化传到了南方。三国时，孙吴政权先后增设吴兴（今浦城）、建平（今建阳）、建安（今建瓯）、邵武、将乐、南平、东安（今南安）7个县。北方汉人从江西、浙江入闽，如建溪一线及浦城、邵武等地。这一地带与外界相通主要通过3条陆路：一是杉关路，从邵武出杉关入江西，地势平坦；二是分水关路，由崇安至江西铅山界，为闽赣孔道；三是仙霞岭，由浦城北上，路线最短（林拓，2001）。该地带对外交通便利，闽北走廊和南浦溪路分别构成邵武、浦城与建溪流域密切联系的交通纽带，拥有完整的地域网络，而建阳正处于该网络的核心，南平正处于这两条交通线相会的闽江起点。这样的分布恰恰反映了移民由浙、赣两方入闽后的分布态势。东安县在晋江下游，这也说明移民开发的区域首先在晋江流域，这批汉人是由浙江经海路而来的。当然，北方中原汉人入闽是一个日积月累的过程。他们并非都是在高潮时一拥而入，平时也陆续有不少汉人入闽，只是没有那样多而集中。

在东汉建安（196-219年）以前，福建始终只有一个东冶（后改名侯官）县。福建的真正发展是在唐之后。唐代北方移民主要有初唐、晚唐和五代三次进入福建。据统计，自唐开元至北宋初太平兴国年间，福建人口迅速增长，福建各州户数增长百分比，可发现西部建州最高，达83%，依次向汀州、福州、泉州递减，可见唐后期五代移民主要是从江西、浙江西进入福建，主要在闽北一带定居，部分人经闽江而下，向南北两侧扩散（戴志坚，2009）。

移民的地域开发、地方行政管理的深入和文教的持久性开展，是推动早期福建文化发展的重要动力。北方大量的移民进入福建，对福建的经济文化发展起了很大的作用，使福建一跃成为全国经济文化水平较高的地区。并逐渐形成了沿海与内陆不同的两个文化带，直接反映了当时海路与陆路移民开发的地域格局。

宋代福建文化的繁荣及文化中心的多元化发展，与中国历史上的四次移民浪潮及其入闽路线密不可分，当时闽北文化密集地多分布在外围地域正是与移民入闽的推进态势直接相关。宋代闽北的经济并不明显优于沿海，战乱及社会矛盾尖锐导致南宋科举下滑，却对学术思考提出严肃的理论要求，对闽学的形成产生发挥着重要的作用。

宋代福建文化格局呈现明显的多元化发展态势，即由几个文化密集地构成若干个文化中心地带，闽北的建阳正处于该网络的核心。这一地带是当时福建学者、著作及书院最为密集的地域。著名的“闽学”便产生于此，而建阳则是闽学学派讲学活动的中心。此外，还有号称“图书之府”的建阳刻书。自宋代起，建阳以其独特的地理环境成为闽北乃至福建的文化中心，而闽北书院林立、文风鼎盛，为建阳刻书业的发展提供了良好的条件和文化环境，闽北书院对刻书业的影响和作用是毋庸置疑的。“天旋地转，闽浙反居天下之中”（朱熹语），闽北书院可谓功不可没。这种现象在闽北书院创办者中非闽籍人士居多这一点上得到很好的验证。不说赫赫有名的朱松、朱熹父子，邵武和平书院的创办者黄峭、建阳鳌峰书院的创办者熊秘、建阳西山精舍的创办者蔡元定、建阳溪山书院的创办者叶味道等，都是非闽籍人士。他们或是南迁入闽之第一代，如黄峭、熊秘；或是南迁入闽之后裔，如朱熹、蔡元定；甚至还有为从学朱熹而入闽，如叶味道。由此可见，这一地理特征在很大程度上决定了闽北在福建历史上扮演的角色。

蔡元定创办的建阳西山精舍遗址

闽北在历史上属于后进地域，以致长期被视为“化外之地”。大批移民入闽带来先进的汉文化，对闽北文化整体水平提高的作用是不言自明的。到了隋唐时，南方的文化水平已经不比北方落后了。宋代福建文化兴盛，达到高潮，两宋时期福建进士总数占全国的五分之一，居全国之首。福建在宋代共有8个统县政区，故称“八闽”。“八闽”之称相沿至今，这也是后人追忆宋代福建文化史上辉煌时期的结果。宋代，福建的文化和学术中心在闽北，其中以武夷山为代表的闽北地区文化的崛起，是整体勃兴中最为灿烂的一支。不过影响较大的还是明清以后，对今天地域文化影响最大的还是近代的移民。

2. 地理环境

闽北地理环境崇岗复岭、深溪窈谷，以丘陵山地居多。现有山地面积21120km^2（3168万亩），占全省的25%，耕地面积2066km^2（309.9万亩），占全省的26.4%，是福建省主要林区和粮区，地处闽、浙、赣三省交界的福建省一侧。福建境内有两列主要山脉，一列为武夷山脉，另一列为鹫峰山、戴云山、博平岭。武夷山脉是福建最重要的山脉，它犹如一条巨龙从东北向西南纵贯福建省的西北部与江西交界处，其两侧形成了一道天然屏障，绵延530多公里，海拔700至1500多米，是闽江水系、汀江水系与鄱阳湖水系的天然分水岭。浙江省西南部的仙霞岭与武夷山脉相衔接，其支脉向东南伸入浦城一带，成为闽、浙两省水系的分水岭。

闽北武夷山具有独特、稀有的自然景观，属罕见的自然美地带，是人类与自然环境和谐统一的代表。武夷山市西面的主峰黄岗山海拔2158m，是武夷山最高峰，也是中国东南最高峰，号称“华东大陆屋脊”。由于山势陡峭，群峰林立，该地区常年云雾缭绕，雨量充沛，气候温暖，形成了我国东南大陆面积最大、保存最完整的中亚热带森林生态系统。黄岗山顶属武夷山自然保护区的核心区。由于保护区的特殊性质，并未完全对外开放。

武夷山脉西北坡陡峻，东南坡较为平缓。闽西北大山带间形成了许多面积不大的山间盆地，这些盆地多为低丘，仅底部河谷两旁有小片平地。闽北纵谷主要是建溪流域，该流域由多条支流组成一处大面积的扇状地区，地面为许多互不连贯的河谷盆地和分隔这些盆地的丘陵及低山，主要盆地有武夷山、建阳、建瓯、浦城、王台等，是闽北最重要的农耕区及城镇集中地，也是古村落的主要分布点和闽江水系、汀江水系与鄱阳湖水系的天然分水岭。浙江省南部的仙霞岭与武夷山脉相接，其支脉向东南伸入浦城一带，成为闽、浙两省水系的分水岭。在武夷山脉和仙霞岭支脉中，有许多与山脉直交或斜交的垭口，以“关”命名，如浦城的枫岭关、武夷山的分水关和桐木关、光泽的铁牛关和杉关、邵武的黄土关等，是闽、赣间和闽、浙间的交通孔道。武夷山脉绵亘省境西北，网络状水系以及串珠状大小盆地等基本地理特征，对福建北部古村落的形成产生了至关重要的影响。

闽北是闽地最早接受入闽汉人的地方，也是福建开发最早的地区。继东吴开发闽北之后，北方中原汉人入闽是在南朝梁侯景之乱后，从浙江和江西越过仙霞岭、武夷山进入福建，在闽江支流上游各流域设县，组成建安郡。南渡北人辗转入闽的主要定居点是闽北，也有部分人辗转到了闽江下游、木兰溪流域和晋江流域等闽东南沿海地区的东南沿海地区。当时闽北极盛，占全省一半县份和一半人口。

仙霞岭古道，原称江浦驿道、浙闽官道，是京城到福州的驿道中极其关键的一段。道路由石头砌就，实际宽约2m，俗称“七尺道”。历史上，仙霞岭古道是沟通浙闽两个富庶经济区的旱路。是浙闽赣三省要冲，素有“浙闽咽喉”“东南锁钥”之誉。仙霞岭古道起点在浙江江山，南抵福建省浦城县，全长120.5km。它始于汉、唐，兴于宋，盛于明，鼎盛于清，历经战火硝烟、沧桑两千余年，承载着中国历史上文化和经济的辉煌。在古道上贸易来往的货物主要是浙、赣、皖等地出产的丝绸、瓷器、茶叶，它们源源不断地在古道上流通交易，这些经过古道走出国门的物产，促成了一个特殊的行业——“挑浦城担”，众多挑夫活跃在古道上，走着一段充满风尘的苦旅。

浦城，是仙霞岭古道南端的主要物资转运站。在城关、观前、水北、旧馆，均设有多处码头。《浦城县志》称，仅城关码头“长达1.5km的河道，两岸均建有埠头，常年停有船舶一二百只”。至今还有保存完整的江山街和江山井，还留有三山会馆这样的建筑，仿佛还在讲述那个时代商道驿站的繁华与喧嚣。不难想象，古道是何等重要的一条贸易大动脉。

唐代中期以后，由于“安史之乱”，国势渐弱，加之吐蕃崛起，时常袭扰商队，经由河西走廊的丝绸之路渐趋衰落。东南沿海以宁波港、福州、泉州、广州为中心和出发点的“海上丝绸之路”便应运而生。由仙霞岭入闽的路线，则成为连接海上丝绸之路的陆上运输线、中原物资入闽的主要通道。随着海上丝绸之路的开辟，这条古道便成了名副其实的贸易古道，将古道北端的出口物资以及灿烂的吴越文化输向遥远的孟加拉湾、阿拉伯海、红海乃至地中海沿岸。

闽北的地域建筑文化是在特定的自然地理环境中经过自生的历史演变过程形成的。传统民居建筑是形成鲜明地域建筑文化特色的重要元素。当地的气候环境、地理条件、地方建筑材料、建筑工艺对传统民居建筑的影响极大。闽北多山、多水、交通不变的自然环境，是造成其文化、语言、风俗、建筑风格独特的

仙霞岭古道

原因之一。闽北传统民居主要按夏季气候条件设计，遮阳防晒、通风、排水、防潮防风等方面有其独到之处。

闽北是福建最重要的农耕区及城镇集中地之一，也是古村落的主要分布点，如浦城的观前村等。这些古村落绝大多数为历代的外来村民所建造，这些移民的根虽然远在中原，但祖上经历了多次迁徙，必然通过村落折射出他们漫长移居过程中的经历与价值观念取向，使村落的构成要素呈现多种不同的特征。闽北文化是由闽江流域向南向西扩展而形成的，由于山脉的阻隔，交通比较困难，形成了

浦城的观前村

观前村一隅

各自相对独立的小经济区域，培植出不同流域间村落聚居的不同风格。

闽北地区的特点是山高林深，河流湍急，平地很少。横亘闽赣边境的武夷山脉，绵延千里，雄伟高峻，发源于闽西北群峰之间的涓涓细流，奔腾出山，聚合成建溪、富屯溪和沙溪三条大河，在南平附近会师，变成浩浩荡荡的闽江，冲破闽中群山的重重阻挡，在福州平原入海。闽江上游三大支流的广大流域，历史上分属闽北三府十七县管辖。建溪流域诸县属建宁府，府治在今建瓯市；富屯溪流域上游诸县属邵武府；富屯溪下游和沙溪中下游流域诸县属延平府，府治在今南平市。

闽北地域文化与理学传统的深厚积淀表现在各个方面，传统建筑多豪门大宅，英华内敛，肃穆质朴，呈现一种理性与节制之美，只有登堂入室，细细品味，才能领略其深沉的意味。如武夷山下梅村邹式大夫第门面小而朴实，进入巷子，才发现这是一个庞大的建筑群。邹氏大夫第是传统的三厅九栋布局，主体建筑为三进院落排列，气势恢宏，除厅堂、天井、回廊外，有房数十间，均系砖、木、石结构。幢与幢之间既独立，又有回廊与侧门沟通，庭院、走廊、天井全用

闽北群峰之间的涓涓细流聚合成的建溪

武夷山下梅村邹氏大夫第

花岗岩石板铺设，厅堂是方砖地面，天井有石柱花架和石水缸。庭院分南北前后进出，北端有接客厅。邹氏大夫第设多重门楼，精美的砖雕、木雕、石雕，粗大的梁柱，宽大的庭院充分体现了清代建筑的雄浑大气。

邹氏大夫第建筑布局严谨、合理，对于研究清代建筑具有较高价值。现存闽北传统民居多建于清代，明代的十分罕见。邹氏大夫第的规模较大，保存完好，为下梅村绝无仅有的一座大量使用了花岗岩的建筑。事实上，因为采石不易，闽北民居建筑石材的使用十分俭省，只在门楼、天井、走廊、檐阶等少数地方铺设。比较气派的闽北传统民居建筑，多为砖木结构，寻常人家则使用土木材料。

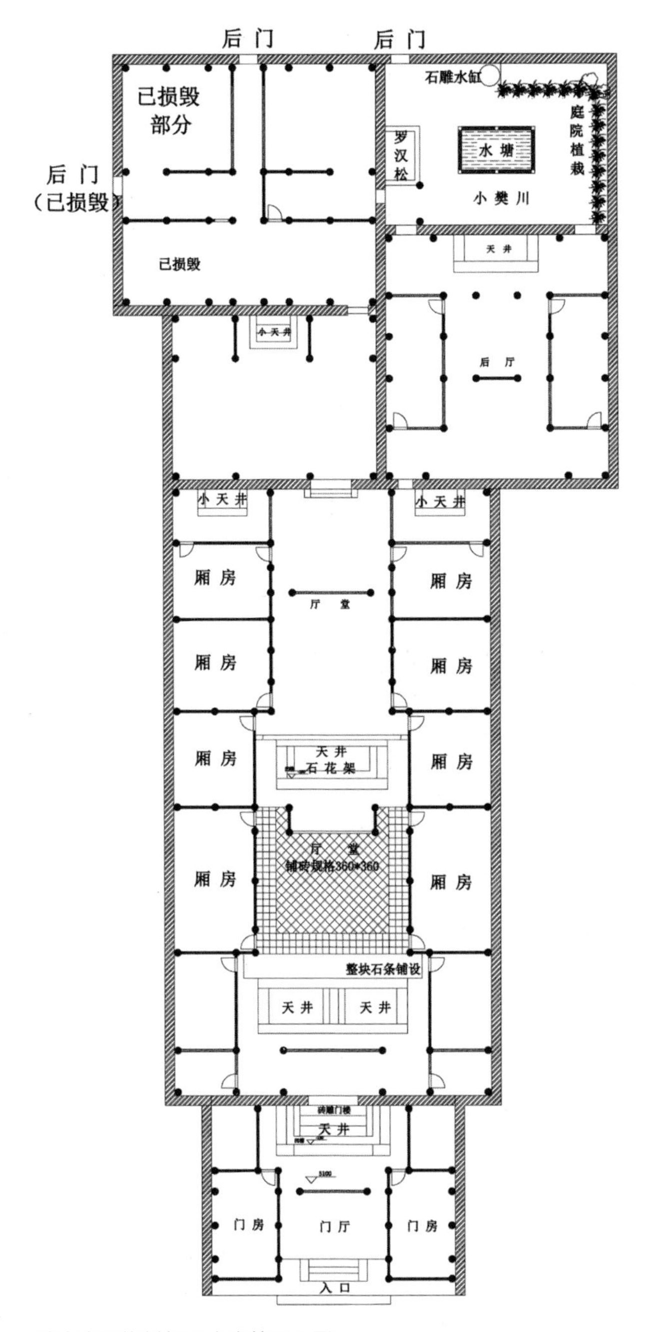

武夷山下梅村邹氏大夫第平面图

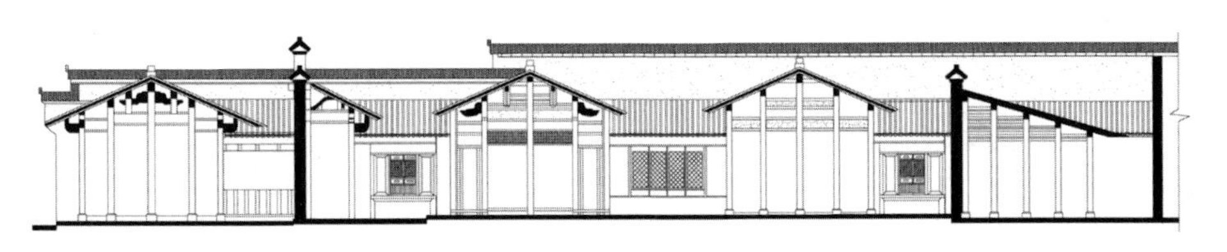

武夷山下梅村邹氏大夫第剖面图

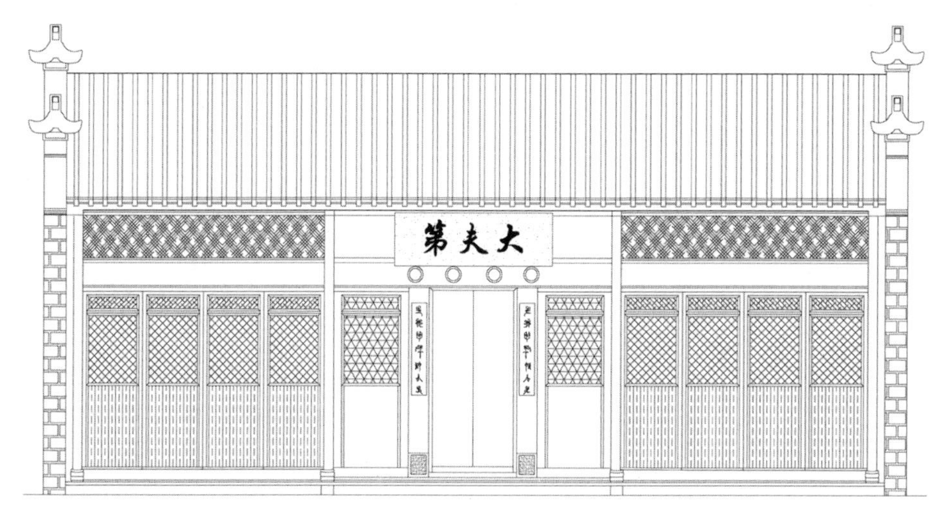

武夷山下梅村邹氏大夫第门房立面图

下梅村邹氏大夫第精美的砖雕门楼

造型独特、雕刻精美的屋脊装饰

闽北地域文化与民居地域建筑样式的关系

历史背景	秦汉至明清	历史沿革对闽北民居建筑形制演变的影响
地域文化	地域建筑的历史与文化影响因素	闽越文化与民居样式，民俗文化与地域建筑的结构形制以及闽北地域文化的典型特征
自然环境	自然气候与地域建筑	地域建筑的平面布局、建筑形制、朝向与尺度等
	地理环境与地域建筑的空间	古村落的构成，民居建筑的空间形态，地域建筑的组群与具体布局形态以及空间功能和构成等
传统村落	布局形式	建筑具体空间功能的处理
	闽北地域建筑与主要分布	反映“地域文化”的建筑模式，建筑空间的等级、组织方式，装饰语言选材
地域建筑的形式语言	闽越本土文化与中原移民文化	地域建筑原有的生态价值在与地域融合的过程中，主要影响民居某些功能空间及用途习惯等，信仰空间的设立和地域建筑的装饰风格与民居构件个性化特征的关系，以及建筑细部装饰的形式语言也受到影响
	地域建筑原有的生态价值与地域性	

第二节

闽北古村落的选址规划

有山有水的地方历来是人们乐于选择的居住环境，这样既可以以山为屏障抵御冬天寒风的侵袭，又可以利用水以便饮用、灌溉、交通、洗涤。闽北古村落也有位于山坳布局的，虽然通风不如山脊的布局形式通畅，但可借助山势屏障，更具安全感，也符合民间藏风聚气的要求，形成半圆形内敛的空间。传统的民居由山麓一直延伸至山腰，随地形的高低变化布置，主要街道与巷道一般与等高线相垂直或平行，村落因此形成了天然的防御系统，能够保障本村居民的安全。

一、古村落的构成

古村落是农村传统聚落的简称。聚落是指人类聚居的场所，聚落因都市的出现而分为村落和城市，以及介于二者之间的集镇，是以农业为主的一群人长期生活、聚居、繁衍，并且由各类生产、生活、信仰等要素构成的，相对独立的组合体。而有较长历史，文脉相对清晰，传统氛围保存相对较好的村落，即可界定为古村落。村落结构主要取决于它们的生态，有经济的，有自然的，有社会的，有文化的。更常见的是这些方面生态的综合作用决定了村落的结构，非常复杂，而不是单一的原因。因此，解释和叙述村落的结构布局就头绪纷繁。传统村落的布局方式不一而足：或是以宗祠和支祠为中心布局，或是内向封闭布局，或是以宗教信仰为纽带布局，或是以集市或街市为中心布局。

以宗祠和支祠为中心的村落

1. 闽北传统民居

闽北传统民居主要分布在闽江上游的三条重要河流——建溪、沙溪和富屯溪流域，以武夷山传统民居为中心，在建溪上源崇阳溪流域的建阳、武夷山、浦城一线。闽北传统民居的风火墙（马头墙）是阶梯状的，线条硬朗，气韵沉雄，它们像两条腾飞的龙，勾勒出建筑的左右边界，翘首栖落在宅门两侧排堵的山墙上。闽北人对建筑内部的雕刻、彩绘颇费心思，对外表却不太重视，低调从简，唯独对风火墙特别热衷，黑压压的一大片瓦房，无数条灰色的风火墙波浪般起伏，又仿佛万马奔腾，千龙竞渡，也许象征着闽北人的鸿鹄之志。

闽北许多村落的传统民居坐落在地形起伏的山坡或山麓上。在建筑的选址、规划布局和营造等方面所包含的朴素生态观念，集中体现了古人的生态智慧。为了争取良好的自然环境，这种山地村落往往位于山的阳面，以便避风向阳。因山势不同，有的位于山脊，视野开阔。闽北传统民居建筑运用生态思想和手法，采用利于自然通风的设计方法。民居、府第等居住建筑，以及油坊、磨坊等生产性建筑，是村落构成的主体，是村落构成因素中最灵活也最具闽北特色的地域建筑。

2. 闽北古村落

闽北古村落中的路亭、桥、广场、牌坊、廊屋、井亭、水井等都是平面组合中不可或缺的重要部分。上述元素的重要程度、数量和大小在每个村落的有机构成中各不相同。单体建筑是村落景观中最富人性化的意象元素。而受当时的社会环境、生活习性及民众心理因素影响所建的防御工事，如邵武市和平镇城堡式古镇的城门、城墙及谯楼等并不是一个村落构成的必要元素，主要是具有防卫与抗攻击功能。

闽北多山、多水，如群星般散落的山间盆地与河谷地带，尤其适合中、小型古村落的形成与发展。传统古村落多位于群山环抱的盆地之中，一般临水而建，与山保持一定的距离，中隔田畴，宜耕宜居宜行。这种民居村落根据具体的地理环境，可以在水的一侧沿水岸布局，也可以在水的两侧同时建造房子。对于以水为轴的村落而言，建筑与水的关系主要有街市面水和前街后河两种，村落最初一般呈现与水岸平行的带状布局，随着人口的增加，民居逐渐往腹地纵深发展，最终也可能发展成块状的布局。如武夷山市的下梅村位于梅溪下游的冲积盆地上，村落与山之间隔着田畴。村落就是沿水的两岸发展起来的，街市面水而建，下梅村就以当溪为中轴发展起来，形成临水的南北二街。

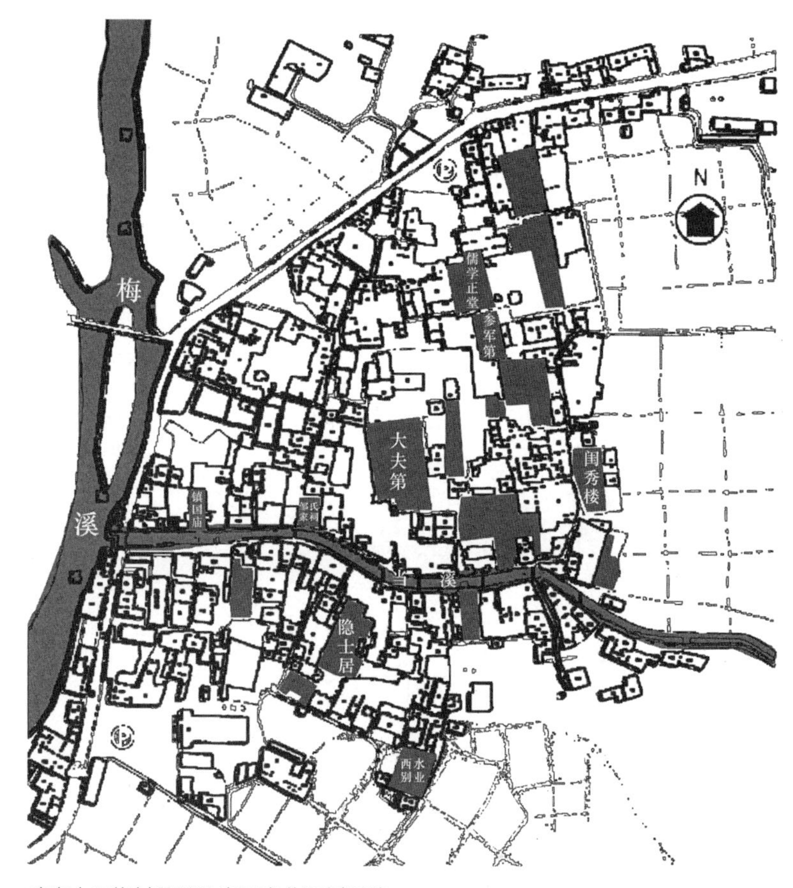

武夷山下梅村民居沿当溪南北两侧而建

下梅村临水的南北二街

古村落传统民居一般位于山麓坡度较缓的地方，或者是山水之间的开阔地上。一般一侧临水，一侧沿山麓向纵深方向延伸，形成山环水抱的格局。也有一些古村落位于水面转折之处或河的弯道处，因此只能部分临水，村落的一部分逼近水岸，另一部分则脱离水面往腹地发展，周边围以农田。闽北民间百姓认为，山环水抱必

城村坐北朝南，建在武夷山脉与崇阳溪水系交汇之处

民居村落一般位于山麓坡度较缓的地方

有灵气。有群山环卫、曲水逶迤的村落，就是一个优良的“蓄气场”。古村落在选址中主要考虑的就是村落与山、水之间的关系，从而形成了各具特色的选址布局。

3．闽北方言

闽北原来是闽越族领地，闽越族先民自己有着跟汉族不同的文化与语言。方言是地域文化的载体，文缘是地域文化的深层标志。由于北方中原移民入闽，是先闽江流域，后晋江流域，再九龙江流域，故闽南地区的开发迟于闽北地区。早期虽有汉人到闽北开发、定居，但对闽越族语言冲击不大。到了三国鼎立时，东吴人大批进入闽北地区聚居，随之而来的汉语及其方言，有力地冲击了本地闽越族语言，对闽北方言的形成产生了重大的影响。通过方言形成、传播及其所展示的地域文化，主体文化和地域文化的整合，城市文化和乡镇文化的沟通，闽越族文化与汉人文化的融合，可以透析出闽北文化的基本特征。

唐初陈元光父子和唐末王审知兄弟三人率义军先后入闽，带去了先进的文化和农耕方式，也带来了大批中州语言，进而影响闽北语言，对开发闽地产生了重大深远的影响。闽北方言与闽北文化互相影响，共同发展。语言作为文化的载体和流传媒介，是文化的外在表现形式，语言和文化相互依存，一种具体的民族文化中必然蕴含着形态万千的抽象语言系统。

宋末元初，由于战乱，大批浙赣人（江右民系）涌入闽北（邵武、光泽、建宁、泰宁、将乐、顺昌等），闽北语言又掺入了吴楚语言和赣方言的成分，是福建境内最早形成和流通的方言，闽北方言区从而形成。一种方言的历史，往往是与该方言区的文化并行发展的。在文化的发展进步过程中，与之相对应的语言也会得到不同发展。闽北与赣方言区江西交界，明清时期江右民系移民大批进入闽北地区，从而形成了闽方言与赣方言的过渡地带。如在光泽县止马镇亲睦村，赣剧是村民群众喜闻乐见的传统戏剧之一，有《碧玉簪》《飞龙带》《鱼藏剑》《清水领》《穆桂英挂帅》《黄花买爷》《醉打金枝》《满堂福》等优秀传统剧目。这也跟本村地理位置和已有的黄氏宗祠（县级文物保护单位）、吴氏宗祠、上官宗祠、胡氏宗祠有关。该村地势平坦，与周边村落邻近，居于中心地带，便于集中演出。

闽北方言区（建阳、建瓯、武夷山、邵武等闽北地区）同属一个语音系统，内部亦有建阳话、建瓯话、武夷山话、邵武话等，范围包括闽江上游各支流的广大地区。闽北方言的区域分布基本是对应的。闽西北的延平、邵武、光泽、松溪、政和、建宁、泰宁、将乐、顺昌等地讲具有闽、赣方言特点的闽北支系和闽中支系方言。虽然同是闽北语，之间也有个体差别，可称其为闽语的闽北语（闽越语）次方言，既有浓厚的闽北语言文化特点，又蕴含着带有相当中原语言文化色彩的典型的福建方言语种，它对闽北的进步和整个闽北文化的发展，都曾有过重要的贡献。

二、村落选址

由于平原面积的狭小及山间大小盆地的发育，闽北古村落呈现小聚落、大布局的格局。村落选址大多在自然条件好的山地东南坡或河谷两岸，主要集镇仅见于由大河冲积形成的河谷盆地中。村落之间交通不便，交通路线往往循溪延伸，与河流走向一致，什么类型的村落出现在什么地方，什么地方出现什么类型的村落，取决于许多因素的综合，不是由某一个单独因素决定的，尤其不是巫术化的风水迷信所能决定的。这些因素大致包括地理、气候、地质、经济、文化、历史、建筑以及相邻村落的影响等。如光泽县止马镇亲睦村，建筑均是依山而建，前有农田交错，溪流穿村而过，体现先民“依山就势，择水而居”的选址理念。村落以北面的主山、少祖山、祖山为基址背景，层层递进，农田过渡，亲睦溪绕村而过，视野开阔，南面的案山、朝山为对景，正所谓“倚山面屏，金带环抱”。

依山傍水的村落选址

闽北各地古村落从选址规划到民居的建材、结构形制、装饰手法等，都集中体现了徽派民居建筑的风格，是福建境内最具代表意义的灰砖建筑的源起，发展相对完备。不同类型的村落对不同条件的反映会有所侧重。

根据村落与山水的亲疏关系，闽北的古村落可以分为以下几种情况：闽北现有的古村落选址和布局一般都依山傍水，靠近水源。在古代的交通中，河流占最重要的地位。古人的村落选址规划一方面要有利于生存，另一方面也要有利于发展。这一是为了满足生产、生

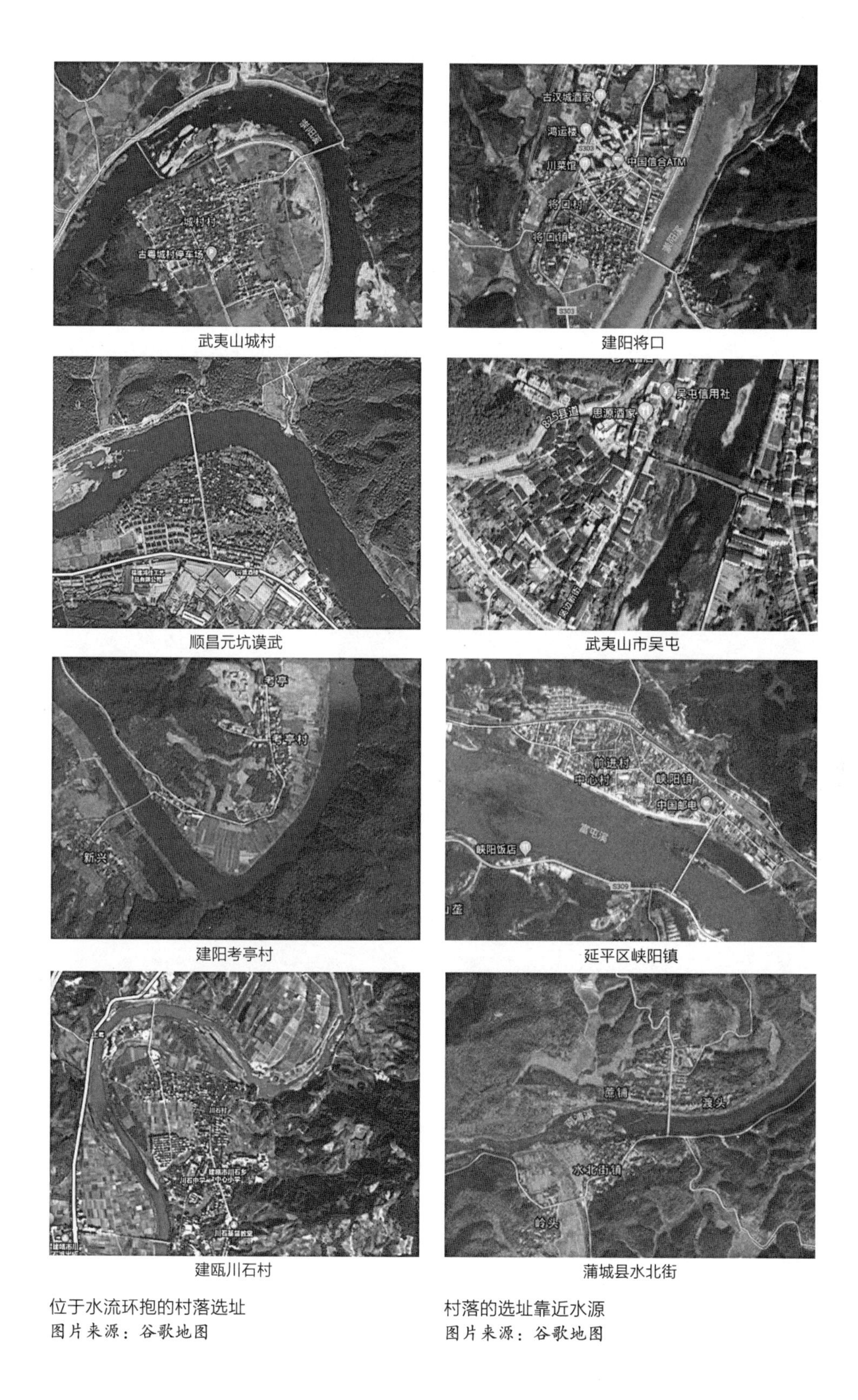

武夷山城村

建阳将口

顺昌元坑谟武

武夷山市吴屯

建阳考亭村

延平区峡阳镇

建瓯川石村

蒲城县水北街

位于水流环抱的村落选址
图片来源：谷歌地图

村落的选址靠近水源
图片来源：谷歌地图

活的需要，二是体现了古代社会贴近自然、融于自然，追求居住环境与自然环境相和谐的朴素理念，三是选择在风景优美、物产丰富之地，如在田地肥沃、树木葱郁、溪水环绕、鸟鸣花香等处建宅。传统村落是在自给自足的农业经济的基础上建立起来的，所以选址多考虑靠近农田或山林，以方便生产并能留有发展余地，同时还能与周围的山水形势相协调。古人以阴阳、五行、八卦、“气”等古代自然观为依据，以罗盘为操作工具，掺以大量禁忌、厌禳、命卦、星象等内容，进行建筑选址，并参与建筑布局。既有符合客观规律的经验性知识，如基址应选“汭”位，应具背山面水向阳，气势环抱，卉物丰茂的优势等；也有大量迷信内容，如五花八门的避凶趋吉、化祸为福的“形法”“理法”处置招式（潘谷西，2006）。通过对环境的处理，达到人、建筑、自然三者的和谐统一。

传统民居的形成和特色对应在实际环境中，往往认为蕴藏山水之“气”的地方是最理想的，自然环境的最佳格局是“背山、面水、向阳”或“前要照，后要靠”。“照”是照水，“靠”是靠山。如背依山丘，前有对景，左右有适于防御的小丘陵环护；近水，最好位于水流环抱的区域。在社会环境方面主要考虑的是经济保障、交通便利、军事防卫、管理方便和社会治安等。在人文环境方面主要考虑是通过灵活多变的建筑语言，以文化象征的手法表达人们憧憬未来的美好愿望。因此，可以这样认为，理想的村落选址原则包括坐北朝南、面迎阳光，有充足的日照和地温，这是既利于农业生产又利于人们健康的重要条件。

闽北古村落选址建设充分尊重自然环境，注重物质和精神上的双重要求。一些较大的村落都选址在溪流冲击出的平原和盆地里，强调宜与大河大山相倚托。营造中突出“山为骨架，水为血脉”，整个村落的整体轮廓与所在的地形、地貌、山水等自然风光和谐统一，体现了闽北古村落的特有风貌。如武夷山景区北侧的黄柏村，其布局是梅花状散开，建数十小村。曹墩村突出了“一马平川”之势。下梅村则是以“山气刚、川气柔”，山与水刚柔相济原则营造的。

闽北境内以山地丘陵地貌为主，再加上河流、溪涧纵横，古村落选址主要考虑的就是村落与山、水之间的关系，从而形成了各具特色的选址布局。民居是村落的组成要素，而村落又是一个地域的组成部分。传统民居村落选址还要考虑在自给自足的小农经济下的农业生产与生活。除了对大范围的自然条件做全面的考察之外，有些细心的卜居者还要验证当地土壤的肥瘠。常用的办法是看土壤的颜色，品土壤的滋味，还要紧紧捏一把土壤，从而判断它是不是能保水。更可靠的办法是初步选定新村址之后，春天去撒下五谷种子，秋天再去看它们籽粒的多

村落建在山与水之间

水圳是传统村落水系的重要组成部分

寡和大小，最慎重的人会这样连续观察三年。

古人在村落选址上之所以如此重视营造环境，究其原因，仍源于中国传统的“天人合一”“天人感应”思想。相对封闭的环境和不便的交通，使各地为数众多、格局相对完整的古村落较多地保存下来，传统也得以较好地保持。在交通便利、聚落环境优越的盆地或河谷地区，村落的发育较早、规模较大，居住主体常更常新，村落形制的演变也相对较快。古村落在现代社会中的存续，也主要取决于上述条件的变化，以及新形势下新因素的影响与平衡。如武夷山市南部的兴田镇境内，有一个依山傍水的古村落，方志中称为“古粤城村”或“粤城”“崇文里”，现名“城村”。城村，“前有锦屏高照，后有青狮托背，左有宝盖桑麻，右有铜闸铁闸”。建在武夷山汉代闽越王城遗址北侧，位于武夷山脉与崇阳溪水系交汇聚结的平衍之处，一改古城建在丘岗之上高台建筑的秦汉风格，是一座紧挨闽越王城遗址边，坐北朝南的古村落。村前是一块冲积平原，沃壤良畴，自成天地。四面青山拱抱，崇阳溪由崇山峻岭中迤逦而来，碧水澄澈，萦绕其前，至村西面向东，再折而向南流去，形成山水严密缠护、藏风聚气的格局。

三、兴修水系

村落地址选好以后，规划与建设的起点就是兴修水系。许多村落在具体处理水系时因地制宜，有很多变化。没水的村落要引水入村，往往选择在村落的宗祠前开挖池塘。水口处理的手法更是多样，可以建桥、立庙、建文昌阁、立牌坊等（戴志坚，2009）。

在农业社会里，兴修水利是头等大事。饮用、洗涤、农产品加工及灭火救灾等都要用到水，水还可以改善小气候、美化环境。水是农业生产的命脉，也是农业生活的命脉。生产和生活都需要水，江河水有利于交通运输，湍急的溪流可以提供能源，如引来建水碓。因此水也对某些村落的结构布局起着决定性作用。而实际上不会有如此多适合的自然水形，所以要实现这些功用，必然要有一个人工规划、疏通的过程。

武夷山市兴田镇城村，水网是该村布局的一大特色，几乎每家门前或屋后都有水圳流经，据说是由两条山溪经改造后在村庄西南高处汇流，然后沿主要街巷里弄萦绕连通每一家住户的水网系统，它盘桓环绕于村庄的各个角落，水量充沛，常年不歇，可汲可漱，可漂可洗。若某一户人家的房屋不慎走水，它还具有消防功能，打开相应的木闸，水很快便漫进该户人家的天井，灭火很方便。

四、建筑和景观建构

闽北古村落选址体现了传统的建筑观念。传统的建筑选址以河图、洛书、八卦、五行等为基础，通过建筑布局、空间分割、方位调整、色彩运用、图案选

水可以改善小气候、美化环境

择等隐喻和象征手法，实现其对身心之和与环境之美的追求。闽北是山区，水系密布，村落选址必须因地制宜。

在闽北传统社会，“礼法”是统治的思想利器。“礼法”可以明人伦、定尊卑、辨是非，几乎可以说是处理一切重大事情的依据，礼不仅是一种思想，而且还是一系列行为的具体规则。事实上，在传统社会，礼与法的界限往往是极为模糊的，礼往往具有法律的效力，而很多律法本质上就是礼法。

闽北古村落聚族而居，重视宗法。村里人纵使有足够的金钱购宅基地盖房子，也要考虑本宗族的整体利益，在本族族长的指导和参与下进行，依此修建的民宅自然不会张扬，其形制和高度都与左邻右舍的屋宇相近，避免自家住宅影响周围的邻居。

闽北古村落大多以水口为村子的入口，基址的整体布局在注重局部村落景观建构的同时，尤为重视村落出入地水口地带的景观建构。水口建筑群都是公共建筑，而且大多是形体变化最自由、最华丽精致的建筑，经过刻意规划、创

村落选址必须因地制宜

水口建筑群都是公共建筑

作，它成了许多村子重要的结构要素，也成了村子建筑艺术的精华所在。

闽北古村落大多是丘陵地形，广种树木而不许砍伐，私砍必受宗族重罚。古木森森，更增加了水口的美，再加上水口和两侧的狮山、象山在村子的左右，案山在村子的前方，村子背后有祖山，这是村子所在的浅山盆地最理想的环境。小盆地里的水会合之后，在下游某个位置绕过丘陵的包围流出盆地，这个出口就叫水口。而上游水进入小盆地的口子叫作天门。水口是古村落的门户和标志，也是进村的必经之地，除有防卫、界定、导向等实用功能。水是财富的象征，象征着村落中宗族人丁兴旺、聚散，引入水源即引入了财源，留住了财气。所以，为了聚财、保财，水流出小盆地处不能太痛快顺畅，而要“水口则爱其紧如葫芦喉”。水口本是流水突出诸山围合之处，两岸必有山或高地，叫“狮象把门”。但这还不够，“水口关栏不重叠而易成易败”。重叠关栏最方便的办法是利用建筑，而村中建筑最便于利用的是公共建筑，所以“坛庙必居水口”。和这一套说法相呼应，在村子的东南方立一文笔尖峰，“或于山上立文笔，或于平地建高塔，皆为文笔峰”。村子选址尽可能位于天然形成的水口的西北方，这样便使水口大多在村子的东南方。于是，水口的最佳方位和文昌阁、

文昌阁和文峰塔大多和水口在一起

文峰塔之类的公共建筑的最佳方位就在“理论”上一致了。所以，文昌阁和文峰塔大多和水口在一起。至于天门，因为它是水的来路进口，以顺畅为好，一般有个小庙装饰一下即可。

闽北民间有句谚语——“山管人丁水管财”，讲的就是一个村落的人气与财气是否两旺，主要看山水是否兼备。山与水是闽北人赖以生存的两个重要自然条件，因此，闽北古村落民居的布局，都与山水密切相关。无论哪一座村落，它的大小疏密、朝向布局，都依据山形水势而定，村落选址首先必须满足自给自足的自然经济下的农业生产和生活，对土地、水源和山林要有一定要求，村落还应该位于弯弯曲曲的河流沉积岸一侧。

闽北作为福建最早开发的地区，又是朱熹后半生讲学、著述之地，书院文化发达，文化底蕴较浓。加之山清水秀、环境优美，民居与自然山水紧密结合，融为一体，村落布局有详细的立意和追求，规划设计水平很高。如武夷山市星村镇曹墩村四周高山环绕，山景明丽，溪明如镜，前溪和后溪夹村而过，二水环流若带，流出村口便合而为一，中间一片开阔地，村东的金狮山与村西的百塔山对峙，且前有山如案，远处有如“笔架”，古有“金狮百象锁水口，人才往里走”的说法。该村富庶繁盛，成为“人杰地灵，物华天宝”之地。清代董天工为家乡写的一首风景诗：“幽履烟村二度亭，板桥茅店影零星。云山四绕双溪绿，楼阁千家一角青。白塔峰高尖似笔，金狮山瘦削如屏。披图游迹分明在，留得清名后世听”，展示了曹墩村的美妙意境。

山脉、水系是村落选址、规划、建设及演变的主要考虑因素，它直接影响村落的布局，如主山、案山、护山、水口，村内水系等。有的是天然的，用以借景；有的则是后来加工或人工堆垒的，如文笔山、村前水塘等。宫庙、祠堂等公共场所，往往是村落的规划中心或布局重点，是古村落平面格局形成的重要或核心因素。

闽北古村落之所以如此重视营造环境，源于中国传统思想的同相性。早在先古时，我国古人即用阴阳、八卦和五行组合而成的系统来代表宇宙、自然和人类社会的生生不息，提出“天人合一”的观点。孔子云：“智者乐水，仁者乐山。”老子也说：“上善若水，上德若谷。”这些观点在长期的历史发展过程中促进了建筑与自然的相互协调与融合，从而使中国建筑有一种和环境融为一体的气质。

1. 住宅布局

在闽北漫长的历史发展过程中，闽北古人逐渐发展出一整套在建住宅时选

村落位于河流沉积岸一侧

依山傍水的杨源古村落

村落选址的主要因素——山脉、水系

村落以“背山面水”为佳地

择环境与应对环境的观点与方法。第一，在建住宅时，除主山脉之外，也要考虑住宅周边的形势，要求四周的小山能够起到遮挡恶风、增加小环境气势的作用。第二，在建住宅时要寻找理想的水文环境，即要求水口开闭有度。

下梅村是一个典型的小盆地，四面山环，一面水抱，俗称“锅庄”，意指下梅地形如一口锅，村庄坐落其中。从自然环境的山势看，山原本不算高，但相对高度大，群峰耸立，山势陡峭。下梅山峰平均海拔600多米，南面的芦峰海拔900多米，北面的夏主岭峰也在800m以上。更雄伟壮观的自然是南面和北面的两座山峰，突兀峥嵘，似昂首的双狮，盘踞一隅，傲视四方。从谷底仰视，山高天小；从山顶俯视，林密壑深；远眺则层峦连绵，跌宕起伏，有如波涛汹涌，奔腾不息。而东面的黄竹岭与西南的后山岭海拔高度只有400m左右。作为一个南北两面高而东西侧低的盆地村落居住地，正好南面山高如屏，可挡夏季之风；北面山高如障，可挡冬季之风；而东面山冈稍低，西面山岭也稍低，正好利于延长日照，东面太阳早出，西面太阳迟落。

从自然环境的水势看，下梅村的西面有一条梅溪，自北向西流入崇阳溪，而村中的一条中轴线人工开凿的溪流——当溪，把下梅分成南北两条街，街市面

下梅村一条人工开凿的溪流——当溪

水而建，形成水—街—建筑的布局方式。数座小桥横跨当溪之上，每隔一段距离设有码头，可停靠舟船，构成了由西向东流与梅溪交汇的丁字形水网。沿着蜿蜒900m的当溪，两旁设平行的街道，周围有店铺、作坊、民居、酒肆、宗祠、街廊、骑楼等多种建筑形式。街廊以单坡顶覆盖，民居面水而建，它们多为上下两层，底层为开敞式的朝向街面门脸，木板排门，门板全部卸下打开店面，商品一目了然。楼上作储藏和住宿之用，有的铺面后还另有小院，作为厨房或充当作坊。沿溪设美人靠，可以避雨、遮阳，还提供了一个休息、观景和聚会的场所。沿溪将水道分为三段，溪边设井台，堤边设踏步，供汲水与洗涤之用，极为方便。构成以水为中心的生机盎然、高度内聚的公共活动空间。与一河两街垂直旁通的是高墙夹着的一条条曲径通幽的居住窄巷，深院之中含杂着花庭的民居鳞次栉比，呈现着静谧宁静的气氛。

下梅村山峻美，茶香美，景优美，连远近闻名的当溪的传说都觉得凄美。清嘉庆年间，大学士军机大臣王杰来过下梅，他赞美下梅道："鸡鸣十里街，日出千鼎烟。"据此可知，清代的下梅已有千户人家了，人口编图已是"万户侯"的十分之一了。从白岩岗俯瞰，四面八方向下梅延伸的九座山冈似九条蛟龙，同时潜首下梅村盆地，因此，清代下梅首富邹氏茂章，为了以文韬武略来涵养九只蛟龙，建了文昌阁，借此锁住蛟龙的灵性，让它接受文昌帝君的教化，让下梅村的后人文运亨通、科第峥嵘。

下梅古村落中有当溪穿村而过，又有梅溪环绕村庄南北，村庄整体上蕴藏着"山气刚，川气柔"的传统思想，堪称"钟灵毓秀"之地。明、清时期，许多大姓望族先后从中原各地迁居来到下梅。如清代时从江西南丰迁居来武夷山下梅村的邹氏向往的定居环境是"翠碧湾还之，内便是仙乡；溪水萦绕之间，顿成福地"。有了优美的人居环境，于是也就有了下梅村的兴旺景象。

下梅村口的三棵合抱大树，遮天蔽日，树下一块空坪，不时有老人在闲谈，有小孩在嬉戏。微风过处，篁竹婆娑，其状如凤尾森森；松涛沙沙，其声似龙吟细细。做茶季节，整个村子都在武夷岩茶茶香的笼罩之中，给人以香的享受。300年以上种植武夷岩茶的历史给后人以丰厚的赏赐，雍正五年（1727年），邹氏茶商在恰克图设有武夷岩茶茶庄。

2. 传统文化影响下的民居建筑

传统民居是中国独特的文化体现。传统的古村落在发展过程中往往受到宗法礼制、宗教信仰、安全防御等古文化的影响，因而任意一个复杂甚至可以说是

下梅村形成水、街、建筑的格局

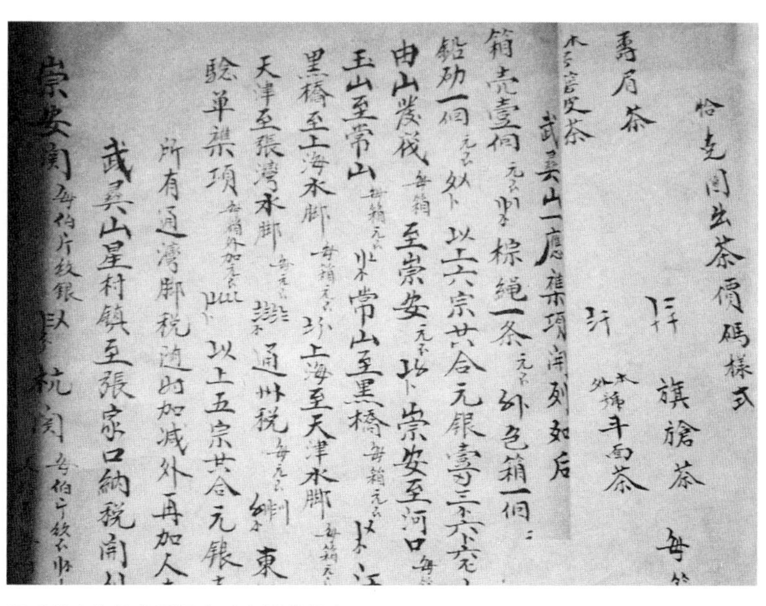

恰克图出茶價碼樣式

旗槍茶 每

斗面茶

壽眉茶

武夷山一應襍項開列如后

箱殼壹個 棕繩一条 外包箱一個

鉛矽一個 以上六宗共合元銀

由山裝筏 每箱 至崇安 崇安至河口

玉山至常山 常山至黑橋

黑橋至上海水腳 上海至天津水腳

天津至張灣水腳 通州税 東

驗單襍項 以上五宗共合元銀

所有通灣腳税過此加减外再加人

武夷山星村鎮至張家口納税開

崇安關 每伯斤紋銀 杭關 每伯斤紋

邹氏茶商在恰克图设有武夷岩茶茶庄

杂乱的村落布局都会呈现一定的规律。

武夷山市五夫镇就是一个经过精心规划的古村落，五夫形成了“前有屏障、背枕青山、面绕一水”的“负阴抱阳、金带环抱”的最佳形势，再加上“泊岸浮牌”形似“官帽”，故而“理学文章，甲第科举之盛称甲闽北”。当然，这里包含了很多唯心主义的成分，但从环境科学的角度来分析五夫镇的布局，其中不乏科学合理的内容。

闽北武夷山市五夫镇位于市区东南部，距离度假区51km，始建于晋代中期，迄今已历时1700余年，原名五夫里，自古就有“邹鲁渊源”之美称，历代名人辈出。早在晋代即有一蒋姓官五大夫。到中唐，五夫人池繁禧任官江州刺史。后唐，金吾上将军刘翔看中五夫地方之胜，携家迁居五夫里，历世不移。至宋代名人学者云集，工商仕农极为繁荣，已是鼎盛时期，抗金名将刘子羽、吴介、吴遴在五夫降生；词圣柳永以及他家“柳氏三杰”在五夫孕育；大理学家胡安国家族的“胡氏五贤”出自五夫；是朱子理学的形成地，朱熹在五夫从师就学长达40余年，留下了紫阳楼遗址、屏山书院遗址和五夫社仓等珍贵文物。后世各代，翁、张、连、王、罗诸姓均名人辈出，可谓“群英荟萃”之邦。

紫阳楼，位于屏山脚下，潭溪之畔，周围古树参天，修竹成林，屋前是半亩方塘，屋后是青翠竹林。紫阳楼又名紫阳书堂、紫阳书室，建于南宋绍兴十四年（1144年）。朱熹14岁时家里突发不幸，父亲朱松病逝，去世前将儿子托给原武夷山籍的挚友刘子恽、刘勉之、胡宪教养。于是，朱熹随母移居到武夷山五夫里，从此朱熹一直到晚年迁居建阳为止都在此定居。

紫阳楼构筑风格庄重典雅，一楹两进，前进为朱熹书斋及寝室，朱熹将寝室以父号命名，取名“韦斋”，将书房命名为“晦堂”。中堂悬匾曰“紫阳书堂”。“紫阳”之意，表示不忘其祖籍徽州婺源（今属江西）。紫阳楼由精通易理的刘子翚选址，刘子羽督造在屏山之麓、潭溪之畔的宝地（今紫阳楼地置）定好基础，建造了五开间楼房让朱熹一家居住。正如刘子羽所说：“……于绯溪（潭溪）得屋五间，器用完备，又于七仓前得地，可以树，有圃可蔬，有池可鱼，朱家人口不多，可以居。”闽北一种普遍的民间习俗“择地”，就讲究要选择背山临水、气候高爽、土地良沃、泉水清美的地方居住。随后朱熹在此娶妻生子，荣登进士，居所又扩建，才有了现今这座培养了一代大儒的紫阳楼。

现在的紫阳楼是1999年在原址重新修建的，青砖灰瓦，十分清雅，一楼二进，格外幽静。漫步紫阳楼外草地，可以观赏朱熹当年手植古樟和手书“灵泉”的那个泉眼所在地，据说朱熹就是喝着这泉水长大的。紫阳楼前是半亩方塘，屋

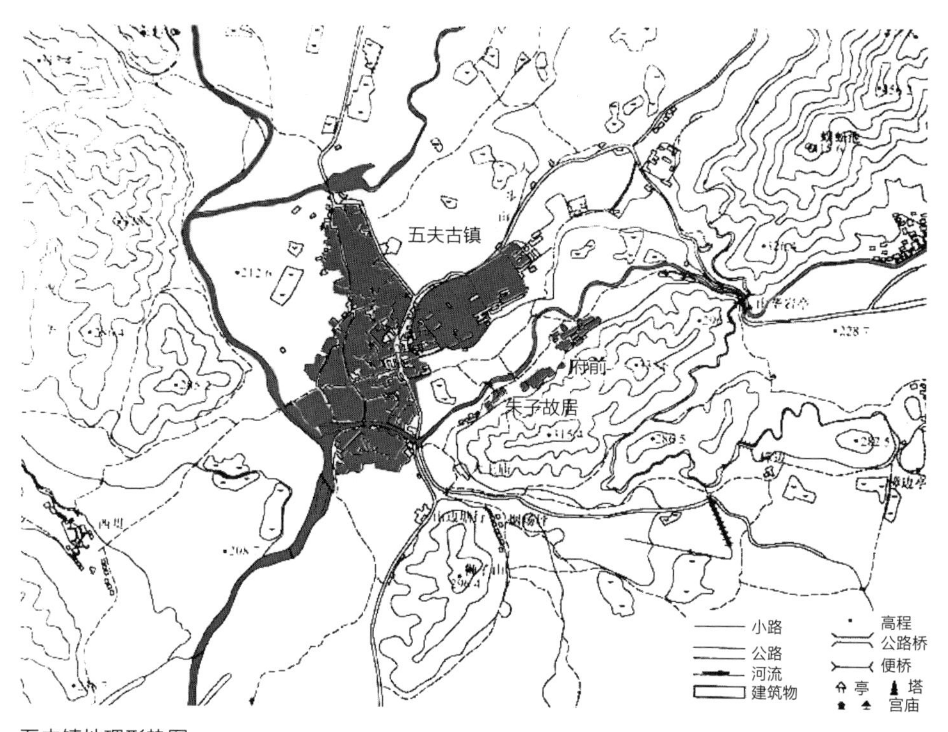

五夫镇地理形势图

后的灵泉至今奔涌不息，弯腰捧饮，清冽甘甜。传说，那首著名的《观书有感》就是当年朱熹在塘边苦读时，无意间瞥见方塘映衬着人影，再回首看屋后的汩汩清泉触动灵感，信手写就的。于是吟出流传千古的名篇，“半亩方塘一鉴开，天光云影共徘徊。问渠哪得清如许，为有源头活水来”。也只有这样的青山绿水，才能激发如此富有哲理的诗句，才能孕育如此博大精深的思想。

五夫镇古朴典雅的明清民居、曲折宁静的街巷、青石铺就的驿道、遮

紫阳楼大门

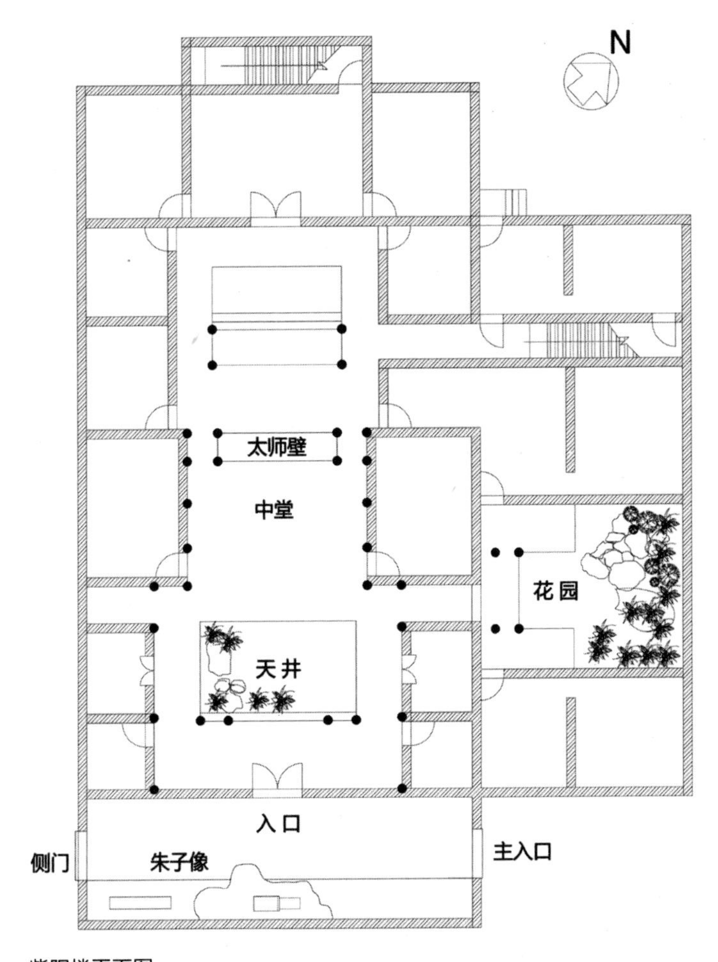

紫阳楼平面图

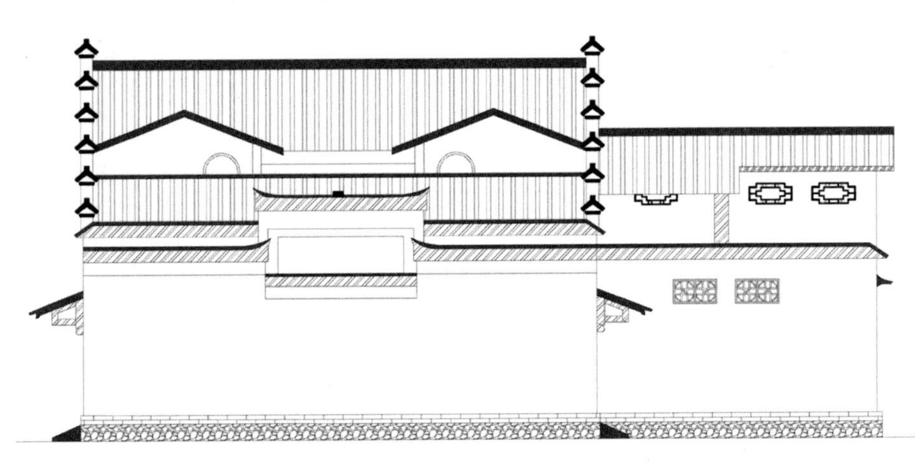

紫阳楼立面图

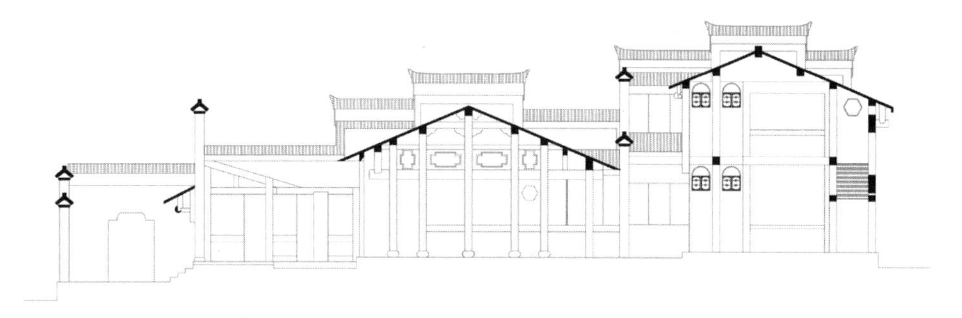

紫阳楼纵剖面图

青砖灰瓦的紫阳楼

天蔽地的古树、野碧风清的自然环境，使其成为武夷山最具韵味的古文化生态村。它被称为桃源胜境、画里乡村。古树高低屋，斜阳远近山，林梢烟似带，村外水如环。这里群山环绕，一水横亘，村中民居多系明清时期建筑，风格各具特色。走进长长的兴贤古街，一座座跨巷牌坊述说着往昔的鼎盛文风。圣人过化之处，民风淳真朴实，会使人有浓烈的返璞归真之感。

在这里，能感受到五夫自然的殊美，品味出五夫地域文化的精华。由于当地气候温和、空气湿润，适宜植物生长，五夫的樟树林、溪畔的杨柳、银杏等古树名木与传统建筑相辉相映。多数民居宅院内结合天井设置花坛、盆景，造景精湛，意趣盎然，是五夫传统民居私家园林的杰作。水的活用，赋予村落、宅院以生气和灵性。水、建筑与环境的组合，更能体现村落深厚的文化积淀。五夫水系与传统建筑及其山水绿化环境的融合，是五夫最重要的历史标志和文化艺术标志。

当年朱熹和许多朋友学者往来，探讨学问，发扬传播儒学，在这里生活近50年。清朝李光地《武夷留云书屋记》云："朱子讲学之堂，必水秀山明，跨越四方名胜，非是则不能聚一时之人豪，著千秋之大业也！"武夷山成了当时的学术中心。

闽北人民对于环境审美有很深刻的认识，山水画的高度发展就是一个例证。讴歌山水的诗词文赋多不胜数。传统民居与其所在的环境从来都是一体的。环境在建筑设计中有着重要的地位，无论是人所选择的自然环境，还是人工配置的山水花木，无不成为建筑的主要语汇。因此离开环境就无法认识地域建筑的精华所在，也就谈不上对传统建筑文化遗产的真正理解和继承。

第二章

闽北地域文化与民居建筑的技术水平

第一节 地域文化与民居的结构形制

一、闽北地域文化

地域文化是最能够体现一个区域或空间范围特点的文化类型。地域文化中的“地域”是指文化形成的地理背景，受地理环境、经济结构和社会习俗的影响，它与周围的环境及其他因素有着千丝万缕的联系，范围可大可小。它不是存在于一个独立的时间或空间之中。地域文化中的“文化”是指当地人在其发展过程中逐步积累起来的跟自身生活相关的知识或经验的体现，亦是社会政治、经济与科技发展水平的体现，可以是单要素的，也可以是多要素的，其基本内容主要包括方言、饮食、地方信仰和民居建筑等。

闽北地域文化分无形和有形两种：无形的指学术思想、风俗习惯、民族节庆、民间信仰、民间艺术等，有形的指实物存在的、比较具体的遗迹或遗物等。闽北地域文化是由闽族文化和越族文化融合而成的，是人们在征服自然、社会生活和生产劳动中产生发展的，始终受一定的社会和自然条件制约。因此，除了因图腾、信仰而产生的独特习俗外，生活环境也使闽越人形成了一些看似怪异的习俗。

闽北由于宗教的多元性而产生了信仰的兼容性，对外界具有较强的接受能力，容易接受新生事物。独特的山林文化，加之受朱子理学教育的影响，使人们产生了安贫乐道的心理。随着历史的发展与变革，地域文化虽然得到传承，但也会发生某种变异，不过其初始的特色仍能比较明显地保存下来，并长期存活于民间。

闽北属于山林地区，“开门见山”，雨量多、山势平、植被好，山清水秀、人口稀少，从来不知干旱是何物，历来都是福建的粮仓。因受地理环境和社会习俗影响，形成了独具特色的文化发展状态和农业生产方式。历代重文教的良好风气以及经济上自给自足的生存心理和移民文化的融合，不仅具有鲜明的地域特征，而且至今仍然对闽北社会的发展产生深刻影响。

二、闽北地域文化类型

闽北地域文化源远流长、独具特色，在有些大山深处至今仍保留着独特而不可复制的非物质文化遗产、传承至今仍发挥作用的传统文化。

闽北的地域文化是绚丽多姿的：从剪纸的嵌空剪雕中窥见丹桂才情，从七夕蛇节中领略一方居民世代相传的蛇崇拜，从祈求风调雨顺的傩舞中体会古代人民对富足生活的期盼，从挑幡的辗转腾挪、战胜鼓的激昂声中感受闽越文化。闽北地域文化除传承着闽越文化遗风和融汇吴楚、中原以及宗教文化之外，在其长期发展过程中，逐渐与当地生产劳动和社会生活密切相关，具有鲜明的闽北地域特色，如民间的节日庆典、婚丧嫁娶、生子祝寿、迎神赛会等活动中的年画、剪纸、春联、戏具、花灯、扎纸、符道神像、服装饰件、龙舟彩船、月饼花模、泥塑等以及民俗节日中的服饰、布置等。闽北比较典型的民俗文化活动有岁时年节、图腾崇拜、民间戏曲、民俗娱乐等。

1. 岁时年节

闽北民俗是闽北地域文化中的一小部分，但比较能体现地域文化特色，包括岁时、岁事、时节等和一年一度的春节，有着悠久的历史。早在殷商时期，每到年头岁尾，人们都要举行腊祭祈年活动。到了汉代，过年已成为一种普遍的社会风俗，人们感谢神灵带来五谷丰收，也祈望来年的好收成。

在闽北，汉民俗居于民俗文化中的主体地位，主要岁时年节习俗有春节、元宵节、清明节、端午节、七夕、中元节、重阳节等，同时保留了部分闽越民俗，并在一定程度上受到外来文化的影响，具有多元互补蕴蓄的内涵与特色。如在闽北民俗中亦能见到的端午节独特的驱邪消灾习俗，即被认为是闽越人的遗风，宋代时就已在闽北地区普遍流行。

在闽北民间，过年前十天左右，人们就开始忙于采购物品，年货包括鸡鸭鱼肉、茶酒油酱、南北炒货、糖饵果品，都要采买充足，要“送灶王爷”、“吃避岁暝”、“做皇帝”、“封大门”与“开大门”、“吃糕粿”、“拜年”、“拜塚年”、“接春”、“送（头）年”等。还要准备一些过年时走亲访友时赠送的礼品，小孩子要添置新衣新帽，准备过年时穿。每年从农历腊月二十三日起到年三十，民间把这段时间叫作“迎春日”，也叫“扫尘日”，在春节前扫尘搞卫生，是我国人民素有的传统习俗。过年的前一夜，就是旧年的腊月三十夜，也叫“除夕”，又叫“团圆夜”，在这新旧交替的时候，守岁是最重要的年俗活动之一。除夕晚上，全家老小都一起熬年守岁，欢聚酣饮，共享天伦之乐。年糕，谐音“年高”，有黄、白两色，象征着黄金、白银，再加上有变化多端的口味，几乎成了家家必备的应景食品，寄寓新年发财的意思。在春节、元宵、中秋、重阳等民间传统节日期间，舞龙、舞狮、花灯、春台、高跷、旱船、赏月、放风筝等民俗文化活动，应有尽有，不胜枚举。北方中原移民民俗文化在闽北的传承，对于闽北历史文化的发展毫无疑义地起了极大的促进作用，使多元性的闽北民俗文化活动更加绚丽多彩。

2. 图腾崇拜

闽越人以蛙为图腾，这一方面是来自闽族文化的传统，另一方面是继承了越族文化。闽越族是百越族的一支，他们在生产中发现青蛙的某种叫声暗示雷雨即将来临，便认为青蛙能呼风唤雨，可以预示收成的丰歉。秦汉以前，百越族就种植水稻，将青蛙视为保护神加以供奉崇拜，随着岁月的推移，这种习俗得到了发展。南平市延平区樟湖镇（又称樟湖坂）溪口村崇拜蛙图腾，至今保留着崇蛙习俗，是目前福建已知仅存的一处。樟湖镇溪口村每年农历七月二十一日张圣君生日，村民们都要举行盛大的迎蛙神活动。在整个迎蛙神游街过程中，锣鼓喧天，鞭炮轰鸣，游蛙神队从张公庙出发，沿四个自然村，在家家户户门前游过，每家在门前备案迎神、燃放鞭炮、香烛拜神。待游完全景再返回张公庙，举行结束仪式，游蛙神队伍至江边将青蛙放生，游行队伍才解散。

崇拜蛇也是闽越人的习俗。春秋战国时，楚国灭了越国，其王族、百姓南逃，闽越人与土著人经长期融合，形成新的闽越族并传承了崇蛇习俗。他们有的以蛇为本部落图腾，有的以鸟为本部落图腾。虽然历史在演变，但是以蛇或鸟作为图腾崇祀的习俗却以民俗活动的形式在闽北民间留存下来，并世代传承不衰。

游蛇队伍

游蛇神

随着宗教的兴盛，宗教文化也逐渐“渗透”于各种民俗活动之中。樟湖镇一带的群众每年农历七月初七都要举行捕蛇迎菩萨活动，形成了完整的民间崇蛇活动——“游蛇神”。闽北山区的古镇樟湖坂多蛇，逐渐把蛇当作部落的图腾。这种原始图腾崇拜后来逐渐演变成民间信仰，即蛇神崇祀。

樟湖镇东边码头蛇王庙的“游蛇神”活动从民间崇蛇祭祀系列活动开始。这一天，镇民们很早就走出家门，四处捕蛇。中午十二时过后，群众便将捕到的蛇集中到庙堂，装在桶里。尔后在蛇王庙前排列长队，鸣锣开道，号声阵阵，旗幡招展，恭迎蛇王菩萨。迎蛇神队伍当中，为首的是一条当年捕获的最大的蛇，称“蛇神”，放置于一顶专供的轿子内，将由四个人推行。除“蛇神”外，队伍中最引人注目的是六条大蛇，被六名年轻人或缠绕在肩上，或盘绕在胸前、颈间，边走边舞，场面十分壮观有趣。浩浩荡荡的游蛇队伍巡游全镇大街小巷，游蛇完毕，最后进入蛇王庙，举行盛大的祭蛇仪式，祭拜仪式由当地驯蛇能力高超、有威望的长者主持，此时为崇蛇的活动高潮。鼓乐齐奏下，两位手拿古老蛇形道具的人念念有词，跳起古朴的舞蹈，祈求“蛇神”给人们带来“驱邪逐瘟，保佑来年吉祥如意，平安无事，田园大熟，五谷丰登”的好年景。仪式结束，镇民们就将蛇放入闽江全部放生。

崇蛇习俗源于秦汉时期，明清游“蛇神”最为盛行。据当地人介绍，相传明代的时候，樟湖地区发生了大瘟疫，整个村庄死了好多人。后来突然出现了一条蟒蛇精，村民祭拜蛇精后，瘟疫便散去了。几百年来，在樟湖人的心中，“蛇神”就是他们的保护神。这既反映了古人对蛇图腾的崇拜，也反映了人类希望与蛇建立和谐、友好关系的朴素愿望，更是闽越族崇蛇部落图腾崇祀孑遗在民俗文化活动中的典型体现。此外，据史料记载，闽越人的图腾为蛇，福建的简称“闽”就与蛇有关。如东汉学者许慎著《说文解字》:“闽，东南越，蛇种。从虫、门声。”这记述了闽越族以蛇为图腾的历史。

农历正月十三至十七，在南平市延平区茫荡镇筠竹村、茂地村举办的主要活动有拔烛桥、游烛桥、游蛇灯、放焰火等活动。烛桥灯亦称“竹桥灯”，它是闽江流域崇蛇文化的一种具体表现，也是当今蛇崇拜中保留最完整的闽越遗风。如今，在延平区樟湖、茫荡、夏道、王台、太平、赤门等乡镇，村民们仍以烛桥灯这种独特的方式，欢度元宵等节日，这是闽北民俗文化的集中体现，也是了解古代乡村社会历史、宗教、文化、艺术的重要窗口，具有广泛的群众基础和极高的历史文化价值。

古代闽北地区的“鸟步求雨舞”又称“祈雨”，是流传于建阳市崇雒乡后畲村的带有原始宗教色彩的祭祀舞蹈，这种舞蹈与当时先民在农业生产中遇到干旱时向上天祈雨有关。这一典型的文化现象，是闽越文化随着时代的变迁遗留下来的具有较强地方特色的民俗舞蹈。“鸟步求雨舞”舞蹈人员每队8人，均为男子，他们头扎红布带，上身赤膊文身，下身短裤赤脚，呈太极形路线行进，一半人手持红木棍跳“高雀步”舞，一半人手持铜铃跳“矮雀步”舞，极富闽越人粗犷、豪迈的韵味。“鸟步求雨舞”是老百姓在遇干旱时节时，为了祈求老天下雨而模仿鸟雀跳跃动作创作的一种民间民俗舞蹈，演变到后来成为当地农村遇旱求雨必定要举行的仪式，因此才得以传承下来，是闽北地区宝贵的历史文化财富。

3. 民间戏曲

南词戏，是闽北民间戏曲的代表。清代中叶，苏州的一种坐唱曲艺“滩簧”传入福建后广为流行，闽北各地尤盛。相传清乾隆、嘉庆年间，由一位苏州商人带到福建。这种与南平一带的地方语言和民间音乐逐渐融合的民间艺术，经民间艺人加工发展，沿用了早期苏滩曾用名——南词。南平南词被老艺人谓为“苏派正宗”，因据传直接由苏州人传授。很长一段时间，南词以坐唱形式演唱戏文，虽无化妆，但生、旦、净、末、丑角色俱全。道白采用与南平城区方言近似的“中州韵”，乐器使用扬琴、三弦、琵琶、笙、苏笛、京胡、二胡、板胡等，还有打击乐铜钹、探锣、板鼓、松鼓、渔鼓、大锣、钹、紧板等。南词戏的音乐唱腔有自己独特的风格，俗称“八韵南词”，即正板唱八句，一句一个韵，故称“八韵”。演唱剧目多取材于昆曲，有脚本，如《断桥》《秋江》《出塞》《井台会》等折子戏。中华人民共和国成立后曾整理脚本60多出，并与闽北的民间艺术相结合，形成富有特色的闽北地方戏曲剧种（南平市地方志编纂委员会，2004）。

三角戏，流传于邵武及周边光泽、泰宁等地，因只有生、旦、丑三个角色而得名，起源于明清之际，是从产生伊始迄今有四百多年历史的小戏剧种，由花鼓戏、黄梅戏、采茶戏、邵武民歌融会演变而成。所有剧目的题材均是平民百姓日常生活中男女爱情、悲欢离合之类的故事，被称为“家宜戏”。它没有错综复杂的政治斗争，也没有惊心动魄的战争场面，剧中人物无非是农民、小商贩、土财主之类，没有帝王将相、文臣武将等传统戏剧题材。三角戏语言朴实风趣，有时穿插方言，且多数为喜剧、闹剧，大多内容为教育人们勤劳、戒奢、行善，观赏性强。其曲调有专曲专用和通用于任何剧目的“湖广调”两大类，曲牌名称多根据剧目名称而定，也有以角色名称和地名为名称的。民谣称其“没有皇帝没有官，百姓越看越心宽”。三角戏的说唱道白用的是“土官话”和邵武方言，言语诙谐幽默，唱词通俗易懂。表演方式也有其独特之处，如旦角均倒退着出场，丑角多用扇子、走矮子步等。

四平戏，又称“四平腔”，明末清初传入福建政和，有了很大发展，并流传于苏、浙、赣、闽等省，作为一个独立的剧种不仅存在，而且还保留着其原始面貌，世代传承活动在民间，逢年过节或庙会期间，人们都能目睹四平戏的古朴风采，现在不但成了闽北民俗文化的重要财富，也成了“中国戏剧活化石”。杨源的四平戏保护得好，唱腔至今还保留着官话形式。杨源村的四平戏传入年代已经不可考证，据老艺人回忆及有关文物分析，只知道大约是明末清初由一位叫张香国的祖先传开来的，距今已有三百多年历史。流传于政和县一带的声腔剧种，是由明时期流行的四大声腔之一的“弋阳腔”演变而成的，嘉靖年间盛行于安徽省歙县一带。然而，四平戏在闽北大山深处的杨源乡民间老艺人艰难的守护下，却以历史的原貌，年复一年地上演着。富有浓郁地方特色的唱腔，高昂粗犷，诙谐风趣，带着历史的沧桑，穿透层层障碍，以历史原貌完整延续至今。现在村里还保存有几十个剧本，最早的是清代的手抄本。目前尚有杨源、禾洋两个业余剧团。传统剧目除有“荆、刘、拜、杀”和《琵琶记》五大传奇外，还有《苏秦》《英雄会》《九龙阁》《陈世美》《芦林会》《八卦图》等几十个剧目。

4. 民俗娱乐

闽北作为中原文化进入福建的“文化走廊”，中原民俗文化积淀丰厚。由于受历史和自然条件等诸多因素影响，一部分中原民俗文化还保留着传入时的初始面貌，如在南平、邵武、建瓯、松溪、政和等县市，过去均有傩舞流行，现在流传于邵武市的几个乡镇和建瓯市城关，就是比较典型的例证。

邵武被称为活化石的原始傩舞始于宋代，由中原传入，独特的龙灯——烛桥及婚庆礼俗均向人们展示了和平古镇纯朴的民风民俗。迄今已传承了上千年的傩舞，是中原文化、楚文化、古越文化的交汇融合，同时又融儒、释、道和民间信仰于一体，还有弥勒教、无为教、摩尼教的流传轨迹和影响痕迹。傩舞是古人“驱疫逐鬼”的一种仪式，约形成于商周时期的中原地区，秦汉时已非常盛行。傩舞从汉代开始就在宫廷中盛行，有“方相舞”“十二神舞”等名目。唐、宋之时，傩舞依然盛行不衰。戴面具的“大傩”，是古代从中原地区直接传入福建而

“沉积”在闽北的民俗文化活动原型。

邵武南区的大埠岗、和平、肖家坊、桂林、金坑五个乡镇，都处于崇山峻岭之中，因地理、气候等原因，历史上鼠疫、天花、麻疹、疟疾等传染病交替发生，并夺去无数人的宝贵生命。邵武的傩舞，以驱疫逐鬼、祈福禳灾为主要目的发展并传承至今。作为驱疫逐鬼的跳傩活动传入邵武之后，自然也就被吸收。舞者头戴面具，脑后缀一块红布，以舞蹈动作走村串户，与古代“大傩”或“乡人傩”有明显的传承关系。但是，在名称上已都不称“跳傩”，而是以其形式不同各有不同的名称。具体节目名称主要有“跳番僧”“跳八蛮”“跳弥勒”和“小番僧”等。在这种背景下，现仍流行于邵武市的傩舞除保留原始的驱疫逐鬼的内容外，还增添了春祈秋报、祈愿生子添丁等内容。

松溪境内的竹贤自然村里盛行着一种独特的文化。竹贤的傩舞发展至今已有五百多年历史。竹贤傩舞最大的特点是除了保留着原始舞蹈“古”的韵味，还蕴含着浓郁乡土气息的“土”。由竹贤村杨氏先人文林公从江西引入，在竹贤流域的竹贤、角岐、东边、木坵、仙槎，傩舞舞者头戴由桐木雕刻彩绘而成的面具，脑后缀一红布，由戴面具8人、护理8人、化装导演8人、锣鼓队10人、后勤15人，约50人组成。没有乐器伴奏，只有锣鼓、鞭炮、喊叫声。动

邵武傩舞

作原始野性，古朴稚拙，保留着古老巫傩舞蹈的原生态，堪称古傩习俗的“活化石”。

大腔金线傀儡，也叫提线木偶，由明代传入闽北，是极具特色的民间艺术。延平区塔前镇提线木偶有着悠久的历史，是历史上大腔傀儡戏最为兴盛的地方，到了清代咸丰年间，延平塔前一带发展到几十班之众，分布的村落有石伏村、石城、棚下、虎山、塔前、大坪等地。因村落分散，村民又居住高山且生活贫困，不少人靠演傀儡戏兼做巫道为生，从传承路径追寻，石伏村曾是傀儡戏的发展中心，呈辐射状向外传播。大腔金线傀儡剧目大都出自弋阳腔的剧目，所用唱腔属弋阳腔的遗韵，腔调古朴、高亢，演唱时用大嗓，每句尾音翻高时用小嗓，念白用大小嗓结合，是罕见的古声韵孑遗。行当分为“四门”“九行头”，即生、旦、净、丑四门，老生、正生、小生、老旦、正旦、小旦、大花、二花、三花九个角色。加之提线木偶的精彩表演，真是生动传神。其伴奏乐器有唢呐、箫、笛等管乐，打击乐器有鼓、板、大锣、小锣、大钹、小钹等。表演场所大多选择无人居住的庙宇、祠堂及其他宽敞的旧房，主要在农闲和节假日演出。

战胜鼓，历史也颇悠久，产生在延平区峡阳镇。表演队伍可几十人，亦可上百人，有规定的鼓点和规范的表演程式，每人一鼓，阵容齐整，鼓声威壮，充分表达出喜庆欢乐和祈祝太平的浓烈气氛。

高照，产生和流传于建阳区城关、将口、童游等乡镇，现仅童游镇有传承。“高照”由主灯和“高照尾”两部分组成，俗称“竖高照”。主灯以一根约10m长的大竹为轴心，在这根大竹上精心扎糊起许多活动的规格相同的花灯。还配有表演排字的花钵舞队，在春节至元宵期间进行表演。竖“高照”时，主灯先要与4m长的挂有许多小灯笼的“高照尾”衔接，“高照”未竖起横扛时，这些花灯悬垂下来各自成盏；“高照”竖起时，这些花灯严密组合成一座“灯塔”。待“高照”竖起时，高照尾上悬挂着的许多小灯笼迎风摇曳，高照灯四面放出异彩，这时候花钵舞队也在“高照”下翩翩起舞，随着撑“高照”的人脚步移挪，“高照”缓缓转变角度，观赏的群众在原地就可以看到以花钵灯排出的“欢度佳节”“天下太平”等字样，与高照灯交相辉映。

建瓯挑幡，作为民间绝活，以其独特的风格，在省内外具有深远影响，始于340多年前明朝将领、民族英雄郑成功在闽组织“复明”大军抗清，并招募大军横渡海峡收复台湾。当时建瓯（旧称“建宁府”）城郊溪畔大洲村青壮年、造船工匠纷纷踊跃应征入伍，参加收复台湾的战斗，收复台湾的战役结束后，将士凯旋，百姓连日备酒宴庆贺，建瓯将士将带回的大旗高挂于竹竿上，竞相擎持，尽情挥舞，以表达对壮烈捐躯的弟兄们的怀念。以后每年均以此礼节告慰英烈，世代传承，久而久之，逐渐演化成当今建瓯民间特有的“挑幡”活动，流传至今。

建瓯城乡都建有男女老少参加的挑幡队伍，经常配合节庆和经济、文化、民俗各类活动开展表演，深得广大群众喜爱和赞誉，成为当地最受欢迎的文化与健身项目。制作工艺上有独特的风格，选用当地盛产的碗口粗的大毛竹制成，形制上要求选用一根约10m长的笔直毛竹，重约10~20kg，削去枝叶，晾干后，外上朱红油漆，画上各种吉祥图案；竿顶扎着彩灯，彩灯下是一座用竹片和彩绸制成的六角宝塔（俗称“幡顶”），以彩绸沿塔底四周悬挂数只小铜铃，顺杆四周垂挂着，塔底顺杆悬挂绵幡一幅，上书吉祥之词。表演时，有的头顶长竿，有的肩挑脚踢，有的鼻托牙咬，个个技艺精湛，身手不凡。其套路由手舞东风转、肩扛南天松、肘擎中军令、牙咬北海塔、口挑百战旗、鼻托乾坤棒、脚踢西方柱等跌宕起伏、穿梭组合而成的多彩多姿的十余种招式组合而成，时而肩扛口咬，时而手舞脚踢，时而左旋右转，时而前挑后抛；演兴至时，还你争我夺一竿，竿旋旗飘，幡幅呼啸，迎风招展，令人心驰神往，叹为观止。建瓯挑幡作为闽北的一项绝活，已闻名于海内外。以挑幡为代表的诸如“唱曲仔”“唱花仔”“奏十番”等游乐、曲艺堪称精美，众多的风俗，构筑起一道亮丽的民俗文化风景线。

祭游酢公，是顺昌县谟武村每年都举行的民俗文化活动。建阳人游酢、将乐人杨时受业于理学开创者程颢、程颐，并留下了“程门立雪”的故事。程门“四大弟子”之一的游酢，返闽后大力传播理学，后被朱熹改造发扬为“闽学”。为纪念曾在谟武村讲学与生活过的宋代理学家，活动按古礼仪分为春秋二祭，春祭在农历正月十四举行，秋祭在农历九月二十八举行。

灯舞（五夫龙鱼戏）

龙鱼戏，灯舞（五夫龙鱼戏），是流传于武夷山市五夫镇的一种民间文化表演活动。其过程分为“连年有鱼”“群鲤斗乌龙”“鲤鱼跳龙门”和“登科及第贵盈门”四节。其始于五代，兴于两宋，已有上千年的历史。龙鱼戏表演特别注重故事情节，其舞蹈动作古朴简单，击打出的鼓点节奏明快，与动作、情节相呼应，令人赏心悦目。龙鱼灯的制作有从选料、加工、蒙布到着色、彩绘等一系列制作工艺，制作出来的龙鱼灯色彩艳丽、灵活轻便、栩栩如生，带有明显的闽越族文化特征。

柴头会，又称“柴棍会”，是福建省武夷山传统民俗，为纪念清朝年间反抗苛捐杂税的农民起义而设，沿袭至今已有100余年的历史。相传很久以前，崇安岚谷乡的一位农民首领，率领起义军以竹叉、锄把作武器，在农历二月初六打进了崇安县城，后来起义虽然被统治者镇压下去了，但崇安城乡农民每年二月初六这一天都要扛着竹木农具举行集会，以表达对起义军的纪念。时间长了，柴头会后改变为民间交易会形式，成为闽北最大的民间民俗活动，各乡镇村民云集县城推销产品和购置生产、生活必需品，会上销售的大抵是木竹、藤类、铁器、药材、农具、种苗、耕牛等，会期二至三天。

闽北主要民间艺术分类

类别	分类	民间艺术具体形式和内容
民间工艺	手工技艺与民间美术	武夷岩茶（大红袍）制作技艺、福建乌龙茶制作技艺（北苑茶）、弓鱼技艺、邵武和平游浆豆腐制作工艺、浦城包酒酿造技艺、政和白茶制作技艺、政和高粱白酒酿造技艺、建窑建盏烧制技艺、湛卢宝剑铸造技艺、洋口油纸伞制作工艺（顺昌）、建阳建本雕版印刷、松溪版画制作技艺（松溪）、浦城剪纸技艺
民间建筑	传统建筑	闽北传统民居营造技艺（光泽）、闽北木拱廊桥营造技艺（顺昌）
民间戏曲	民间音乐	浦城闽派古琴、十番音乐（南平）、延平佛教修士音乐、邵武长门
	民间小戏	南平南词戏、邵武三角戏、光泽三角戏、政和四平戏、延平塔前大腔金线傀儡
	民间舞蹈与文化娱乐	邵武傩舞、松溪竹贤傩舞、建瓯挑幡、延平战胜鼓、枫坡拔烛桥、灯舞（五夫龙鱼戏）、邵武钱棍舞、葫芦潭畲族武术
民间信仰	图腾崇拜与节庆信仰	延平樟湖崇蛙、崇蛇民俗，顺昌大圣崇拜习俗、伏虎禅师信仰（延平）、妈祖信仰（邵武）、岁时年节
	民间杂技与风俗习惯	建瓯挑幡、武夷山分茶游艺——茶百戏、邵武河坊抢酒节、太平十番、王台太平鼓、烛桥灯民俗（建阳黄坑）

注：闽北为南平市所辖十县市

地域文化的研究与发展有利于保存和延续中国传统文化。历史建筑与地域文化特色密不可分。一些地域文化将不可避免地消失，而地域文化越来越趋同也不可避免。以往对地域文化大多属于消极保护，如今只有积极做好保护工作，才能避免完全灭绝。

闽北传统民居建筑发展历程示意

主要特征

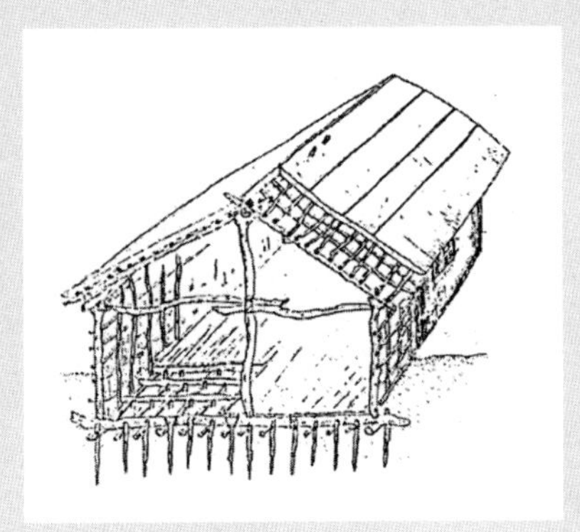

早期的干阑式建筑复原图
图片来源：侯幼彬，1997

『先秦以前』

建筑材料多以原始木材作为桩柱，立面和屋顶多用树枝、树皮等自然材料，有简单的穿榫结构，这种高出地面的巢居方式是山区高脚厝建筑的雏形，纵横相连的棚架结构是木构穿斗式结构的原型。

汉代画像砖中复杂的庭院结构
图片来源：侯幼彬，1997

『秦汉至唐宋』

从东汉墓出土的宅院画像砖上，可以看出建筑由先前的独栋慢慢围合形成院落，建筑空间也进一步丰富。这种合院式住宅方式随着北人南迁也慢慢地在闽北当地发展起来，并因地制宜地演变为“天井式”空间。

闽北传统民居的木构体系

『明清时期』

闽北现存的传统民居建筑以清代的为主，在中原文化的影响下，闽北地区的木构体系日益成熟，主要表现为抬梁式和穿斗式相结合的木构体系。形制上，主要表现为在与闽北地域环境相适应的融合过程中，逐渐演变为天井院落的合院式民居建筑形态。

三、民居建筑的装饰风格

闽北古代建筑装饰有实物留存的，最早当属2000多年前的汉代。在闽北这片层峦叠嶂、江河纵横、海岸线绵延曲折的土地上，崛起了一个少数民族地方政权，它就是司马迁《史记》中为之列传的闽越国（当时亦称“东越”）。闽越国的建立，揭开了福建文明史的第一页（杨琮，1998）。在武夷山城村闽越王城内外的宫殿遗址中普遍出土了大量的陶质建筑材料，有各种砖类、瓦类及水管道、井圈等。砖类有花纹方砖、花纹铺地砖、花纹空心砖、红烧条砖等。瓦类有板瓦、筒瓦、瓦当（阳云纹瓦当、阴云纹瓦当、云树纹瓦当、云树、鸟、蛇纹瓦当、文字瓦当）和陶井圈等。这些建筑材料主要用于铺设宫殿等大型建筑基址的门道、廊道、踏步或走道等，也常用于庭院、天井的地面或井台、水池等台边的铺砌。

秦汉以后，历经三国的纷争、两晋的离乱、南北朝的扰攘，社会动荡不安，从帝王到平民都希望通过崇信佛教求得解脱，文人们则崇尚玄学，反映在建筑装饰上则是风格简洁疏朗，色调沉静，造型粗犷，庄重肃穆中略带着朴拙厚实的特色。秦汉时代的砖瓦，是当时中国土木建筑最主要的材料。东方木构殿堂，在厚重、精美的砖瓦砌垒中，显示出威严、凝重的建筑风范。这正是东方专制主义思想意识的物化体现。它不仅仅昭示在秦汉中央王朝的宫殿建筑上，地方郡和诸侯国也是如此，闽越国的城址及宫殿建筑也不例外。中国建筑走上木构建筑体系为主的发展道路，将“木”和“土”两种构建材料的运用发展到极致，秦砖汉瓦证明了中国是最早由生土建筑向烧制砖瓦建筑过渡的国家。城村闽越国古城那

花纹铺地砖

闽越国宫殿遗址（模型）

壮观的城垣与雄伟的宫阙楼宇，虽然已于两千多年前毁圮，成为一片废墟，但从城址出土的大批建材如板、筒瓦、瓦当、花纹铺地砖、大型空心砖和各种型号的陶水管等均十分精美，与秦都咸阳宫殿中的建材相似，也与广州南越国都宫殿遗址的建材相似，宫殿遗迹、城池结构，无不体现出追仿秦城汉宫的遗制。

魏晋南北朝时期，北方游牧民族入主中原，在农业型的“华”文化与游牧型的“胡”文化的碰撞中，木构架体系在保持正统地位的同时，也吸收了若干“胡”文化的因子。其中最明显的就是东汉末年传入的胡床进一步向民间普及，并新输入了椅、凳等各种形式的高坐具。这些新家具，推动了汉民族起居生活习惯的改变，开始向垂足坐过渡，成为唐以后废除席地坐的前奏，对于木构架建筑体系室内空间的发展起到了重要作用（侯幼彬，1997）。

隋唐时，国家统一，社会富裕安定，反映在闽北传统建筑装饰艺术上，则表现为典雅、理性、严谨、含蓄和平易的艺术风格，建筑装饰进入一个鼎盛期。闽北的传统建筑在结构上也有突出变化，最显著的是宋时采用梁柱式的框架结构，较之隋唐时更轻便实用，又节省空间，总体风格博大清新、华丽丰满。与此同时，相关的家具形式也发生了重大的变化，桌椅、橱柜、床等家具逐渐普及，衍生出多种类型。家具的摆放和布置也有一定的格局。

闽北传统建筑主要有对称与不对称两种形式，一般在较开阔而对外的室内采用对称布局，如会客的厅堂，就在屏风前面正中摆放桌子和座椅，两侧四张椅子对称地摆放，供宾主对坐。而在卧室、书房则采用不对称格局，比较随意，这些变化对传统建筑装饰有一定的影响。

宋朝开国时，统治者就强调“偃武修文”，其后的统治也以“守”为主，甚至给人虚弱不整的感觉。元与宋相比，不是“偃武”而是“尚武”，因为元朝统治者是善于骑射的蒙古族人，粗犷大气，因而装饰艺术也具有刚劲、豪放、粗犷的风格。到了明代中叶以后，由于战乱等，闽北文化开始衰弱，但是程朱理学传统的深厚积淀，依然表现在新儒家伦理和农工商贾的各个方面。闽北的传统建筑，肃穆质朴，英华内敛，呈现一种以“简易直接”为特色的理性与节制之美。闽北地区许多豪门宅院，隐藏在寻常街巷，只有登堂入室，才能细细品味其深沉的蕴意。

清代闽北移民的流入对当地造成极大的影响，加上清代动乱造成的当地土著人口损失，具有特殊地理空间的闽北在历史上成为人口迁移和文化传播的重要地区。政府采取的具有开放态度的垦荒和招抚政策，导致大量外来人口进入闽北地区从事农业、手工业、商业等经济活动，给当地带来了冲击，特别是对植茶事业产生的影响。由此可以更好地理解闽北地区地理环境和文化形成的关系，以及特殊地域文化产生的原因。

在厅堂前后设置天井

闽北古村落的形成与人口迁移有着密切的关系，为了节约耕地和安全起见，古村落多是依山傍水、外闭内敞的格局。因为要适应夏季温湿，所以厅堂为敞厅，向天井开放，厨房等附属建筑也多为敞篷。由于雨量充沛，空气湿度较大，坡屋顶出檐较深，风火墙头也铺设瓦盖，以保护墙面不受雨淋。为了克服闷热，房屋进深大，外墙高，太阳不能直射到室内，以取得阴凉的效果。特别是在厅堂前后设置的天井，使室内外空间紧密相接，建筑物的大部分又经常处在阴影之中，从而加大了空气温差，加速了空气对流。

闽北现存的传统民居建筑多数建造于明清时期，清代居多。传统民居建筑装饰在这一时期逐渐发展成熟，具备了我国传统民间建筑的一般特征和闽北地域文化影响下的典型特征，整体建筑风格端庄、敦厚而又英华内敛，给人以清雅、肃穆之感。清代的闽北民居装饰样式丰富多彩，做工纤巧，一般人家简单一点的也要建造砖木雕花门楼。民居的门楼是一个家族的门面和象征，一般都非常讲究，好的人家建砖石结构的雕花门楼，镶嵌门楣牌匾，常用抬梁和穿斗结合的木构架建筑，将明间和次间连成一个大厅，使厅面宽阔、有排场，加上金柱上的斗栱花饰和梁头柱尾的动物、花卉雕饰，在青砖墙面的衬托下，显得更加富丽堂皇、格外华丽。如武夷山下梅村的“大夫第”，前厅是装饰的重点，门厅、回廊用照壁遮挡内部，而以天井和回廊作为缓冲带而后到接待客人的前厅。清代，闽北各地住宅的装饰都有了很大的发展，但是又流于烦琐、堆砌，不过在技术上确实已达到历代建筑装饰的顶峰。

闽北传统的民居建筑中，都包含有阴阳二种对立因素。自然环境不只影响村落选址和建筑布局，也潜移默化地铸就了闽北人节俭、好义的性格。自然与雕琢、质朴与工巧、飘逸与规矩等率真的艺术旨趣、深厚的儒家伦理教化和清新雅逸的乡土志趣，这些都影响着闽北民居建筑的风格，及至梁架细微之处，吸引人们用心去品味。

一切可装饰的部分，无不精雕细刻

闽北古代建筑的装饰装修主要以雕刻和彩绘为主，窗、大厅房门均用双开高门，厢房用单开门，与高大门厅相称。如建瓯市徐墩镇的伍石村里有三幢装饰极其精美的老房子，该建筑为砖木结构，其中装饰壁画和彩绘依然生动传神。民居的柱础、柱头、梁架、檩、椽、斗栱、望板、博风板等构件全为木制作且榫卯结构非常复杂，一切可装饰的部分，无不精雕细刻、美轮美奂。木雕、砖雕及彩绘等技术水平很高，两个藻井的装饰更是极尽奢华，最奇妙的是彩绘的水墨淡彩，经过百余年沉淀，依然色泽淡雅，没有褪色。

因古代等级森严，除了宫殿、陵墓、寺庙外，装饰的雕刻和彩绘在传统民居建筑中是极少用的，受到严格的限制。《古今图书集成·考工典》引《稽古定制》就记载了宋代时的规定："非宫室寺观，毋得彩画栋宇及朱黔添染柱窗牖，雕镂柱础。"特别是彩画，普通民居建筑装饰，一直到清代都是不准施彩画的，最多是在木构件表面涂刷油漆以防腐蚀而已。明代《舆服志》载："家庙……梁栋斗栱檐桷彩绘饰，门窗枋柱金漆饰。一品二品厅堂梁栋斗栱檐角青碧绘饰，门……黑油铁环。六品九品厅堂梁栋饰以土黄……品官房舍门窗户牖不得用丹漆。庶民庐舍不过三间五架，不许用斗栱饰彩色。"

清代这方面的规定比明代有明显的放宽，《大清会典》记载："公侯以下官民房屋……梁栋许画五彩杂花，柱用素油，门用黑饰，官员住屋，中梁贴金……"，从这里可以看出，清代时一般民居建筑也可以画彩绘了。当然，就彩绘本身来说又是有不同等级的。一般民居中大多只是在木构件原材料表面涂油，防止腐蚀、虫蛀等，以保护木料。

建筑雕刻是闽北古代建筑的重要构件，也是形成闽北传统民居建筑风貌的重要成分，在产生之初，大都是质朴无华的形象，承担建筑整体中的特定功能，随着历史的发展，渐渐被雕琢出艺术性的外观，以顺应人们日益提高的审美要求。

用于装饰的雕刻和彩绘在古代等级森严

闽北传统民居普遍厅大而房间窄小，厅堂敞亮而房间偏暗，可见古人的大部分活动都在厅堂，而房间仅仅作卧室之用。窗户均为条格扇窗，有的窗下部设置窗台。格扇窗夏天不贴窗纸使房间通风透气，冬天贴上白纸使房间明亮而暖和。民居的建筑装饰既要有艺术性，又要有经济性与实用性，因此必须突出使用功能。大部分房子卧房的地板上会开一个可掀起的小门，小门下的地面上砌一小窨井，是专供妇人倾倒洗澡、洗脚污水用的。天井的作用很大，一是承接屋面雨水并连通地下排水沟，二是是整个房子的空气调节器。天井多用花岗石板呈棋盘形铺就，有的还设置

清代时一般民居建筑也可以画彩绘

用于连通地下排水沟的天井

花台、水缸，供种花和蓄水养鱼、防火之用。

民居府第是闽北古代建筑中数量最多的一种类型，闽北传统民居以其鲜明的特色，丰富了传统民居建筑的艺术宝库。如国家级历史文化名村下梅村一处典型的府第式民居建筑群，它不同于一般豪华府第，纯粹为淳朴典雅的木造建筑。下梅村民居，至今仍完整保存着明清风格的古朴聚落，房屋周边的民居建筑结构非常老旧，村中那些木造的房子、屋篷、巷弄，依旧呈现着昔日的风华与精致。走入村中，使人立即感受到思古幽情的情境，流连忘返。

四、民居装饰的工艺特点

闽北民居建筑样式受移民文化的影响较大，因此，建筑呈现多种风格，除受到赣东北、浙西南的民居影响外，受皖南民居建筑的影响最大。通过比较闽北与皖南两地的雕刻图形，发现两地民居的文化特点、建筑装饰风格存在的异同，主要是由地域文化、生活习俗、经济交往造成的。

闽北传统民居将装饰中最突出的、集中人视线的地方作为视觉的中心，如主要的墙面、大门入口、屋脊、栏杆、楼梯和家具的陈设等。墙头、屋面一层一层有特色的风火墙依房屋态势呈高矮起伏状。传统民居的屋脊做法也与别处不

里层是木板门扇，上面包铁皮

同，采用不同的工具加工，在栋梁屋脊堆瓦上，采用中间设计成方形的瓦堆，两边设计成翘角的形态，好像古时纱帽顶子和翘翅，形成不同的艺术风格与区域特色。在梁架的挑出部分，根据不同的材料和工艺特点，经过恰当的装饰，在一些木、石、砖等材料的连接处也有装饰，既美观又起着过渡作用。装饰符号决定着民居建筑风格和语境的表达。

清代闽北传统民居建筑的石雕一般集中在外墙大门，通常以门楼、门罩或八字影壁加以装饰。门罩在枋间两端兜肚部位大多施以砖雕，枋上亦用砖雕、彩绘，后期渐趋精细烦琐。木雕主要用于门窗、屏罩、梁架、梁托、斗栱、雀替、檐板、檐条、墙板、栏板等部位。正门的门额上常题写字牌，表明宅主身份、文化修养，或题吉祥字。在传统民居装饰装修中，雕刻的内容以象征吉祥富贵的如意花卉、瑞禽异兽图案为最多，但也有大量的山水人物构图，其中一个精美的部分就是戏曲场面雕饰。民居装饰根据不同建筑材料的特性，选用不同的工艺、技术和艺术表现手法，将传统三雕、彩绘、灰塑、书法等表现技艺灵活运用在建筑空间中，使建筑性格与建筑形式相得益彰。

闽北传统民居的门罩以水磨砖叠涩几层线脚挑出墙面，顶上覆以瓦檐，手法简洁。一般住宅，正门是木板门扇，上面包铁皮，打上泡钉，漆以黑色，称为铁皮门。门扇外侧贴地有门槛，称为“门扶盏”。年代稍后的民居则用水磨砖在门

利用木材进行雕刻加工

梁部的雕刻多集中于梁枋的中央与两端

框上部砌成垂花门形状，两垂莲柱间施二枋联系，檐下用砖椽支承。

闽北传统民居的外墙几乎不开窗，尤其是底层，这是出于防盗需要。墙上有时开小窗数处，均以水磨砖制框，上部加砖檐，俗称窗眉。外墙抹石灰，清代常用石板砌裙肩，墙角立角柱石，均与墙面砌平，民居的外观在整体上十分素洁。传统民居的装饰手法很多，通常在这些地区的民间建筑和器具上，如庭宅居室、会馆楼宇、祠堂庙殿、牌坊亭台、桥梁以及家具陈设等，饰以精美的砖雕、石雕或木雕。

闽北古代建筑大多是木结构的，木雕也是很精彩的。木雕装饰在传统民居中处处可见，如家庭日常用的衣橱、睡床、屏风、柜盒和装饰器具、民俗用品、工艺摆设等，以木雕显露光彩，同时显示房屋主人阔绰和考究的生活方式。木雕用于建筑装饰，与石雕、砖雕有着分工，它们的运用取决于不同部位房屋构件的材质。通常砖木结构的建筑，石雕、砖雕大量出现于墙壁上，而木雕则伴随着窗棂、门扇、檐板而存在。砖雕、石雕、灰塑、陶塑因其材料坚固耐久，多用于民居建筑的外部空间。木雕、彩绘、书法等相对较为细腻且易于雕饰华美精致的装饰效果，多见于室内空间。在同一民居建筑空间中，这些传统装饰工艺通常杂糅在一起，对民居空间的不同位置进行装饰，兼顾实用属性和美观效果。各个部位采用不同的工艺技法，如屋架等较高远的地方，采用通雕或镂空雕法。利用木材进行雕刻加工，是传统建筑装饰的一种雕饰技法，其外表简朴粗犷，适于远观。

梁架是闽北传统木结构建筑中的骨架形式，包括柱、梁、檩、枋、椽以及附属构件等。单体建筑中的结构方式一般是先在垂直立柱上设置梁枋，圈制出“间架”，在主梁之上通过瓜柱筑起层层短梁来支撑檩条，檩条贯通“间架”的两端，从梁架顶部依次降至檐枋，最后于檩条之上设椽，这样就完成了整栋房屋的构架。闽北古建筑以木为主的梁架，不仅具有结构功能特点，而且也具有重要的审美意义。

梁部的雕刻多集中于梁枋的中央与两端，采用浮雕、采地雕、线雕等。题材包括人物故事、生活场景、花草鸟雀、祥禽瑞兽、建筑房舍等，有的保持原木本色，有的雕刻后设色沥金。

檩是建筑中架设于两幅梁枋之上承载椽子的圆木，建筑中脊部的檩条称为“脊檩”。在传统房屋施工中，安装脊檩是大木结构的最后工序，象征着房屋结构即将完成，因此很多地方都有“上梁”的传统：挑选黄道吉日，给脊檩披挂红绸、书写年月，燃放鞭炮，分撒糖果，唱上梁歌等。檩部的雕刻面积相对狭小，内容多是花卉草虫等程式化的吉祥符号。

政和县杨源乡西门村始建于元朝末年，地处闽东与闽北交界处。现存传统民居建筑群大都建于清朝中后期。远远看去，西门村是个青山环抱的小山村，走进村里弯来绕去的小巷，可以看见一座座清代民居建筑静静地隐藏其间，除部分毁于火灾和拆旧建新外，保存完好的清代建筑风格的古屋还有5栋，都集中在相邻的几条小巷之间。

西门村传统民居群各具特色的布局、结构、装饰和村落中科学的排灌系统互补，形成有机统一体。政和县境内的这些传统民居有闽东建筑往闽北建筑的明显过渡性，如村里青石铺地的巷道，巷随墙转，曲曲折折，幽静中弥漫着淡淡的历史的氤氲。民居在结构上一般是大门、仪门、厢房、天井、前厅、后厅、后天井等，在装饰上有由形状、大小、颜色接近的鹅卵石拼就的图案。宅院雕梁画栋，古香古色，内部空间宽敞，装饰有木雕、石雕、砖雕、彩绘，工艺精湛。尤其是门楼、廊沿、檐口、桅柱、窗棂、门楣，到处可见雕刻的吉祥图案。楹联、匾额承载着当年主人文士、商贾的辉煌与深厚的文化内涵。

西门村传统民居之间有古街、巷道相通

西门村的传统民居都是黑瓦土墙的土木结构，土墙内外用石灰涂刷，但因风雨剥蚀，石灰大都已脱落。古屋门前有台阶、拴马石、大门门框，进门是木质屏风，屏风后是前天井，正后厅丈余还有小天井，两旁是厨房，相连的房屋二楼均有小门互通，唯正厅上方有楼厅，这楼厅比二层楼面高3尺（1m），故称半高楼、走马弄，外观结构工整。

巷道旁一座古屋的大厅，内高悬着一块木雕牌匾。大门的门楣与门槛石墩上刻着如意牙与富贵花，房子的天井、正厅、厢房、后院布局合理，属典型的传统对称式。屋内的天井、础石、踏步都是清一色的青色花岗石。两侧厢房上有回廊，栏杆扶手细腻光洁，廊柱底下全雕成灯笼状或莲花式，中镂空，极为精美。房屋采光及通风良好，冬暖夏凉。六扇镂空的隔扇门，左右厢房窗格，到处雕刻春兰夏荷、苏武牧羊、喜鹊登梅等图案。木雕工艺多用流畅的曲线和曲面，种类主要有线雕、浮雕、透雕、隐雕、嵌雕、贴雕等，刀法明快，构图简洁，意趣动人。屋内厢房窗上镂刻的花鸟人物图案或取自然景观或反映闲适生活、传统伦理故事，雕刻精美绝伦，人物须眉清晰可见，表情栩栩如生。从房屋的气势和这些清代末年牌匾的内容上推断，这古屋的主人是当时社会上颇有影响的乡绅。

闽北石雕艺术历史悠久，最早可以追溯到史前人类的打制石器。随着原始

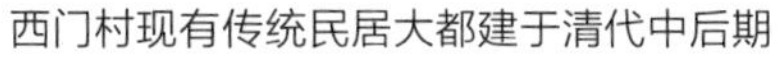
西门村现有传统民居大都建于清代中后期

石雕也是闽北传统民居中较为常见的一种雕饰

人类审美观念的发展及石材加工技术的提高，人们开始在石器上雕刻纹饰，使之成为既实用又美观的艺术品。这一时期的石雕，刀法洗练、造型简洁，艺术风格古朴。石雕质地细致坚硬，用途广，易历久，因而为人们所喜欢采用。石牌坊、石漏窗、石栏杆、石柱础以及各类石造家具、摆设雕刻，都是其显身手的地方。雕刻技法有线刻、浅浮雕、高浮雕、半圆雕、镂空雕、透雕等，其雕刻原则是因材施艺、以刀代笔，根据石料的材质来确定所使用的雕刻技法，并凭借熟练的技巧和实践经验来构图运刀。

石雕也是闽北传统民居中较为常见的一种雕饰。石质材料坚硬耐磨，防水、防潮，外观挺拔，又经久耐用，多作为建筑中需防潮湿和需受力处的构件。石雕艺术主要体现在石柱、柱础等建筑构件中。建筑石雕装饰在闽北传统建筑中也得到普及，起初多为仿木架结构，后来逐渐形成自己的风格。石雕工艺在民间主要应用于民居住宅、祠堂、庙宇、牌坊、亭、塔、桥等建筑局部和构件上，如旗杆石、抱鼓石、门楣、门槛、柱础、台阶、拴马石、栏杆、望柱等部位，这些地方往往也就成为石雕装饰的重点部位。石雕主要有线刻、隐雕、浮雕、圆雕、透雕等几个种类。因为石材质地相对坚硬，所以工艺复杂难雕琢的透雕就相对少一些。

石雕质地细致坚硬

石雕工艺在民间主要应用于民居

闽北传统建筑的砖雕也是很华丽的，多在民居的屋檐下、门楣上。砖雕虽然不如石雕耐久，比较容易风化磨损，但它易于雕刻却是一大优点，对材料也不像石雕那样有着特殊的要求，因此在建筑雕饰里更为常见。常见的用青砖雕成的传统砖雕艺术，是事前把精挑细选的质量上乘的青砖，排列成规定的尺寸，逐块

民居建筑砖雕装饰

刚柔而又质朴清秀的砖雕

按图纸雕出纹样，然后拼贴成图案，镶嵌在墙上。通常来说，砖雕的雕造都经过制坯、烧炼、雕刻几道工序。用来烧造雕砖的泥土要比普通砖的细，一般还要经过水洗、沉淀之后再使用，使之提高纯洁度和黏合力。在民间艺术家的刀下，雕刻的手法多种多样，雕刻的技法十分丰富，可以平面浮雕、半圆凸浮雕、高凸浮雕，也可以镂空雕刻。闽北砖雕通过平雕、浮雕、透雕、线雕等手法，根据不同的题材，雕工或繁缛精细，或简约粗犷，构图或取意象形，或疏密相衬，当圆则圆，方长有度，无不达到画面生动、构思精巧、匠心独具的艺术效果，每一幅作品都做到了形式与内容的高度统一。闽北与江浙接壤，典型的闽北传统民居也深受其影响。青砖灰瓦，质朴凝重。民居风火墙错落有致，依循屋顶坡度，呈梯级层层跌落。民居的屋脊大都中间平直而两端檐角微微起翘，像极了隶书刚劲而含蕴的燕尾，波磔少而勾角隐。传统民居朴素的造型、质朴的格调、刚劲的风骨，都彰显着朱子理学的浸润与儒家思想的渗透。

一般来说，砖的材质比石料疏松，更易于剔刻得玲珑剔透、毫发毕现，艺人们也抓住它的这个优点，在精雕细琢上下功夫。砖雕是以砖作为雕刻对象的一种雕饰，它与石雕相似，但比石雕更为经济、省工，在民间建筑中较多被采用。它大多用于民居的门楼、山墙墀头、照壁等处，表现风格力求生动、活泼。在雕刻手法上与木雕、石雕相似，有剔地、隐雕、浮雕、透雕、圆雕、多层雕等。砖雕既有石雕的刚毅质感，又有木雕的精致柔润与平滑，呈现刚柔而又质朴清秀的风格。

传统建筑是用砖砌筑门楼主体，门楼是住宅的脸面，各地区的建筑大多对门楼进行极力装饰。其造型和细部装饰，是闽北门楼建筑风格和建筑区域特征的集中展现。各地流行的门楼分为四脚落地式、牌楼式、过道式、脊架式等样式。

以闽北为代表的门楼建筑，一种是结构较为简单的门楼，也称为门罩，仅在大门外框上，用青砖垒砌而成，在顶部以砖瓦砌出仿木结构的出檐，并镶嵌有简单的砖雕。另一种是装饰比较华丽的门罩，并且以砖雕刻成仿木结构的牌楼形式，基本上由上、中、下枋，斗栱，挂落，栏杆，屋檐，方框等组成。常常要在门框两边上方，各垂下雕饰精美的垂莲柱，两柱间设有额枋、元宝、方框等，雕刻有精美的砖雕图案。这种门楼气势雄伟，雕刻华丽，多为富豪宅第。

闽北人极重视“门”文化，所以不论采用何种形式的门楼，住宅主人总是用砖雕对门楼进行装饰。装饰题材常选用龙凤祥鱼、珍禽瑞兽、花木鸟兽、杂宝博古、吉祥纹饰、民间传说等，这些装饰图案集雕刻工艺、绘画、书法等于一体，所表现的主题和房屋主人辟邪、趋吉等心理紧密相关，多表现祈福纳吉的美好生活憧憬。

灰塑是传统建筑特有的室外装饰艺术，在民居装饰中也占有一定的地位，特别是在闽南地区使用较多，闽北相对较少。明清时期，在闽南一带广为流行灰塑装饰艺术，它是指用石灰或蚝壳灰为原材料做成的灰膏，在建筑物上进行雕塑，塑上立体的花卉、鸟兽、人物等，再加上五彩的颜色后在建筑上描绘或塑成形的一种装饰类别，一般用于屋脊、山花墙面等处，经历几百年的风雨后，依然璀璨生辉。

灰塑也是传统民居建筑中最主要的装饰手段。其做法，一般民居是在山墙上用石灰堆塑出各种卷草纹，称为“草尾”。而在祠堂、庙宇、豪宅等大型建筑上，创作的题材则十分广泛，如山川风景或动物、花卉等，用浮雕的方法，使其具有立体的效果，甚至还有塑出整套历史故事的，染上大红大绿的斑斓色彩后，就显得富丽堂皇，十分悦目。一般可以在古宅的屋脊基座、山墙垂脊、廊门屋顶等处，发现这些不知名的民间工艺家留下的精湛艺术品，这也是闽北的建筑特色之一。

灰塑又分为画和批两大类。画指在墙面上绘制山水、人物、花草、鸟兽等壁画；批指具有凹凸立体感的灰塑做法，分圆雕式灰批和浮雕式灰批两种。圆雕式灰批的做法是，先用铜线，以石灰为主要材料，拌上稻草或草纸，经反复锤炼，制成草根灰、纸根灰，并以瓦筒、铜线或铁线为支撑物做出骨架，将砂筋灰依骨架做成模型，半干时再用配好颜料的纸筋灰在施工现场仔细雕塑，待干后再涂上矿物颜料。由于是立体式多层次，为了增强效果就要特别讲究黏合材料的选用，因此制作过程较为复杂。浮雕式灰批用途比圆雕式灰批相对更广一些，不仅能用于屋脊，还能用在门额、窗楣、山墙等处，而且处理方法也较为多样。

题材丰富的砖雕装饰

在山墙上用石灰堆塑出各种卷草纹

各种珍禽、瑞兽

陶塑，始于秦汉时期，它的出现为我国雕塑史和陶艺史谱写了光辉灿烂的一页。陶塑主要用于屋顶脊饰，陶塑用陶土低温烧成，其后涂上琉璃油彩，主要有黄、绿、宝蓝、褐、白等颜色，俗称五彩。陶塑是用陶土塑成所需形状后烧制而成的建筑装饰构件。陶塑材料分为素色和彩釉两类，素色就是原色烧制，釉陶则是在土坯烧制前先涂上一层釉。釉陶色泽鲜艳、防水防晒、经久耐用，但造价较高。一般安放在房屋的正脊上，脊的两端常常对称地饰以鳌鱼，暗示房主人将会"独占鳌头"，此外，还有各种珍禽瑞兽。在艺术表现上运用严格的写实手法，制作上采用模、塑结合的手法，运用塑、捏、堆、贴、刻、画等多种技法。陶塑材料较粗重，成品主要靠烧制而成，实用性强，但工艺上不如灰塑精致与逼真。

过去，陶塑的主要产地是广东佛山，近年来，一些有心人把广东佛山的陶塑艺术移植到闽北来。陶塑甚至已能在一些著名传统建筑的修复工作中发挥作用，得以发扬光大。闽北传统民居中还较多运用嵌瓷装饰，也就是用破瓷片作为装饰原材料，既经济、美观，又能防止风吹雨淋的侵蚀，是具有地方特色的一种建筑装饰。

五、民居装饰的题材与内容

闽北民居在装饰题材与内容方面十分丰富，如上所述，内容主要有字符、锦纹、杂宝博古、人物神祇、动物花草等几类，多有一定的象征意义。传统民居装饰图案是闽北地域建筑的重要组成部分，是闽北地域文化的积淀和传统文脉的延续，是闽北传统民居建筑发展的缩影。在闽北较有代表性的民居建筑装饰，要数武夷山传统民居，其民居的"三雕"和彩绘装饰题材与内容十分丰富，多有一定的象征意义。雕刻图案大多表现了村民对长寿、平安、功名、利禄、多子多福、升官发财的追求。图案多为几类纹样组合，少见单类纹样组图。画面往往采用借代、隐喻、比拟、谐音等手法传达某种寓意，例如：借松代寿，借牡丹代富贵，借南瓜石榴代多子，以羊隐喻孝，以"暗八仙"隐喻祝寿，以荷比拟品行清廉，以蝙蝠谐音"福"，以鹿谐音"禄"，等等。

动物类题材，有麒麟送子、三阳（羊）开泰、狮子滚绣球、鹿、龙凤呈祥、鹤、凤凰、蝙蝠、蝴蝶、鸳鸯、喜鹊、鲤鱼戏荷等吉祥图案。麒麟是中国传说中的灵兽，寓意子孙仁厚贤德；狮子是百兽之王，象征权力与富贵。曹墩村的壁画砖雕，雕刻着一只鼎，鼎上升腾起袅袅青烟，据说那是飘向天空的祥云，也指运气。祥云引来了五只蝙蝠（有的砖雕上不一定是五只），携带来的运气，民间百姓美其名曰"天赐五福"。"福禄双全"，是由蝙蝠、鹿和连线组成的纹样。民间借蝙

砖雕表现对长寿、平安、功名的追求

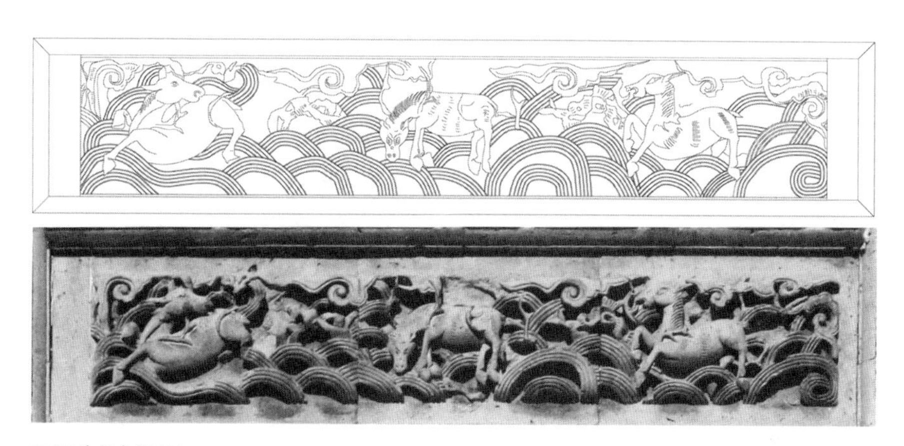

三阳（羊）开泰

鲤鱼跳龙门

以植物题材为主的装饰图案

植物题材都有美好的寓意

蝠之相、之音期望这五种福气都能临家。

植物类题材，有松、梅兰竹菊、芙蓉、水仙、牡丹、海棠、百合、万年青等。松四季常青，为祝颂、长寿的象征，松常与鹤配在一起，谓之“松鹤延年”，表示长寿，而松、竹、梅则被称为“岁寒三友”，显示其不畏霜雪、挺拔坚韧的精神。松树百木之长，万古长青；竹子高风亮节，清秀俊逸；梅花玉洁冰清，傲骨嶙峋；牡丹国色天香，富贵荣华；兰花清雅芳香，花质素洁，每个题材都有美好的寓意。

人物类题材，主要是神仙与古代名士，神仙有八仙、和合二仙、寿星、钟馗、孙悟空、哪吒、刘海等；历史人物则有花木兰、岳飞、关羽、刘备、张飞、赵云、红拂、李白、苏轼等。这些人物形象组合成神话和历史故事，如八仙过海、哪吒闹海、桃园三结义、岳母刺字等，具有很强的教育意义。内容、情节趋向写实，讲究艺术美，人物比例适中。求财与求寿的砖雕图案就数武夷山下梅村参军第门楼的砖雕“刘海戏金蟾”和“东方朔偷桃”。“刘海戏金蟾”主体是憨态可掬的刘海，他手持一条彩线在戏钓一只大金蟾，大金蟾不断地吐出一枚枚铜钱，刘海用彩线将铜钱一一串起，画面的上部是飘浮的祥云和飞翔的仙鹤，下部仙山座座，刘海站

“刘海戏金蟾”

“东方朔偷桃”

人物题材主要是神仙与古代名士

在叠起的金钱上面，体现出既古典又浪漫的艺术风格，表达了人祈求财源不尽、生活富足、兴旺发达、幸福美好的愿望。下梅参军第门楼上的砖雕“东方朔偷桃”是求寿的生动写照。武夷山乡村百姓求寿祝寿都受到中原文化的影响，凡为老人祝寿，最常用的礼物当然是寿桃。“东方朔偷桃”图案，采用长方形构图，用浅浮雕技法，主体人物东方朔神态诡谲，肩上扛着一枝刚从王母那儿偷来的鲜桃，无不几分得意（邹全荣，2003）。该幅画的上方还雕有一只飞翔的仙鹤，以仙鹤烘托长寿的艺术氛围，民间以此祈福求寿。

彩绘是闽北传统建筑极富特色的装饰

另外，还有一些回纹、几何纹图案，也是传统民居最常见的装饰题材。这类题材在明清时期已有“图必有意、意必吉祥”的美好寓意。

彩绘，是闽北传统建筑极富特色的装饰。彩绘装饰部位主要分布在梁枋、斗栱、柱、顶棚等处，用彩色涂料刷饰或绘制花纹图案。一种是在木构件檩以及藻井上，另一种则是在白色墙面上绘制人物故事、山水、花草、鸟兽等壁画，彩绘除了装饰外，也可以起到防腐防蛀的作用。闽北的一些寺庙、祠堂、民居窗户还保留着明清彩绘。彩绘早期是以龙、云纹样为主，后来受佛教的影响，又添了卷草、莲花、宝珠、“卍”字等纹样。还有“福禄寿喜”“鲤鱼跳龙门”“状元及第”“王祥卧冰求鲤”“孟冬哭芦”“王冕爱荷花”“苏东坡爱砚台”“孔子爱人才”“王羲之爱鹅”“李白爱喝酒”等内容。古代彩绘出现了油漆与彩绘的分类，凡用于保护构件的油灰地仗、油皮等统称为油饰，而用于装饰的各种绘画、图案、色彩等统称为彩绘。彩绘后来不断发展，明清时渐成定制，达到顶峰，画法与名称逐渐增多，内容越来越丰富。

六、民居装饰的文化内涵

闽北地区是福建最早开化的地区，历史上的衣冠南渡，闽越本土文化的自然发展，形成了闽北地区特色鲜明的地域文化，民居装饰也深受其影响。同时，受地理位置和古代闽北经济形式的影响，民居装饰也深受赣南、赣西、浙南、皖南乃至中原等地区的影响。闽北民居装饰可谓博采众长，既有精雕细琢的严谨娴熟，又有粗犷大气的博大质朴，整体风格端庄，敦厚而不浮艳，质朴、自然而又严谨，在色调上清新素雅，形式较为统一，形成了非常鲜明的具有闽北地域特色的建筑文化。而闽南泉州是海上丝绸之路的起点，传统民居受佛教、伊斯兰教、南洋文化以及欧洲建筑文化的影响，建筑材料如瓷砖、木料（楠木、酸枝木）等，很多都是从东南亚进口的，在建筑风格上形成了很明显的地域特色。其装饰风格精致繁复、大气简洁，形式丰富多变，色调则华丽多彩。

耄耋富贵

民居装饰风格端庄、敦厚而不浮艳

闽北传统民居中雕刻面积较大的木构件，是室内的各种花罩——花罩楣子、落地花罩、栏杆罩等。花罩为双面透雕，非常具有立体感，生动美观。雕刻题材主要是自然花草或它们的组合，这些花草多有美好寓意，松、竹、梅岁寒三友喻高洁、正直、不畏严寒，牡丹、海棠喻高贵、富庶，松、鹤喻延年益寿等。

栏杆雕刻主要在枋之间的花板、绦环板及净瓶上。花板雕刻在室内以浮雕为主，在室外则以透雕为主。闽北较有代表性的民居建筑装饰，要数闽北的武夷山下梅村、五夫镇，以及邵武和平古镇的传统民居等。在下梅村古民居里，至今还保留有十几块古牌匾，都是清代遗物，内容大体可分为堂斋题匾、寿匾和敬赠匾，书法工艺采用了阴刻、阳刻、边刻。这些牌匾内涵丰蕴、书法精湛、画工精细、色彩饱和，既记录了下梅村厚重的文化历史，也成为书法艺术的宝藏。其中军机大臣王杰所书的“施政堂”更是珍品，堪称地域文化与建筑艺术巧妙嫁接的典范。下梅村是“中国历史文化名村”，下梅古村的景观、人文等是物化了的古代哲学思想、建筑美学的结晶，有着较高的历史价值、科学价值和独特的艺术价值，更有着深刻的文化内涵。

民居建筑主要部分的组成及功能

一、民居的雕刻工艺

闽北工匠的“三雕”（木雕、砖雕、石雕）工艺精良，向来与江浙、安徽木雕并驾齐驱。砖雕在闽北民居建筑中得到了广泛运用和发展。闽北匠人的砖雕，以线条蜿蜒有力、形象生动传神、风格柔顺秀逸、图案寓意吉祥、情趣雅俗兼备、刀法洒脱而著称于世。简练的石雕构件，粗大梁柱的石柱础，深邃的庭院，都充分体现了闽北民居建筑的雄浑大气。闽北民居建筑如果没有“三雕”艺术，去掉装饰内容，就会成为毫无生气的空架子。

闽北传统民居装饰中最有代表性的要数武夷山古村落。砖雕、石雕、木雕等在传统民居的装饰艺术中占有相当重的分量，充分体现了古村落深厚的文化内涵，有着独特而悠久的历史文化。砖雕主要用于达官贵人、大型府邸、宗族祠堂、庙宇等建筑的入口门楼檐墙上面。石雕主要用于柱础、门础，门当抱鼓石，摆设于厅堂上的石雕小品石鼓，构筑天井情趣的石水缸、石花架、墙脚的石条等。木雕工艺也广泛运用于祠堂、庙宇、民宅中。在闽北传统民居中，钩心斗角、雕梁画栋、藻井雀替随处可见。雕刻的图案大多体现了村民对长寿、平安、功名、多子多福、升官发财的追求。“三雕”艺术自然地在建筑中结合，青砖灰瓦配上精细的“三雕”，朴素淡雅中透着精致。如坐落于距邵武和平古镇东门100m处的“李氏大夫第”，是清晚期奉政大夫、知州李春江以及奉直大夫、直隶州州同李奇川的宅第，此门李氏清晚期“一门九大夫”。李氏大夫第门楼的雕刻内容丰富，有历史人物故事、多种动植物和吉祥图案。其门楼为砖石构六柱五间一门牌坊式八字门楼。门楼左右三组梯级挑檐，烘托出顶檐的上冲之势，挑檐砖质斗栱层叠，整个门楼气势恢宏、样式华丽、蔚为壮观。

闽北传统聚落武夷山下梅村“邹氏大夫第”建筑群，除了雄伟壮观的总体气势外，精心构思、巧妙设计的雕梁画栋更是美不胜收，“三雕”艺术充分体现了深厚的地域文化

石雕装饰

砖雕植物图案

精工雕刻的人物卷草团花等图案

艺术内涵，令人惊叹不已。其入口门廊最为精致，匾额、梁柱、斗栱及墙面布满砖雕、石雕、木雕和彩绘装饰，工艺精湛。民居中的装饰图案主题鲜明突出，精工雕刻人物、飞鸟、卷草团花、仿锦等图案。其丰富的内涵生动体现了明清这一历史时期人们的礼制观念，期盼吉祥和向往仕途的美好愿望。在封建社会，人们追求功名利禄、进取竞争的意识都极为强烈。这极具中华传统文化色彩的主体精神，在门楼繁杂的砖雕图案中得到了展示。

1. 砖雕

闽北传统民居建筑的砖雕十分华丽。朴拙厚实的青砖，一旦雕上栩栩如生的花草鸟兽、神仙人物、戏曲故事，就有了纯净雅致的灵气。民居门楼多有字牌，一般设置在门楼的中心，很好地体现了闽北民俗文化内涵。武夷山市的下梅村，数十幢传统民居的门楼洋洋洒洒铺排开来的雕花图案，锦缎一般绚烂。还有五夫里的连氏节孝坊，其雕花门楼精彩绝伦的砖雕艺术令人惊叹不已。

在闽北的民居建筑装饰艺术中，砖雕这门古老的艺术一直起到点缀外观的作用。砖雕工艺特指用砖雕刻各种建筑构件的传统手工技艺。砖雕图案的装饰纹样十分丰富，表现技法娴熟，题材丰富多变。就装饰精美程度而言，门楼砖雕最为突出。仅分布在下梅村民居中的砖雕图案，就有500多幅，并且几乎没有雷同的，极富地方特色。从构思到表现，无论象征还是隐喻，其手法都多样而繁复，代表着一定的祈求心理，具有一定的社会意识倾向和感情色彩。

闽北砖雕从题材上主要可概括为祈福纳吉、伦理教化和驱邪避灾三类，其中又以祈福纳吉类居多，有求福、求寿、求喜、求财、求安、求子、求功名、求进取、求利禄等。这些题材最贴近百姓生活，它们以朴素而直白的艺术语言表达民众对生命价值的关注，对家族兴旺的期盼，对富裕美满生活的向往。在漫长的岁月里，人们将这些饱含着中国文化精神的画面和表现形式定格在与之生息相伴的砖雕图案中，让世人进出瞻仰，目目激励，代代相传，数辈不忘祖先遗愿。

下梅村是武夷山清代的茶市，明清时期武夷山的男人们大多走出家门，远离故土，到全国各地经商，或以手艺为谋生手段。特别是在清代，茶市十分发达，在当溪，每天南来北往的船只有序停泊，形成“白日千帆过，夜间万盏灯”的繁荣景象。古人有诗赞此盛况：“隔溪灯火团相聚，半身渔舟半客船。”（刘家军，2008）武夷特产——岩茶、大米、笋干在此集散、转运，交通便利促进经济

神仙人物、戏曲故事

求功名、求进取

神仙与古代名士

繁荣，使下梅村成为武夷山的通商大埠，形成十分典型的商业文化。富起来的武夷商人首先就是给家里营造房屋。尽管地形崎岖这一地理因素限制了闽北的建筑不可能像徽州传统建筑那样拥有气势恢宏的大型庭院，但是，人们还是将财富和地位的象征放在了砖雕装饰上。砖碉是以砖作为雕刻对象的一种雕饰，作为豪门大宅构件、大门或墙面的重要装饰而出现在建筑之中，按照传统建筑的营造法式，无论是民居，还是祠堂，它大多用于门楼、门套、门楣和靠外墙窗罩、门罩、屋檐、屋脊、正檐、山墙墀头、照壁等部位，表现风格力求生动、活泼，形成鲜明的地域特色和风格。

闽北传统民居中工艺精湛的砖雕成组地镌刻着回纹、卷草、鸟兽、花卉或镂刻雀替、垂花，有的还用磨砖拼成斗栱、漏花砖窗和各种线脚。明末清初，由于富商们对豪华生活的追求，砖雕一改明代简约、古朴的风格，趋于细腻繁复，多用深圆雕和浮雕，提倡镂空和层次效果。刻出的线条流畅自然、简洁明快，画面的空间感强。砖雕在雕刻工艺上较石雕更为精细，虽然不如石雕坚固，耐

“独占鳌头”

久性也差一些，但仍然让人惊叹精湛的磨工刻工技巧和水平。它比石雕更为经济、省工，在民间建筑中较多被采用。砖雕因其材料特性，使其作品在表现形式上既有木雕作品细腻、流畅的线条，又有石雕作品的硬朗、刚毅，整体呈现一种刚柔并济而又华美秀丽的装饰格调。砖雕在雕刻手法上与木雕、石雕相似，具有很高的观赏价值。

“魁星踢斗”

闽北民居建筑优美的门楼砖雕造型宏阔，画面生动活泼、形象逼真，雕刻精致细腻，通常选用民间喜爱的吉祥物、珍禽瑞兽、历史典故、传统戏文来构图，雕刻技法娴熟，其技法主要有平雕、隐雕、浮雕、镂雕、多层雕、圆雕、透雕、阴刻等，具有很强的立体感和质感。其构图突出主体造型，表现的画面也日趋复杂，立体感很强。人们把美好愿望寄寓在与之生息相伴的古民居砖雕图案上，做到代代相传。武夷山下梅村的砖雕工艺精细，雕刻工整，运线流畅，主题突出，层次分明，情节丰富，如突出进取精神的砖雕“独占鳌头”“魁星踢斗”。

在古代科举考试中，得状元称为“独占鳌头”，这是千千万万读书人梦寐以求的理想。如下梅邹氏大夫第“小樊川”屏墙上的一幅砖雕，主题是“独占鳌头”，突出的就是进取精神。与“独占鳌头”主题相近的是“魁星踢斗”。在武夷山民居的砖雕图案中，“魁星踢斗”图案较多。最精彩的就是下梅村东兴路的“魁星踢斗”图。“魁星”谐音“奎星”。在中国古代，人们崇拜奎宿。“奎宿”是官星名，为二十八宿的第一宿。奎星被视为主管文运之星，过去常以“奎”表达文章华丽、文运亨通。在民间，奎星渐渐被附会为文运之神，也叫魁星，这出于“魁”与“奎”谐音，科举第一称为“魁”。民间将魁字附会为“一鬼抢斗”，所以魁星的形象常被描绘为一赤发蓝面鬼，一脚立于鳌鱼头上，一脚后翘，看似踢斗。或一手捧斗，一手执笔把斗圈点掉，因此叫“魁星点斗”。下梅村传统民居建筑这类砖雕图案十分丰富。

下梅村施政堂、方厝门的“鲤鱼跳龙门”最为精彩，威严宏阔的龙门，几条鲤鱼奋力跃进，雕工夸张生动，构图简练，表达了积极的进取精神，对激励后

“麒麟献瑞”

人具有现实意义。“鱼”在古人心中是一种祥瑞的象征，“鲤鱼跳龙门”纹样也常作为对古时平民通过科举考试的比喻和幸运的象征。在砖雕等民间工艺纹样中，“麒麟送子”以求子为主题，麒为雄，麟为雌，麇身、牛尾、马蹄、鱼鳞皮，头上有一角，角端有肉，黄色。麒麟是古代传说中按中国人的思维方式复合构思所产生的动物形象，麒麟为仁兽、吉祥物，位居四灵之首。麒麟在传说中被赋予了十分优秀的品质，是送子神物。砖雕等民间工艺的纹样，运用了大量“麟吐玉书”“麒麟献瑞”“麒麟送子”等题材，用来预示祥瑞降临、早生贵子、子孙贤德（尚洁，2008）。

砖雕图案蕴含着许多寓意，可利用谐音、寓意、象征等进行表达。“瓶升一戟”的砖雕主体构图是一只宝瓶上插一把古代作战的戟。古代的瓶为直颈、圆腹（也称鼓腹），圆足，瓶体上刻有或绘有吉祥花卉。瓶与戟组成的图案，得平安之意，表示年年能在仕途上或科举时平平安安地升一级。若瓶中插一只如意，则寓意“平安如意”。下梅村“西水别业”中的门楼砖雕上的砖雕刻有一只花瓶，旁边衬以一只芦笙，砖雕工匠取“笙、瓶”与“升、平”的谐音，寓意“升平气象”。

下梅村“参军第”门楼中的一幅砖雕，在一只花瓶里插上一支古代作战的武器——戟，还插有一支如意棒，在如意棒上挂有一只磬，这些看上去不相关的物件，组合在一起通过“戟与吉、磬与庆、瓶与平”的谐音，组合成“吉庆平安”，表达了人们的美好愿望。又如“平升三级”，是由花瓶、笙、三只戟组成。级是古代官吏的品级，自魏晋以来，共分九品。民间假借“瓶”与“平”、“笙”与“升”、“戟”与“级”谐音，表达期望官运亨通、连升三级的寓意。

取“笙、瓶”与“升、平”的谐音，寓意“升平气象”

民间还常把福、禄、寿、喜、财视为五福。“蝙蝠”，因“蝠”与“福”谐音，故被当作幸福的象征。又因其能飞，希望飞进福来，可使幸福从天而降。所以，在民居中以蝙蝠为装饰纹样的砖雕比比皆是。又如“倒挂鼠”砖雕图案，它表达了百姓们“福到”的祈盼。人们还将蝙蝠与其他吉祥物组合，构成新的寓意，如四只蝙蝠围着一个寿字，寿字的正中又有一只展翅的蝙蝠，这就是“五福祝寿”。要是两只蝙蝠口衔两只铜钱及寿桃、寿字等，这就是“福寿双全”（钱与全音近）。有的砖雕图案是数只蝙蝠在海面上飞翔，寓意“福如东海”（邹全荣，2003）。

借麒麟、凤凰表现一派祥瑞之气

2. 石雕

闽北传统聚落的石雕也是丰富多彩的。石雕远不及砖雕、木雕那样运用广泛，一般只运用于门狮、抱鼓石、须弥座、碑刻、柱础、铺地等石构件的装饰部位。主要采用浮雕、透雕、平雕的手法雕刻，刀法简练，艺术风格古朴大方。曹墩村的“彭氏节孝坊”牌楼，风格隽永，底座的八只抱鼓古石巧妙地构成四只花瓶，所有的构件都是由不同的石雕部件组装成的。石雕的题材多为动物、植物、人物、故事、山水和博古纹样等。闽北石雕主要以青石材料为主。

武夷山市五夫镇兴贤古街的“连氏节孝坊”门楼上的门楣，是精美绝伦的

双狮戏绣球

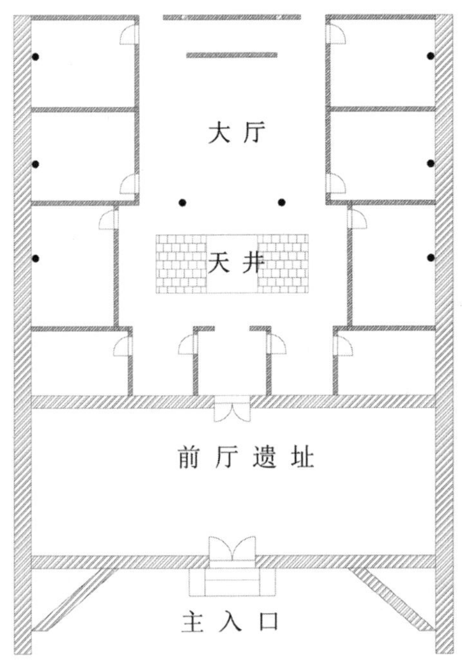

连氏节孝坊平面图

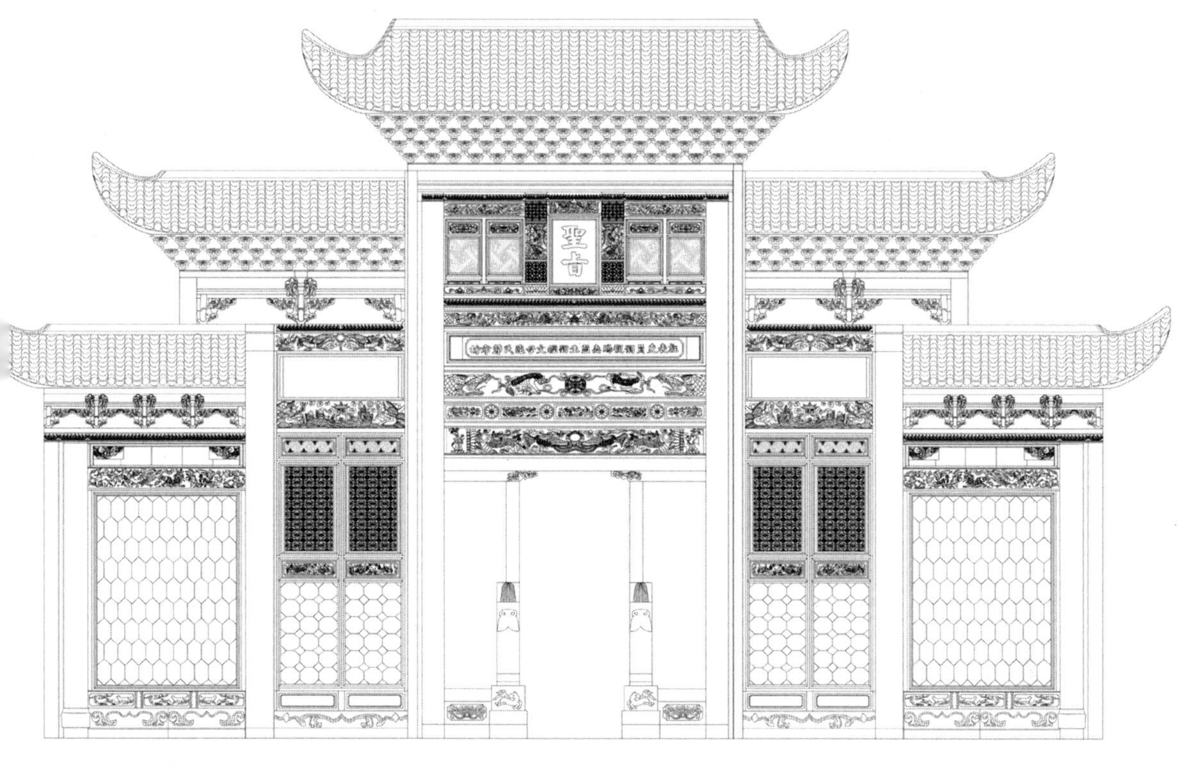

五夫镇兴贤古街的“连氏节孝坊”

砖雕与石雕相结合的艺术珍品，也是清朝乾隆鼎盛时期闽北武夷山砖雕工艺水平的巅峰之作。

砖雕门楼壁面上方镶嵌的立体的石雕书法“圣旨”二字饱满端庄，是武夷山古村落中最具代表性的牌坊石雕工艺遗存。其中“旨”字变成了“上曰”，意思是“皇上说”。其上是一条正面盘龙，探首龇牙，龙威张显。中间嵌着的一条青石色的石条，上用楷书刻着圣旨的主要檄文：旌表吏员刘观赐妻监生刘经文母连氏节孝坊。

接着就是一幅宏阔的石雕画卷，四只石雕的门当上面有一对立体雕刻的石狮子，在顾盼着那只绣球，浮雕手法灵活，狮子戏绣球的动感强烈。这两头石狮一头朝下，一头冲上，又一左一右地成太极形排列；下面是石雕的四个柱形的户对，柱头上精细雕刻着“莲花盛开”，代表着高贵、圣洁。高达1.75m的一对门当则雕琢成两只瞪目吐须的神龙的巨首，张着气吞万象的大嘴，饱满地含咬着宝珠（石鼓，直径0.65m），真乃匠心独裁。

除此之外还刻有如双凤朝阳、元官赐福、喜上眉梢、鲤鱼跳龙门等无数以向往美好生活为目的的祈福、祈祥、祈贵、祈寿等寓意的砖雕组群，有极高的艺术欣赏和文化研究价值。

在闽北，至今还能看到一些古朴的石井栏，都是由一整块大石头雕刻出来的，如五夫兴贤古街的五贤井、下梅村的天一井、城村百岁坊门前的井，都由巨大而苍老的石井栏护卫着。这些由单体石头雕出的石井栏，体现了当时武夷山民间的石雕工艺水平。传统民居中那些常见的青石板，也不乏较高的石雕水平。在下梅村，还能见到长达八九米的石板，这些石板也都是用单体石头打磨出来的，耗时耗工且不说，要把它们从深山的采石场运出来也是不容易的。传统民居的大厅，天井井沿也都用长条石板铺设，显得豪华气派。在清代中期，武夷山乡村民间也广泛使用石柱础和石雕家具等。

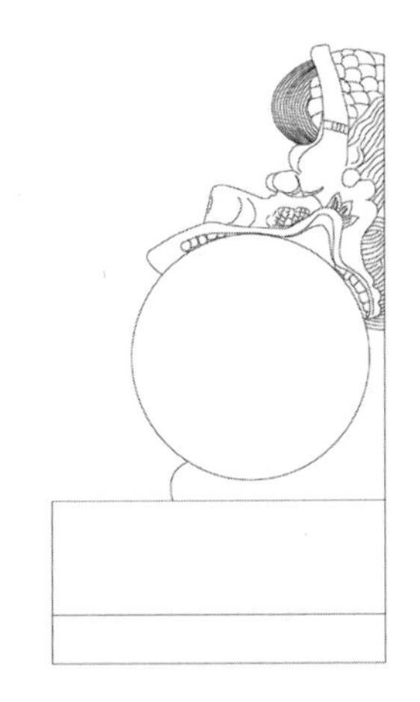

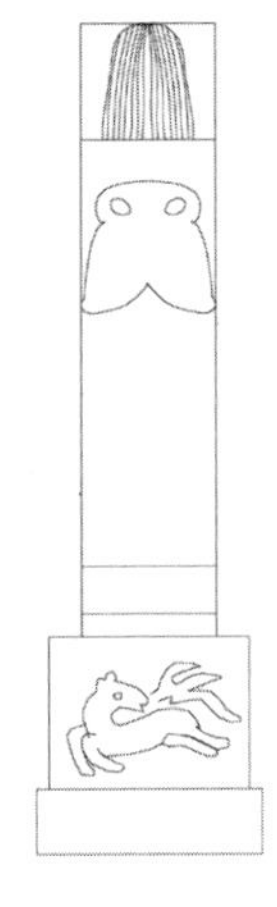

连氏节孝坊门当侧面与正面

下梅村的邹氏家祠、邹氏大夫第、西水别业等传统建筑的石雕装饰也丰富多彩，每个天井都有一高一矮两个石花架。这些石雕作品不仅技艺精湛，而且所选用的石材也质地优良。下梅村邹氏大夫第有一系列石雕水缸，它们所起的作用不仅仅是盛水，更具观赏性和装饰性。这些石雕水缸造型极具变化，有长方形的、六边形的、五边形的、椭圆形的、半圆形的。整个石水缸的表面都采用浮雕工艺，具有很高的美学价值。大夫第的后花园“小樊川”的建筑风格古典而流畅，类似江南园林。园内筑有石栏杆的金鱼池、对弈台、镜月台，花园与后厅的隔墙上镶嵌双面镂空砖雕，还有花瓶造型的石花架、石水缸、镂窗，其间的屏墙

由单体石头雕出的石井栏

整个石水缸的表面都采用浮雕工艺

仿佛砖雕、石雕艺术长廊。满园的花草、200多年历史的罗汉松为故园增添了盎然生机。

下梅村西水别业的石雕也是十分精致的，有颇具创意的石雕圆月门、芭蕉叶形门，因“蕉”与“招”谐音，故含有“招”的意思，希望能将才子佳人招入门中，也希望进出此门者能招财进宝。独具匠心的芭蕉门也很有特色，是武夷山不可多得的石雕遗存。

3．木雕

木雕装饰艺术是闽北建筑最主要的装饰技法之一，这一点从现存明清民居的建筑装饰实体中可见。在闽北，传统的木构建筑似乎更接近自然，更亲近人性。木雕工艺十分精湛，木雕工艺指以木头为原料雕刻窗门、梁柱以及各种造像，多用流畅的曲线和曲面，宜表现明快和柔美的风格。木雕工艺广泛地运用于传统聚落的祠堂建筑、寺庙建筑、民居建筑。传统木雕工艺对材质的要求很严，一般以杉木、楠木、红木、樟木为多。木雕的制作讲究因材施工，根据木头的颜色、纹理、形态，最大限度地发挥木头本身所具有的无可取代的自然形态与自然属性。古代工匠能因地制宜、随形就势，根据住宅主人的旨意在有限的空间内巧妙构思各种雕刻技法，民居大厅屋内的梁架、雀替也都用木雕装饰，工艺精美。厅柱、月梁、牵梁、屏门、窗户、藻井、雀替、斗栱、勾心都采用了传统的木雕工艺。施用部位分为梁架结构木雕和门窗隔断装饰木雕。梁架结构木雕集中在梁枋、斗栱、额板、花机、牛腿、雀替、柱头等处，以梁枋、牛腿、雀替最为精彩。传统民居的门楼上雕刻着如渔樵耕读、四季平安、福禄寿喜、琴棋书画等民俗画面。再从民居遗存的一些家具看，木雕图案采用的花鸟图案纷繁精彩，也有经典的传统主题内容，如鹿送灵芝、福到图、喜上眉梢图、封侯图等。门窗木雕主要集中在门扇、窗扇、栏板、挂落、门罩等处，就精美程度而言，以窗户下方，隔扇门中的束、腰部分为最突出。雕刻技法主要有线刻、浮雕、透雕、圆雕、镂雕等，创作中往往多种雕刻技法并用。柱础也采用木雕工艺，造型是鼓状的，由八幅不同的镶嵌木雕画组成。清中期后，闽北木雕吸收东阳木雕和徽州木雕的雕刻手法，出现了大量透雕、镂雕等多层次的雕刻手法，并多用弧线、曲线造型，以传达一种节奏美和韵律美。

武夷山传统民居的木雕工艺十分精湛，主要采用浅浮雕、深浮雕、圆雕、透雕、凹雕、线雕、镂空雕、隐雕、嵌雕、贴雕、多层雕刻等传统手工技艺。图案精美简约，手法成熟老到，又富有灵气。下梅村传统民居的挑梁、吊顶、

雕梁画栋

桌椅、栏杆、窗棂、柱础等的木雕更是精彩纷呈，尤以窗棂为最。民居的窗户以透花格式为主，有四扇、六扇、八扇为一樘的格扇窗。窗棂有斜棂、平行棂等，最大限度地艺术化。邹氏大夫第东阁西厢的隔扇窗均饰以木雕，双门窗中的窗棂木雕，分别雕刻蝙蝠、花卉、几何图形等图案，镶锲着许多繁复精巧、雕刻工艺娴熟的木雕，小巧玲珑，如用龙与凤组成福禄寿喜等字，构思与笔法含蓄，把屋宇烘托得富丽堂皇。

不同时代的作品有不同的雕刻风格，明代的比清代粗犷。明中晚期常采用线雕、浮雕来装饰纹样。至明末清初，已经达到了一个相当高的水平，木雕技术发展迅速，大量采用起地浮雕，雕刻上已注意深化细节，透雕有树枝、花叶、动物、人物，并一直绵延至今。下梅古民居中木雕工艺运用十分广泛，从室内陈设的家具看，木雕图案多以群众喜闻乐见的纷繁精彩的人物、动物、植物、祥云神话故事为主题，木雕的人物故事富于变化，很有观赏价值，为当时的人们所津津乐道，并广为传播。

武夷山古村落里的“三雕”艺术，是一道历史文化十分厚重的民间建筑景观，也是武夷山世界文化遗产的重要组成部分。徜徉于传统聚落传统民居的“三雕”画卷中，解读出雕刻在木板上、砖块上、石头上的图案寓意，不仅能开阔对古代民间文化艺术的视野，还能强化我们珍惜这些难得的历史文化遗存的意识，从而加深艺术修养。

“三雕”艺术，因材质不同而具有不同特征，大大加强了自身的表现力和感染力，也正因如此才会给人带来不同的享受，三者互相映衬，结合完美。它们所蕴含的建筑文化信息，具有重要的文化、艺术意义，高度体现了建筑的美学思想和雕刻艺术因地制宜、因材致用、因势利导的创作方法，是建筑科学与艺术、现实需求与审美意愿的高度结合。解读“三雕”作品的意蕴时既得到了民间艺术的陶冶，也得到了美的享受。

闽北传统民居从门窗到牌坊的多种雕刻作品，构思独特，寓意深远，承载了民间传统习俗和传统文化的方方面面。所谓“建筑必有图，有图必有意，有意必有吉祥”。“三雕”艺术自然地在建筑中结合，青砖灰瓦配上精细的三雕，朴素淡雅中透着精致。“三雕”艺术作为传统的建筑工艺和民间艺术，历史悠久，流传广泛，并因地域不同而表现出不同的风格。闽北的“三雕”题材丰富，形式多样，将闽商阶层文化与儒释道哲学思想融入其中，不经意间成为传承文化的一种载体。

隔扇窗的木雕构思与含蓄笔法

邹氏大夫第东阁西厢的隔扇窗均饰以木雕

二、民居建筑的构件装饰与个性化特征

闽北传统民居建筑本身具有典型的符号化特征，即从空间角度构建建筑的关键空间与建筑形态的整体关系，从局部到整体，从微观到宏观，并循着局部服从整体、个性服从共性、功能优先于形式的因果秩序。民居建筑的构件装饰既要有艺术性，又要具备经济性与实用性，必须突出使用功能，用传统雕刻工艺以木雕、石雕、砖雕等各种硬质材料雕刻，既美观又起着装饰点缀作用。

清代民居装饰在闽北古村落民居的装饰上有了很大的发展，而清代实物留存较多，又是历代建筑装饰发展的顶峰，所以较有代表性。这些传统物质文化遗产的创造与传承虽产生于民间，但却是一种重要的民族文化遗产，无法否认它们在传统建筑文化遗产中的重要地位。

闽北的传统民居，其最大特点就是采用木结构体系，一幢房屋从地面上的立柱、柱上架设的梁枋，梁枋上铺设的檩、椽到这些主要构件之间的小柱、柁墩、雀替、撑木等连接物都是由木料制造，屋顶的梁架部分多不用顶棚而全部露明，这些露明的梁架多做了装饰处理，所以传统民居的木结构装饰也是十分丰富的。

闽北传统民居的装饰装修，根据不同材料的特点进行技术与艺术的加工，绘画、雕刻、书法等多种艺术形式融合，达到建筑性格与美感的协调与统一；同时根据不同的材料和工艺特点，采用不同的工具加工，形成不同的艺术风格与区域特色。

省级历史文化名村观前村，坐落在城南南浦溪畔，古时是浦城重要的水运码头，留有诸多传统建筑和人文景观。南浦溪是闽江上游的一条支流，排列着五个宽大的半椭圆形码头，圆弧指向河心，块石砌筑。以一层层宽阔的石阶，步步升高，与街路连接。码头上竖立着粗壮的拴船石柱，其中最古老的一座，建于宋代，称作“祖码头”。

观前村也是一个历史悠久的具有明清遗风的古村落。街坊卵石铺路，路口古树伫荫，有明代石门楼、清朝古戏台，存留着大量明清时期的建筑群，民居有门楼、侧门，民居建筑依地形高低合理分布，弯弯曲曲的古街巷道相通，卵石围墙分隔成各家院落，形成天井、前厅、厢房、杂舍，是典型的山区古村落传统民居建筑形制、布局。

观前老街别具特色，沿江临水筑屋，后柱落水支撑架板齐岸，屋架构筑其上，下空上实，俗名“吊脚楼”，夜间店铺灯火齐明，别具一番景象。现老街旧

临水筑屋，俗名“吊脚楼”

貌犹存，新辟宽阔街道，楼房栉比，市容古朴，商业较盛，为浦城县城南的主要集镇。

观前村的主街长不足500m，却分布着四座古凉亭。凉亭之间间隔，或三里一亭，或五里一亭，大多远离村庄，供行人遮风避雨。这些凉亭，全是坐落在街市中心的跨路亭，高大宽敞，梁、枋、檩、柱出奇地粗壮，能抗8级强地震。透过主梁上依稀可辨的字迹，可以看出这些凉亭大多建于清代末年，部分于民国初期修复。这些凉亭中，有一座楼阁式的亭保存相对完备，当地人俗称“官帽亭”。该亭飞檐翘角，施有雕刻、

观前主街有四座古凉亭

彩绘。亭内供人歇息的坐处，以整棵大树纵向一劈两半，略去毛边，架在大石块上，与亭等长，宽度在一尺以上。年长月久，木质深沉发紫，表面油光闪亮。凉亭的四面临空，临河的一面有遮栏，是炎夏纳凉的好去处。沿河的一些住户，门前也搭有简易小亭，设有坐处。

观前村的主街有一定数量的商铺店面，经营一般生活日用及土杂产品。既有面坊、米坊、豆腐坊、粉丝坊、酱坊、茶坊、糕坊、油坊和铁匠坊、木工坊等传统手工业作坊；亦有客栈、餐馆、澡堂等服务行业。房屋大多以木料为主，猪圈的底部也是厚木板，而且与地面保持一定的距离。街市的前段，店铺只占半边，一律坐西向东、依山面水排列，坐于店堂就可观赏鱼跃波流。循街而进，路面渐宽，然后出现了吊脚楼。整座楼房仅有一条狭窄的边，连接着是街道也是河岸的石坎边缘，全凭一根根长长的木柱撑起，整座楼就高高地“吊”在河道上，楼下流水潺潺。吊脚楼在沿河和沿街的两面均开着大窗户，一幢接着一幢，排成长长的一列，是街市的另外半边。店铺两边的檐头伸出很长，街道的天空仅留下窄窄的一条。这些大大小小的店铺和民居形制虽然各有所异，但大都保留了江西、浙江和徽派建筑的风格。工商业规模虽不及城镇。但为一地集市，起到了促进城乡物资与文化交流的作用。

水东社

观前村下街多为明清时期建的民居，大多坐东朝西。古村街道所建房屋大都是清末、民国的徽式建筑，也有不少店铺可以找到明代向清代过渡的痕迹。

位于老街门牌76号的清早期民居，坐北朝南，正门均由浮雕历史人物或亭台楼阁、花鸟禽兽图案的砖石拼砌而成；五间二进二层楼房，进门四方形天井到厅堂，梁坊、窗楹、走廊、神龛均有精细雕刻，其形式有浅雕、浮雕、透雕等，为穿斗叠架式盖瓦屋顶，大出檐、翘角。原建筑为三进，前后进损坏严重，现存完好为二进。损坏的前进厅堂门前有旗杆石等。此民居结构严谨，布局讲究，制作精细，具有很高的科学、历史、美学价值。该房俗称“贡元门”，疑为官宦门第。究其内涵，体现了一种更侧重于“读”的耕读文化，显露出传统文人隐士避乱世、追寻闲情逸致之雅求，又隐含了一种入仕途以国济民之企望。

闽北地域建筑在长期的历史发展过程中，广泛吸收了各地民居的先进经验。在建筑技术上，伴随着衣冠南渡，中原先进的木结构建造技术传入闽北，抬梁式和穿斗式的完美融合为闽北传统民居建筑提供了新的空间形式，民居的室内空间变得宽敞高大，大户人家民居的厅堂能容纳数十人，进深和开间都很大。在建筑风格上，吸收了徽派建筑的温婉素雅而更加质朴肃穆，借鉴了北方合院式建筑的空间构成，在与闽北当地气候和地理环境相适宜的过程中，慢慢地域化而发展为天井院结构形式。苏浙园林庭院深深的居住情趣也被闽北传统民居所吸纳，一方天井院，一隅小樊川，述说着闽北先民“天人合一”的居住观。闽越本土文化、移民文化、书院文化、山林文化以及闽商阶层文化等多种文化态势在闽北这块亘古至今的土地上融汇、交织，文化的多样性也造就了闽北传统民间信仰的多样性和地域建筑形式语言的丰富多变，传统地域建筑极尽装饰之能事，建筑的梁、枋、檩、斗栱、斜撑、雀替、额坊、柱础、墙裙、门楼都精雕细琢，除了民间寻常的吉祥纹饰外，闽北地区的一些装饰纹案也颇出人意料，如闽越本土的蛇图腾崇拜，于是民居的砖雕装饰中便出现了以蛇为素材的装饰图案，这些图案在其他地方较为罕见。闽北人安贫乐道，有“愿得禾黄仓中满，家中有粮心也宽。全家饱守田园乐，胜似朱门万户侯”的美好愿望。

浦城县忠信镇上同村传统民居，建于明、清两代，多数为清中、晚期建筑，由当地望族詹氏、祝氏、叶氏、邓氏所建，由12座民居、街道和巷道组成。这里的詹家大院是全县保存较好、面积最大的传统民居群。“青砖小瓦风火墙，回廊挂落花格窗”。詹家大院建于清代，距今100多年，坐北朝南，砖木结构，中轴线上依次为门楼、大门、前厅、天井、正厅、后厅，两侧为数排横厝，占地面积一千余平方米，建筑面积700m^2，是典型的徽派建筑。

民居木构装饰

詹家庭院正厅为抬梁、穿斗式混合结构，高约8m，宽27m，长9.2m，风火墙硬山顶，柱网排列规整，面阔九间，进深五间，为两层木构楼房，鼓式柱础。其门面上的砖雕花瓶、砖砌花窗、木雕格扇以及三架梁上的木雕图案栩栩如生，漫步于此，层楼叠院，曲径回廊，仿如隔世。木雕、砖雕、石雕等工艺精湛，彩绘窗格，冬瓜大梁，宅院恢宏而精巧。建筑的布局、结构、构件外部特征、工艺特点、装饰花纹等建筑形式语言强烈地表现出其民族属性、时代演变和地域差异。厅堂与厢房围出天井，由天井望天，偌大的天空汇此四方，燕子穿堂而过，安静而幽谧。过前厅，跨后厅，房舍鳞次栉比，形如迷宫，美不胜收。

闽北传统民居建筑艺术留下了珍贵的历史文化遗产。传统民居的窗，最大限度地艺术化，以透花窗格为主，四扇、六扇、八扇隔扇门窗均以斜棂、平行棂的几何图案和吉祥物、动植物及人物图案为主题。在棂条处理上，有的直线与曲线结合，刚柔相间；有的几何纹与自然纹相结合，疏密相间。窗格图案的变化多种多样，而且木雕技艺精湛，呈现了惊人的艺术效果。一些古屋的柱础、石基和石花架上的石雕图案，也是丰富多彩，雕工精美。

村落中较有特色的传统民居，屋内的窗扇以及大厅两侧屋顶和柱子上的雕刻技艺精美，寓意深刻，寄托着古老农耕社会人们的美好祝愿，如喜上眉梢、世代封侯、福从天降、四季平安等寓意的艺术雕塑，让人目不暇接。以“砖雕、石雕、木雕”为主的“三雕”艺术，表现在梁坊、雀替、梁托、瓜柱、挂落、厅头、神龛、窗扇、门隔上，以镂雕、透雕、高浮雕、浅雕等技法体现。其内容以神话人物、戏曲故事、四时花卉、鸟兽虫鱼等吉祥祈福图案为主，设计精妙，技法娴熟，散发着浓郁的乡土气息。

在建阳市将口镇一条清代形成的老街上，一片青砖黑瓦的古屋错落有致。将口镇的兴起，与竹木、木炭、笋干、香菇有关。将口的传统民居大都建于明末清初，面积达25000m²，街、巷、弄布局精巧，房屋造型美观，工艺装饰独具特色。

将口古镇建筑以街为主脉，以众多的小巷小弄为支脉。正是这数不清的岔道和小巷，尤其是房屋拐角处及建筑格式的相同，使整个村落形成了一个迷宫般的交通网络，外来者很容易迷失方向。40多个基本保持了明清原貌的传统民居建筑群落，充分体现了建造者的匠心独运。当初村落的设计者之所以布下这样的迷宫，就是为防范外来的匪盗。

街边的两座赖宅，沿街立面均为两边五山屏风墙。其中一座赖宅左右两山墙立面不同，左边山墙开入口门洞，上出檐口，线条简洁；右边山墙则雕出讲究的砖牌坊门样式，并不开门洞，牌坊仅仅起装饰作用。大小额枋上都按照明清民居建筑施用雕刻与彩画，雕刻的背景图案用的是黑白两色的毬纹变体。

在这三座赖氏住宅中，不临街的一座有着砖砌堆斗、造型美观的门楼，是屋主祖上从原住民手中买来的，另外两座是徽州赖氏移民自己建造的。它们之间的明显区别在于装饰题材的不同，本地建筑更喜欢使用鸱鱼的题材，而徽州移来

清代装饰式样丰富多彩，做工纤巧

雕有此类装饰的牌楼受徽州建筑的影响

砖雕具传统文化意蕴的题材

者喜欢更具传统文化意蕴的题材，比如梅兰竹菊、瓶（平安）、鹿（禄）、鱼（余）等。三处民居在空间布局及其他一些建筑构件上也存在差异。

沿街赖氏古屋的体量相当大，正入口的立面构图依然是两堵五山屏风山墙夹平头墙，只是山墙之间的距离较大而山墙的宽度较小，入口处的天井显得狭长。天井没有台面，下凹不多，底部砌卵石。入口处接了一处小庭院，将第一道入口放到侧墙上，使入口方向偏转了近90°。在古屋的楼上，一只放置稻米的木柜，体积相当大，大概可以放置数千斤稻谷。柜上有字“道光二十五年办”。由此推测，赖氏古屋建于1845年之前。这只体积庞大的米柜肯定是房屋修建之后置于此。

古屋平面上正屋仍然有一前一后两条横廊，楼梯在墙壁旁。庭院墙下放着花案，花案上摆满花草，墙角的一株桂花，据说已有100多年了。天井正对正屋明间和次间，两侧为厢房。附属部分用作厨房，开两个小天井采光，可直接与外相通。在山墙檐下、天井墙内外所画的图案和花草中也出现了“松梅竹菊”的内容及“滋桂培兰”的墙额。楼层的檐柱斜撑为倒挂的鸱鱼一类形象，底层的檐下斜撑则为“S”形，轮廓内为花草纹，斗栱、椽头、替木上的彩画仍然为鸱鱼形象，较为美观。雀替梁头装饰为常见的“龙须”和鸱鱼线条。这些建筑装饰说明这座住宅的建造者在移居地很快吸收了当地文化。

三、武夷山世界文化遗产地的传统民居

下梅村传统民居是武夷山世界文化遗产地的组成部分，兴建于乾隆年间。因当时下梅村是茶叶的集散地，兴盛时每日行筏300艘，转运不绝，所以富户纷纷在下梅村建造豪宅。传统建筑以居住建筑为主，辅以教育、休闲、娱乐设施和场厅，建筑结构以砖木为主，利用挑梁减柱来扩大建筑空间。宅内一厅三进、三厅四进、东阁西厢、书房、楼台一应俱全。为了采光、集雨、通风，还设置了四方天井。一重天井一重厅，天井里摆着条石花架，供户主养花、赏花用。结构精巧的闺秀楼、书阁、花园、经堂、厢房形成了下梅村传统建筑的独特风格。

传统民居的外部结构以高大的风火墙为主，高低错落，使村落天际轮廓线富于节奏变化，还体现出封闭求安的意识。许多风火墙绘有二方连续彩画图案，意蕴高雅，这些彩画至今仍绚丽清晰，经数百年风吹日晒而不褪色，令人不禁为古代匠人的高超技艺而叹服。各宅门排水设施以地下涵道为主，户户相通，避免了污水乱流，使村落更加清洁干净。各民居布局错落有致、疏密相间，巷道曲径通幽。每座民居的大门都有精美的砖雕装饰，多以历史人物、民间风物、神话传说为题材。图案讲究精雕细刻，人物造型生动，环境描绘自然，融人物、花鸟、山水、器皿于一体。砖雕书法气韵飞动，笔法苍劲古朴，展示出丰厚的文化内涵，具有独特的艺术风格和富贵豪华的神韵。

传统民居建筑门面多饰砖雕门楼，青砖灰瓦，屋顶起架平缓，民居墙体墙基部分多用卵石砌筑，防潮而又坚固，卵石上方局部采用整砖丁砌，坚实墙体，其上紧接着采用立砖斗砌。现尚存完好的传统民居建筑主要有邹氏大夫第、邹宅闺秀楼、西水别业、施政堂、陈氏儒学正堂、方氏参军第、程氏隐士居等，宗祠建筑主要以邹氏家祠为代表，宫庙建筑主要以镇国庙、万寿宫为代表，其他小品建筑主要有祖师桥、乾井、坤井、天一井等。

邹氏大夫第位于下梅村北街，属于下梅的一个深宅大院，为清代建筑，因屋主邹茂章曾获朝廷诰封“中宪大夫”之荣誉而得名。现存民居中最有代表性的当数大夫第，它的规模最大，建于清乾隆十九年（1754年）。邹氏以经营武夷岩茶为生，为开发下梅村做出了突出贡献。邹氏大夫第建筑面积3423m^2，大门口地面由青石板铺设，门前两旁的拴马石、旗杆石保存完好，彰显着曾经的辉煌。整座建筑有大门、门楼、前厅、大厅、后厅，是四列三厅四进的院落式建筑，规模较大，布局井然有序。前两列为歇屋，右侧的后院有一花园“小樊川”，左侧两纵为“施政堂”，是兼有居住、议政、休闲、娱乐等功能的建筑群。整个建筑群集

后院的花园“小樊川”

砖雕、木雕、石雕、彩绘于一体，工艺精湛。

下梅村砖雕中的艺术精品，当推邹氏大夫第。大夫第的门楼面壁全部用砖雕装饰，题材丰富，形象逼真，富有生活气息，手法以浮雕和透雕相结合，层次分明，构图得体。仔细看门当上的图案，会看到门当的侧面刻着一尾鲤鱼，寓意“富贵有余”；另外一面刻着一只昂首曲鼻的大象驼着一方印玺，寓意“出将入相”。宅院里两厢的隔窗均饰以木雕，分别雕刻蝙蝠、花卉、几何图形等，把屋宇烘托得富丽堂皇。屋内的雀替也都用木雕装饰，柱子原来都有烫金字的挂匾联。灰砖雕砌的门楼、镂空雕花的木梁、精美的镂窗、典雅的檐廊，都经过精工细雕。每个天井都有一高一矮两个石花架，并配有女子绣楼和观花赏月池，还有书屋以及下人住宿的房间。整个建筑宽敞明亮，显示出主人的富贵豪华与显赫地位。武夷山传统民居建筑结构以砖木为主，灰砖、黑瓦、石墙基，柱础以木为主，整体布局统一，山墙做层层跌落的风火墙，造型十分优美，具有徽派民居的建筑风格。

观花赏月的花园“小樊川”为小园林一座，属江南园林造型，有“镜月”台、金鱼池、对弈台、由5m长的花岗岩凿成的石花架，整块大石凿成的水缸和洗衣盆，后花园里石雕的棋几等。园内植有一株罗汉松，迄今已有280多年历史，原来仅为一件盆景，现在却为故园增添了盎然生机。嵌式窗镶以双面镂花砖雕，为江南园林造型，通过借景给人以一种“隔墙花影动，疑是玉人来”的美学感受。在一个小小的花园内，却有如此迷人的风景，可见主人品位的高雅。历经这么多年，通过这些遗存下来的细节，可管窥大夫第当年一斑。该宅是下梅村众多传统民居中保存最好的一座。

浮雕和透雕相结合

门楼装饰的砖雕

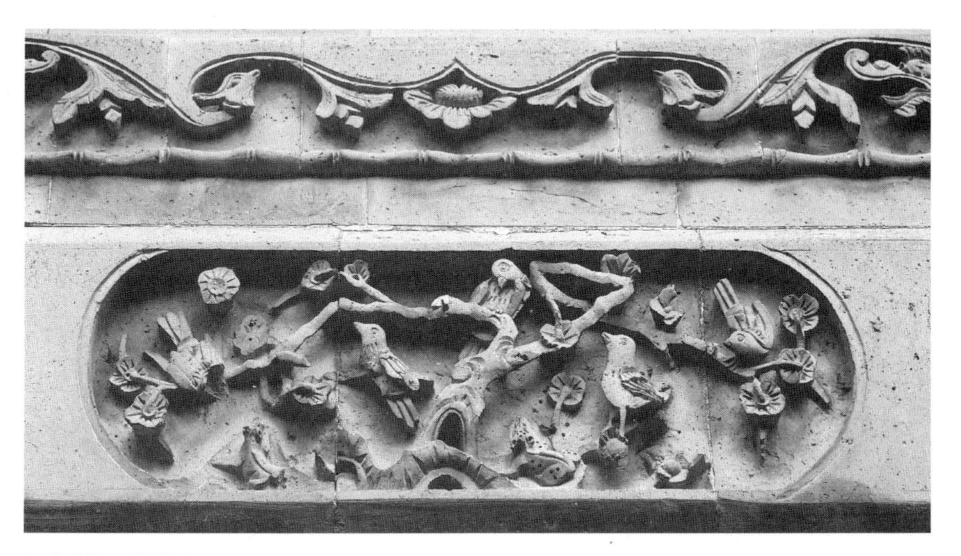

闽北古民居的砖雕

西水别业的园林建筑

西水别业，位于武夷山下梅村大夫第的右边，为清乾隆年间的建筑。内有书阁、花园，是保留较完整的二厅三进结构。院内还保存着精雕细刻、图案优美的家具等。西水别业的前半部分，是一座简陋的楼房，后半部分才是亭台水榭的前朝休闲歌舞场所。在“土改”时，很多老房子都分给了贫下中农，住了很多户人家。这些人家有了建房的钱，就拆旧房建新房。原来邹氏四兄弟各有一座豪宅，现在也只有邹氏大夫第还保持着原样。

西水别业是邹氏富豪邹茂章出资建造的“别墅”。他选择在下梅村南面建造了一座有水榭亭台、拱桥、回廊的园林建筑。因为这座别业位于由东往西流的人工小运河西面，从《周易》相地学来说，此地是八卦的“兑”卦，正好与自然界的“河泽”对应，又与方位“西”向融合，所以主人将这个园子取名为“西水别业”。

走进西水别业的园子，有一方水池，池子周围摆满了花和盆景。低头看池子里的水，幽绿凝静，像一方浓得化不开的丹墨，看不到底。池子周围摆满了花和盆景。池园中有一道圆门，这是通向后院闺秀楼的，不过闺秀楼现已被毁。

西水别业中有一道芭蕉叶形门，人们也叫它“婆婆门”。“婆婆门”背后有个有意思的故事。据说，富商邹茂章的夫人是个美貌绝伦的女子，嫁入邹府，便施展才华，相夫教子，主持家政。这位精力过人、姿色美丽的夫人，希望今后邹氏子孙娶来的媳妇，也要有像她一样姣好的身材，才般配得上名门后生，才挑得起邹家的事业。于是，一道有着玲珑曲线的门就这样产生了。这道设计独特的石雕门内空高2m，内空宽0.6m，右边大曲线约1.7m，与身材高挑的窈窕女子形体曲线相当吻合。而左边的曲线约1.5m，正适合玲珑娇小女子的形体曲线。后来，给邹氏提亲的女子，必须由茂章夫人先看着从“婆婆门”走过，只有身高体形曲线都与“婆婆门”吻合的年轻女子，才能嫁入邹家。

芭蕉叶形门

施政堂，位于邹氏大夫第右，为二厅三进结构，内有书阁、花圃，还保存着广式古家具，如罗汉椅、清代风格的木床等，其精雕细刻的图案令人叹为观止。清乾隆年间四大学士之一，时为朝廷军机大臣的王杰亲为书题的“施政堂”匾额悬挂堂上，至今保存完好。

闺秀楼，位于下梅北街邹家，建于清乾隆年间，为邹家在生意鼎盛时期所建，原是大家宅第的附属建筑，主要为家族黄花闺秀提供居住处所，也是她们“起舞弄清影，持针绣女红”的休闲娱乐场所。过去大户人家都有，现在保存完好的就剩这座了。这座闺秀楼结构精巧，但是由于年代久远，已毁多处，下梅只留下邹家一座绣楼。那用衫木雕成的窗格上，处处流转着属于女儿家的细腻温婉。砖雕门楼保存完整，雕刻以浮雕为主，图案精雕细刻，造型逼真，展现了独特的文化韵味，其室内装修与采光堪称一流。

闺秀楼规模较为宏伟，为二厅三进建筑，后部有附属用房，以木构架为主的主体保存良好，充斥着淡淡的杉木香，镂空的雕花窗中射入斑斑点点细碎的阳光，围以灰砖空斗墙。主体建筑为一层，左侧闺秀楼是一座木结构的两层小楼，绣楼在房子一角，一层是架空的，有木梯可上二楼的闺房。走进阁楼，楼上的花窗图案整齐、装饰精美，四壁雕窗可供楼上采光通风。打开窗户，可以望见窗外田野山水，听黄莺对唱，鹧鸪和鸣。

闺秀楼外表看上去固然小巧玲珑，室内空间构造与装修却是别出心裁。特别是一楼以木板铺地，架空的楼底吊顶装饰精美，雕着四种花纹。二楼的楼面为双层材料，底层为木板，在木板上面铺沙子，再铺上红色地砖。在传统木构建筑中，这样别出心裁的铺装设计，既可以防火，又能降低噪声。还能起到物理性的局部气候调节作用，夏天可以降温，冬天可以保暖，冬暖夏凉。

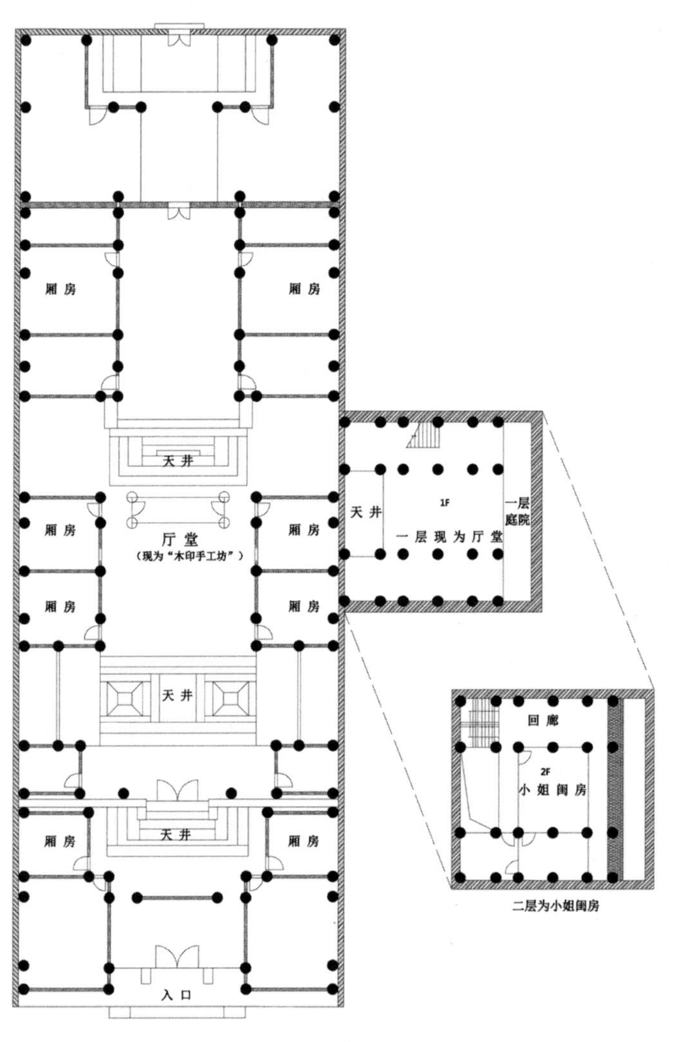

闺秀楼平面图

由于历史原因，闺房中的家具陈设已不复存在。昔日繁复华美而今却有些许朴素单薄。昔日小姐住在绣楼上，轻易不得下楼。步入其中，仍然显得隐秘、暧昧，绣楼最外头有丫鬟的隔间，一缕淡淡的哀怨如蛛网般扑面而来，中间是供小姐琴棋书画的厅堂，最里才是小姐的闺房。古时的小姐，左右推窗见高墙，仰头一线天，让人无端感受到一股悲愁的情绪弥漫其间，能给人带来一种东方特有的“养在深闺人未识”的情愫。

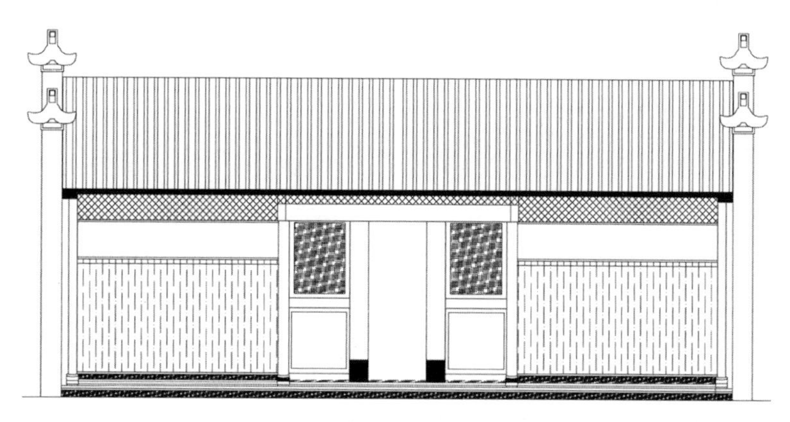

闺秀楼外立面图

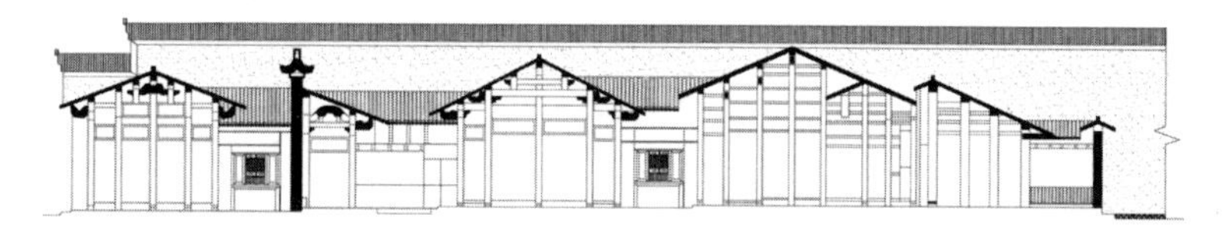

闺秀楼剖面图

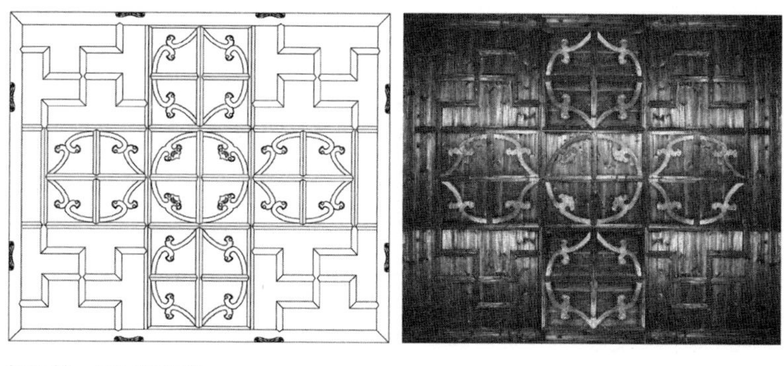

闺秀楼一层吊顶装饰

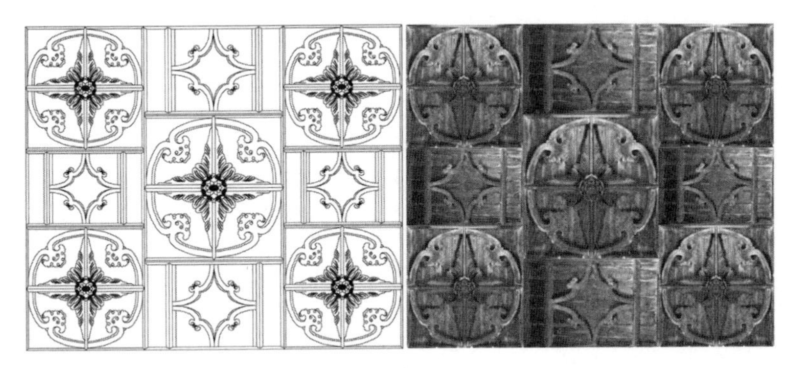

闺秀楼二层吊顶装饰

邹家小姐的绣楼

儒学正堂，位于下梅北街，建于清乾隆年间，因屋主陈镛获第一名贡元后候补儒学正堂，制匾悬于大厅，光耀门第，乡人称其府第为“儒学正堂”。该宅为中轴线上二厅三进建筑，结构以砖木为主，围以青砖空斗墙，石砌墙基。曾设私塾，上厅有赏月楼等附属建筑。各进都设置了四方天井，天井摆设一对精美的长条石雕花架，供户主养花、赏花，既是实用品，又是装饰品。目前宅内还保留多张半月形木桌。候选儒学正堂的捷报历经百年，至今还贴在屋内墙壁上，文曰：“贵府陈老爷名镛，奉旨乡荐以五经中式第一名贡元，咨吏部候选儒学正堂。”“儒学正堂”“瑶池集瑞”“文魁”等匾额也保存完好，悬挂于大厅。

陈氏的儒学正堂，“土改”时被分给了许多户人家，其中也有陈氏的后人。儒学正堂的出檐砖雕门楼保存完整，砖雕以浮雕为主，内容有民间吉祥物、花卉、祥云等图案，象征“花开富贵”“紫气东来”。大厅梁架木雕比较精致，尤

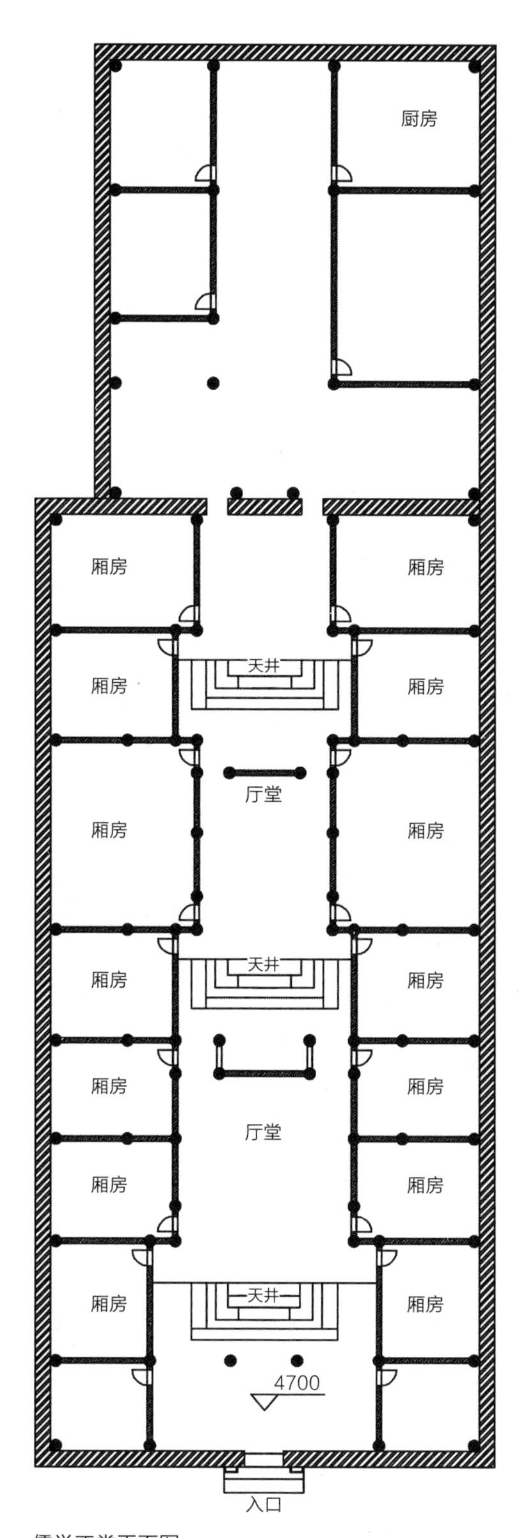
厨房
厢房
厢房
天井
厢房
厢房
厢房
厢房
厅堂
厢房
厢房
天井
厢房
厢房
厢房
厢房
厅堂
厢房
厢房
厢房
天井
厢房
4700
入口

儒学正堂平面图

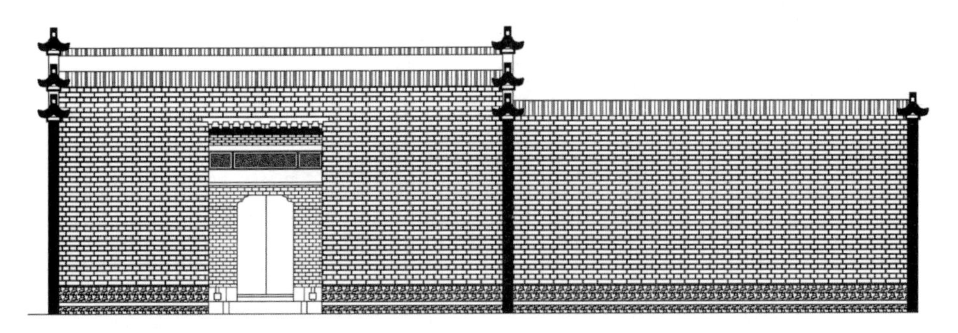

儒学正堂立面图

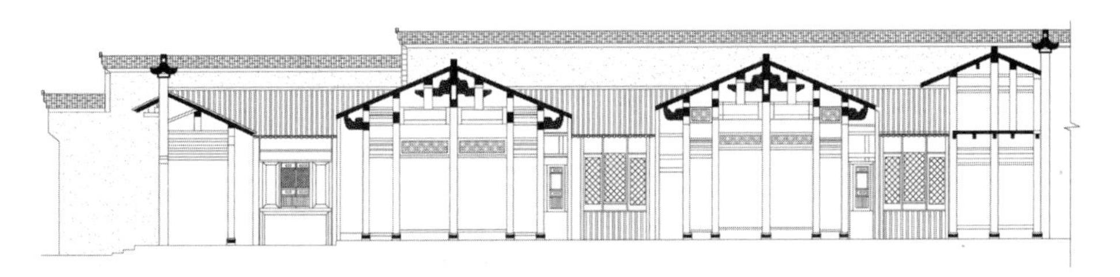

儒学正堂剖面图

以窗棂为最，窗户以透花格栅为主。以硬木横向做成柱础，突出了闽北的地方特色。建筑外立面做成高大的风火山墙，檐口做彩绘，代表了当地的技术与工艺水平。

参军第，建于清乾隆年间。方氏因镇守边关殉职，卫国有功，故宅居被封为“参军第”，至今匾额保留完好。该宅占地435m²，为二厅三进式建筑，厅堂递进，木柱拱架，造型极为别致，为了采光、集雨、通风，设置了长方形四方天井，天井下摆设长条石花架，供户主养花、赏花。其五山跌落式砖雕门楼保护完好，虽不够繁复和气派，但却非常精美。砖雕门楼的题材丰富，有“福禄寿三星”“紫气东来”“农夫摘蕉”“渔翁得

参军第砖雕门楼

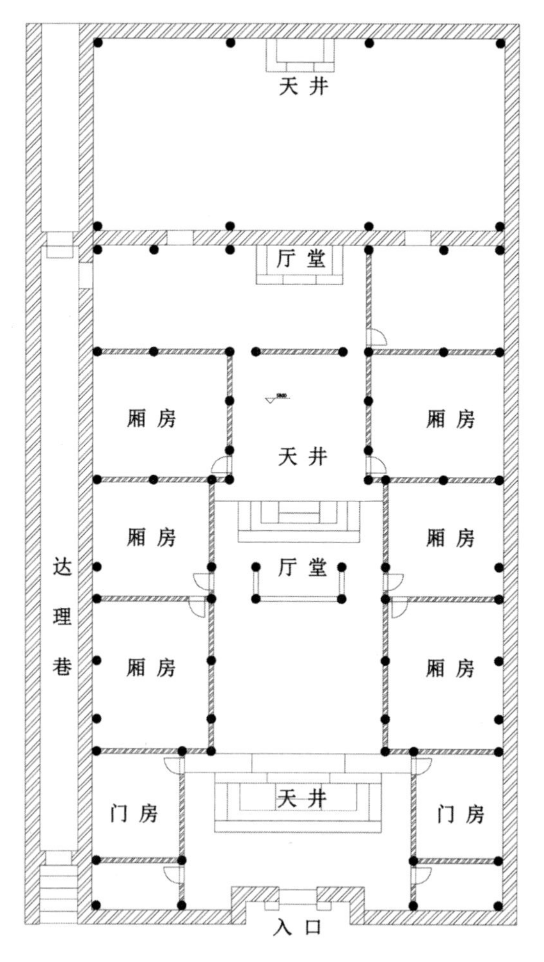

参军第平面图

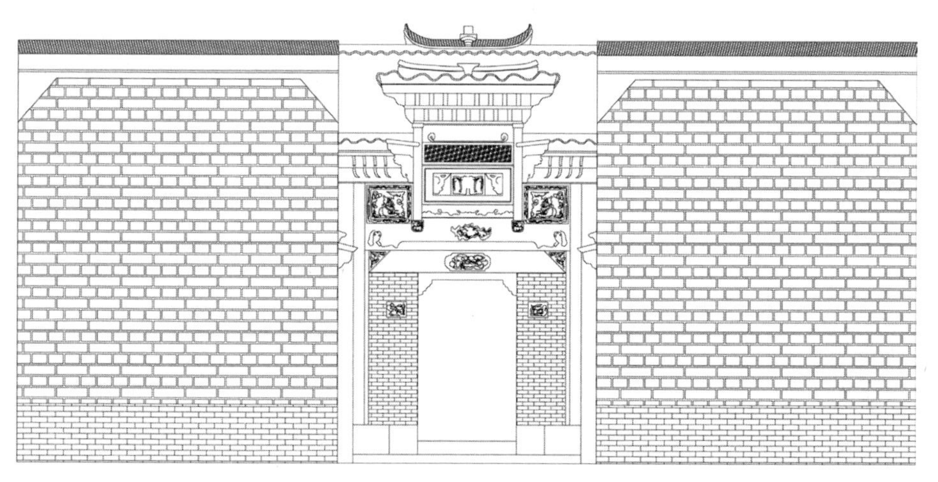

参军第外立面图

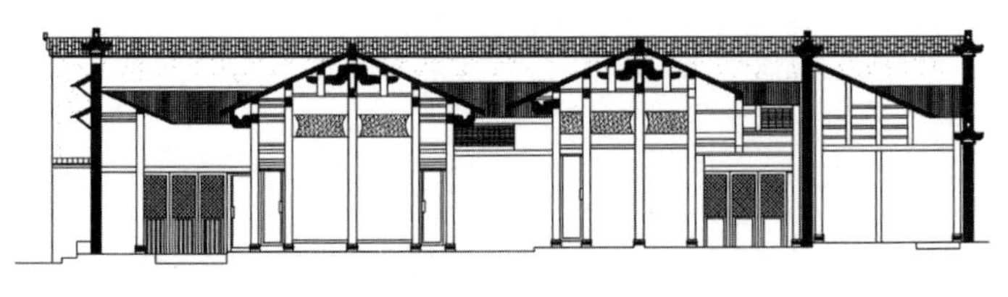

参军第剖面图

利”等图案，以浮雕为主，也有镂空雕，雕刻精致、细腻、生动。砖雕整体突出幔亭式造型，具有较高的艺术价值与文化价值。灰瓦屋顶起架平缓，结构以砖木为主，木板墙壁，外围以灰砖空斗墙，风火墙造型独特，气势宏大。

隐士居，是明代万历年间的隐士程春皋的故居。房屋很大，很清幽。大厅上悬挂着“二贤堂”的匾，“二贤”指的是宋代洛派理学家程颐、程颢兄弟俩。程氏后人悬挂此匾来记述先祖的贤能，借此励志。在小院的天井边，抬头看，风火墙檐下高高的彩绘，是深蓝的线描图案，再上面，是蔚蓝明净的天空。这蓝，依然新鲜犹如昨日，像是天空里流溢出的颜料。

下梅村北有一口古井——“天一井”，是清代茶市的茶叶商人每年举办新茶上市竞价斗茶的场所。两百多年过去了，“天一井”经历了岁月沧桑，留下了斗茶竞价的佳话。现在人们还能辨识出它在道光二十二年（1842年）秋重修过的历史。古村里至今保存着70多座传统民居遗址，值得花点时间感受这些精致而宝贵的建筑之美，感受古人在个人天地里的闲适与追求。

第三节 武夷山传统民居的装饰与文化特色

一、民居建筑装饰审美的外在表达

闽北现保存较好的传统民居砖雕在武夷山境内主要有下梅、五夫、城村、曹墩等处，其功能实用性与艺术装饰性相统一，均有较高的艺术价值。闽北的住宅普遍以高大外墙围合起来，采用硬山做法，装饰朴实简洁，山墙高出屋面，循屋顶坡度迭落，呈水平阶梯形，称为风火墙。传统民居建筑浪漫写意的装饰，是闽北传统建筑最具有艺术特色的部分。风火墙墙头都高出于屋顶，轮廓作阶梯状，脊檐长短随着房屋的进深而变化，它们永恒的艺术价值和独特的表现形式彰显了闽北厚重的文化内涵。多檐变化的风火墙在闽北的传统民居中被广泛采用，有一叠式、两叠式、三叠式、四叠式，较大的民居，因有前后厅，风火墙的叠数可多至五叠，俗称“五岳朝天”。砖墙墙面以白灰粉刷，适宜彩绘装饰，墙头覆以灰瓦两坡墙檐，明朗而素雅。

城村，位于武夷山市南部，隶属于武夷山市兴田镇。这里山环水绕，地处江西入闽的交通要津上，西汉闽越王城遗址即坐落于村旁，村落便因这座古老的王城而得名。考古资料表明，自闽越亡国直至唐宋时期，这里才又开始形成聚落；元朝年间，由于林、李、赵三姓望族入迁，聚落渐成规模；到了明清时期，随着社会经济的发展，地处交通要津的古村落，便很快发展成一个繁华的商埠码头，具有四合围墙和井字形街道的寨堡式村落也由此诞生了。

城村三面为崇阳溪所环绕，山川秀丽，田园如画。其平面布局“有三十六街、七十二巷”之称，现存明清时期的坊、亭、庙、祠堂和众多民居等古建筑点缀其间，使村落保留着浓郁的明清时期的街容巷貌。城村以赵、林、李三大姓为主，有3000多人口。传统建筑上的石雕、木雕和砖雕丰富多彩，琳琅满目，其中尤以砖雕保存最多也最为精美，是城村明清建筑雕塑艺术的精髓。传统民居的建筑风格与皖南、江浙一带较为接近，砖雕也多具徽派砖雕之特点，应属徽派砖雕系统。现在的城村基本保持明清时的风貌，从结构上看，是一个带有浓厚防卫色彩的寨堡式古村落。

城村砖雕多雕饰于传统民居门楼上。砖雕中以字符为主的图案相对较少，一般出现于村寨门楼或祠堂、庙、庵等门楼之上，如村寨门楼上的“古粤”“锦屏高照”；祠堂门楼上的“赵氏家祠”“林氏家祠”“李氏家祠”“百岁翁祠”；庙、庵门楼上的“镇国庙”“崇福菴”“降仙菴”，其字符多是说明所处的地点名称，少数为吉祥用语，字符雕饰的位置多为门头的字牌处。现保存较好的门楼有30多处，有图案300多幅。图案的装饰纹样较为丰富，砖雕图案主要饰于门楼上的门头、门额、门楣、门脸之上，画面常常以百姓喜闻乐见的题材为主，如多子多福、耄耋富贵、五福祝寿等，具体表现内容有人物、动物、器物、花草、吉祥文字等，周边常饰以吉祥纹饰，如回纹、“卍”字纹、方胜纹等图案。

“古粤”，字体刚柔相济，古朴厚重。雕塑者以刀代笔，在表现悠远故国胜迹这一命题时，做到了形式与内容高度统一，将村寨的正大门营造得古意盎然，令人顿生思古之幽。“降仙菴”，楷书，浅浮雕。字体圆畅劲健，丰而有骨。外圈以花草拐子纹缀饰边框，丰润素雅的文字衬以精细繁缛的花纹图案，层次感强，装饰意味浓烈，使“降仙菴”三个字更显得肃穆庄严。

“降仙菴”匾额，楷书，浅浮雕

城村砖雕以锦纹为题材的图案纹饰，主要有“卍”字纹、太阳花纹、拐子纹等几种，多用于点缀砖雕中的主体图案，单纯以锦纹为主体的图案相对较少，城村砖雕中仅见几处，多饰于门脸部分。图案由多个“卍”字构成，满布画面，“卍”字不出头。“卍”字为古代一种咒符、一种吉祥符号，也是佛教的一种标志。“卍”字勾连回环，字字贯通，很好地表达了吉祥如意、绵延不断的寓意。太阳花纹，饰于城村林氏家祠门楼门脸下方，太阳花以网格相连，铺满整个画面。从构图上看，太阳花的四个斜向花瓣配在横、竖向的网格中，给人以四通八达的“米”字形视觉效果。图案的透雕形式，使作品显得密而不堵，满当而不失空灵。太阳普照大地，太阳花有吉祥如意的意思，是希望与幸福的标志。

以“卍”字纹为题材的图案纹饰

杂宝博古图案，也是闽北民居建筑装饰经常选用的图案，常用各种具有吉祥寓意的器物，采用象征、谐音、暗喻等手法传达特定的吉祥寓意。如用“暗八仙”寓意吉祥长寿；用“博古器物”暗合主人高雅脱俗的品位；用“杂宝”构成画面，表达百姓追求吉祥如意、飞黄腾达的愿望。城村砖雕以杂宝博古为题材的图案较为丰富，杂宝有宝珠、古钱、方胜、玉磬、犀角、银锭、如意、祥云等，博古主要有铜炉、瓷瓶、书籍、字画等，杂宝博古图案多与动物花草和人物神祇相组合，也有部分由杂宝博古相互组合构图。“平升一级”图，圆形画面，居中的宝瓶插有象征富贵的牡丹花，其旁斜置战戟，左侧平置笔架。“笔”与“必”谐音，“瓶”与“平”谐音，“戟”与“级”谐音，寓意必定平升一级。圆满的画面，寄托着人们祈盼富贵荣华的美好愿望。“平升气象”与“必定如意”图，高浮雕，画面轮廓为倒立的蝙蝠，插有莲花的宝瓶居中，宝瓶后斜立一只如意棒，宝瓶右侧摆放笔、银锭，左侧置一笙。倒立的蝙蝠不仅寓意“福到”，而且使整个画面显得轻巧灵动，别具情趣。图中“笙”与“升”谐音，“瓶”与“平”谐音，取意升平气象。“笔”与“必”谐音，“锭”与“定”谐音，与如意棒相配，取意必定如意。整幅图案体现普通百姓对良好世风的向往，对诸事皆能如意的美好期盼。

“平升一级”

城村砖雕概括为福、禄、寿、喜、财几种，主题都十分鲜明，突出村野百姓趋吉纳福的心理诉求。城村砖雕以人物神祇为题材的图案相对较少，主要有福禄寿三星、八仙、历史故事、戏曲人物、普通百姓等，构成一组组对光明、幸福、安居乐业的祈望，对忠臣良将、名人贤士的怀念和对忠孝伦理的宣扬等百姓喜闻乐见的画面。“福禄寿三星”图，高浮雕，画面从左至右依次为福星、禄星、寿星，其中福星手抱一个童子，面容和蔼。禄星头带官帽，手持如意，两旁各配一位侍者，一副潇洒自得的样子。寿星左手捧寿桃，右手持杖，面容慈祥。福星司祸福，禄星司富贵贫贱，寿星司生死寿考。图画寓意三星在户，阖家幸福、富裕、长寿，体现了人们求福、求禄、求寿的美好愿望。“渔樵耕读”图，高浮雕，砖雕于“文革”期间被破坏，但残存部分依稀可窥全貌。画面中有人物、房子、山石、树木、溪水以及桥、犁、牛、几案等，在横幅长卷中描绘了

“福禄寿三星”图

渔、樵、耕、读四个场景。一幅亦耕亦读、安静宁谧、安居乐业的田园风情跃然墙上。“耕为本务，读可荣身”，它反映了人们“朝为田舍郎，暮登天子堂”的耕读理想。

城村砖雕动物类主要以龙、凤、狮、麒麟、鹿、羊、猴、马、鱼、老鼠、喜鹊、仙鹤、蝙蝠等为主，花草类主要以梅花、牡丹、莲花、灵芝、卷草、南瓜、葡萄等为主。城村砖雕以动物花草为题材的图案最为丰富，图案多以花卉鸟兽等相互组合，以象征和寓意各种美好的愿望。“五蝠捧寿”图，高浮雕，图案中五只蝙蝠环绕一团寿字飞舞，寓意福寿双全。“蝠”与“福”谐音，“五福”包括长寿、多子、富贵、有德、寿终五项内容，是最具代表性的福寿图。“喜上眉梢”图，高浮雕，画面雕饰两只喜鹊，一只立于梅花树上，一只立于太阳花旁，两只喜鹊上下呼应，闹春报喜。因“梅”与“眉”谐音，喜鹊飞立梅花树上意即“喜上眉梢”，表达人们希望喜事常伴、喜气盈门的美好愿望。以方圆相衬的构图，使画面显得活泼喜气，方圆之间再加饰一周卷草纹，更增强了装饰的层次感。该砖雕雕工精细，花、鸟、树均栩栩如生，是一幅内容与形式完美结合的佳作。“马上来财”图，高浮雕，图中描绘了一匹回首引豺的骏马在山道上飞奔。“豺”与

“财”谐音，寓意马上来财。工匠用粗犷的刀法、生动的形象使画面极富动态，向前的快马引豺而来，马蹄嗒嗒，扑面生风，是一幅象征性很强的求财图。“多子多孙”图，高浮雕，图中描绘两只老鼠正趴在结满果实的南瓜藤叶中，一只匍匐前爬，一只仰望上攀，正欲品尝这累累硕果。鼠的繁殖力强，在十二生肖中又对应地支“子”位，故有“鼠为子神”之说。另外南瓜多籽（子），且“南”与“男”谐音，因此这幅图有子孙满堂、多生男丁的寓意。图中老鼠健硕，瓜叶繁茂，画面饱满，其构图特征很好地表达了求子和人丁兴旺这一命题。“鲤鱼跃龙门”图，高浮雕，图案中部雕有一个牌坊式龙门，两侧鲤鱼争相腾跃。鲤鱼跃龙门象征读书人科举高中，从此平步青云，光宗耀祖。图中除龙门用静态的横线和直线外，其余的景物，如涌动的水浪、舒卷的云朵，以及摆尾跃起的鲤鱼，均用波曲流转的动态线条，就连边框也选用曲线多变的开光样式。在对称的构图中，这些线条动静对比强烈，使画面左右呼应，营造出喧闹欢腾的艺术效果。

砖雕画面生动活泼，内容丰富，构图巧妙，通过平雕、浮雕、透雕、线雕等手法加工制作，突出主体造型，主体感强，把人们追求的精神风尚寄寓在与之生息相伴的传统民居砖雕图案中，让世人数辈不忘祖先遗愿，做到代代相传。

城村砖雕除了以上介绍的几种较为常见、典型的图案外，还有以“凤穿牡丹”“丹凤朝阳”“一路来财”“鹿叼灵芝”“东方朔偷桃”等为题材的图案。“一路连科”图，高浮雕，图中一只鹭鸟独立于莲池中，因“鹭”与“路”谐音，“莲”与“连”谐音，莲花生长常是棵棵相连，聚成一片，取意“连科”。旧时科举考试，连续考中谓之“连科”。“一路连科”寓意应试成功、仕途顺遂。砖雕中的

“多子多孙”图

“喜上眉梢”图

莲花、莲蓬和荷叶形态各异，引颈昂首的鹭鸟以及众多粗犷挺拔的笔调，形成一种向上的走势，将莲池表现得欣欣向荣、蓬勃向上，有力地渲染了画面的寓意。“封侯挂印”图，高浮雕，局部透雕。在扇形画面的中部，一只猕猴在枫树上挂上一方帅印，另一只蹲坐于树下仰首庆贺；画面的左边，两只蜜蜂在一旁飞舞嬉戏；画面右边，挂着帅印的树枝上两只鸣叫的喜鹊正在报喜祝贺。“枫”“蜂”与“封”谐音，“猴”与“侯”谐音，寓封侯挂印、功成名就之意。从构图上看，画中所有的视线都集中于中部封侯挂印这一事件上，蜜蜂与喜鹊的欢闹声响也都呼应这一中心事件，因此，达到了形象生动、中心突出的效果。“双狮戏球”图，高浮雕，局部透雕，图中描绘一对瑞狮腾驾于祥云中戏弄绣球。狮乃百兽之王，凶猛、威武，民众以之驱邪镇宅。绣球为祥瑞之物，又称“绣球锦”或“绣球纹”。“狮”与“师”谐音，故“双狮戏绣球”象征官品与权贵。另外，雄狮与雌狮嬉戏，狮毛缠裹，滚而成球，便会生出小狮子，因此，也象征子孙繁衍、家族昌盛。精细的雕工使瑞狮、祥云和绣球等形象生动，栩栩如生；对称的构图，使画面左右呼应，充满生气，也增强了图案的装饰感。民居装饰题材大都源自百姓日常生活所闻所见，通过传统民间艺人的双手，以朴素直白的表现形式，传达百姓祈求生活幸福美满、子孙兴旺、科举取士、升官加爵等愿望，以及对自身社会地位的追求。

“封侯挂印”图

武夷山传统民居装饰题材与内容

『字符』

“三雕”装饰中的文字处理手法多样，常见的为阳刻、阴刻，内容多表达人们对吉祥、美好的祈愿。下梅邹氏家祠门楼局部砖雕采用阴刻手法制成篆书横批“水源”，周边饰以繁密的装饰纹案，以繁衬简。结合万里茶路和邹家的历史渊源，所谓“水源”，实则诉说着先辈们对这孕育一方昌盛的江河之水的感恩之情，茶因水而活，水因茶而荣，是故商者追忆祖先，当不忘本且饮水思源，方能经久不衰。

『锦纹』

锦文装饰题材的应用与其本身所处的建筑语境密切相关。该幅砖雕位于五夫镇连氏节孝坊局部，以“卍”字纹和宝相花嵌连而成，两种题材皆源于佛教，表现了闽北地区佛教盛行对建筑装饰的影响。宝相花寓意圣洁、端庄，每个“卍”字间笔画相互连通，画面传达出富贵绵长、永不断头的吉祥寓意。

『杂宝博古』

武夷山地区保留下来的传统民居多为明清时期所建，那时恰为“杂宝纹”的盛行时期。顾名思义，“杂宝”即散杂各种宝物，因为所取宝物形象众多，故无固定格式。杂宝装饰常散杂于主纹的空间中。左图中的砖雕选取了宝葫芦、笔、银锭、祥云、犀角、双钱图案。宝物间饰以灵动流畅的曲线，彰显了闽北劳动人民对美好生活热烈大胆的追求。

『 人物神祇 』

武夷山地区以人物神祇为主体的装饰图案多描绘传统民俗故事、神话传说、民间典故等，如文丞武蔚、二十四孝、渔樵耕读等。上图中下梅村的砖雕选用圆形画面，刻画了一名武官骑着高头大马，华盖蔽日凯旋的场景，画面生动形象，武官威仪出众，华盖的刻画惟妙惟肖，似在随风扬起，渲染了场景的气氛。

『 动物花草 』

选用祥禽瑞兽和吉祥花草来构成画面也是闽北建筑装饰常用的手法，常见的动物有龙、凤、麒麟、鹿、马、蝙蝠、喜鹊等，常见的花草有四君子、岁寒三友、莲花、牡丹、石榴、葡萄、南瓜、芭蕉等。上图为下梅砖雕“凤穿牡丹”，缠枝牡丹花雍容饱满，凤凰两相对望，刻画手法凝练明快，纹饰清晰。牡丹枝叶与凤凰穿插叠压，画面极具立体感，营造出一派热闹、华贵之气。

二、大山深处的传统民居

武夷山市星村镇曹墩村，排布于街巷两侧的住宅，平面规整紧凑，基本形式多作内向矩形，堂、厢房、门屋、廊等基本单元围绕长方形天井，形成封闭式内院。一般正屋面阔三间，中间堂屋为敞厅。堂屋前两侧的廊屋亦向天井开敞，明末以后或装置木隔门。大门置于中轴线上，也有经山墙一侧门道进入住宅的。

天井是一个进深较浅的窄条形空间，由二、三层房屋围合而成，具有通风、采光、排水、遮阳、交通等功能。也可以天井作为一个居住单位，沿纵、横方向延展，常以纵向为进，在“凹”形（俗称“一明两暗”或“明三间”）、“回”字形（俗称“上下对堂”）平面基础上组合成“H”形、“日”字形等平面。横向为列，以狭弄（亦称火巷）连接，狭弄又联系街道。

大门位于第一进照墙的正中。第一进正屋的明间称前厅，第二进正屋的明间为后厅。以前厅为尊，祭祀、议事等活动均在前厅。前厅太师壁后，有门通后进。后进地坪高于前进，取前低后高的地势，称“步步高”，以求吉祥。厅的左右为卧室。前后两厅太师壁后均为楼梯。前廊右侧有门通别厅、厨房和杂房。住宅正立面强调左右对称，正面墙呈水平直线，或者两侧高墙向内中心递降形成井口，这样不仅有利于住宅内部采光通风，而且很自然地将人的视线集中到入口。

顺昌县元坑镇西南部的谟武村有多处代表性建筑。陈氏旧宅，坐落在该镇东郊村东面，坐北朝南，横向并列四大建筑，均为四进庭院，整个建筑群占地面积2866.72m²，建筑面积2335.42m²，据说该建筑群用三年时间方建成，具有地域建筑特色，是顺昌第一大清代古建筑群。肖氏旧宅，俗称“三大栋”，坐落在该镇福丰村中央，坐东南朝西北，横向并列三大建筑，均为六进庭院，整个建筑群占地面积2019.54m²，建筑面积1880.61m²。

肖氏旧宅俗称三大栋

该建筑保留着清代建筑风格和地域建筑特色，是顺昌第二大清代古建筑群。陈氏与肖氏均为世家大族，其建筑群均具有建筑规模大、技术高、布局合理的特色。廖氏旧宅，位于谟武游酢弄（长兴巷），坐东朝西，三进庭院，是廖氏祖宅，属清代建筑。文苑旧宅，坐落在谟武游酢弄（长兴巷），三进庭院，坐西朝东，建筑面积473.99m^2，1990年改建为谟武文苑。

一条里弄，并排六栋房屋

建瓯角里新闾传统民居群，位于龙村擎天岩山脚下大汴地村，据《建瓯县志》记载，是由周敦颐的后裔建于清嘉庆十二年（1807年），至今已繁衍十代人。早时大汴地村人不仅常年在外跑生意，而且村中店铺也不少。百余户人家的小村落，店铺多时有十三四间。其总体布局因地制宜，依山而建，由下而上排列着周氏宗祠、角里新闾、学堂三组建筑，通过里弄、通道、房屋之间的边门有机地连成一个整体。如今，一些老店旧号依然旧迹可寻，而且保存了大量的百年老屋，房宅和周围的山乡环境、竹林、山涧、田野和谐地融为一体，显示了当年的繁盛。

"角里新闾"由大门进去是一条里弄，并排六栋房屋，坐北朝南，有前有后，因地而异，呈错落状非对称排列。各屋大门门框、台阶都是由精雕细磨的花岗岩组成，走道和天井两侧用青石板铺就，门窗装饰花纹雕刻着历史故事、民间传说，所雕人物栩栩如生，整个大厅是红门漆壁，雕梁画栋，饰以麒麟、山水花鸟等，房屋显得古朴典雅。至今还保留有"百日莫闲过，青春不再来""窗前勤苦读，马上锦衣回""将相本无种，男儿当自强""朝为田舍郎，暮登天子堂"的刻字装饰楹联，说明其祖宗以理学为体、耕读为用，读书知礼、报效社会的家族遗风影响深远。

书坊乡书坊村古街上，有一栋清代的百年传统民居——楠木厅，它所用的名贵楠木上百年没有开裂、损坏，非常难得。现在民居里仍居住着一户村民。这座清代传统民居外部有一道高大的风火墙，长50多米，高10多米，能起到很好的防火作用。楠木厅大厅中央摆放着一张长条供桌和一张八仙桌。大厅内木制板壁上的雕刻十分精美、栩栩如生。那些古老而精美的木雕、砖雕、石雕，似乎正在讲述一个个尘封已久的故事。大门砖砌整齐严密，是一扇半弧卷式木屋檐的大门，门榫石雕、门额砖雕细致精美，门四周是砖雕的文武百官、飞禽走兽，大门上方悬挂着一块题“妫汭传芳”的牌匾。“妫汭”古水名，在山西永济一带。妫水一带古时为“陈”姓所居。屋主后迁徙定居于闽北建阳书坊。匾的四周和门的两旁都是石雕，主题或为历史故事，或为福禄寿喜，皆韵味十足。这座清代传统民居经历了千百年岁月，至今仍风采依旧。

楠木厅传统民居为四进结构，在中轴线上依次排开着大门、门厅、天井、前厅、后厅，两侧为厢房，规模颇为宏伟。里面满是异常精美的木雕、砖雕、石雕，而更让人吃惊的是，民居中的100处柱子、横梁、窗户甚至家具都是用名贵木材楠木建造的。大厅的两根楠木立柱，为传统建筑所不多见。厅顶横梁虽经岁月沧桑、烟熏尘染而显得漆黑苍老，但尚见稳重庄严，其雕饰尚隐约可见。大厅两旁居室木质窗棂雕刻精美。在前厅，有4根3.8m高一人才能合抱住的硕大木柱。由巨大木板构成的横梁上，雕刻着代表吉祥的花鸟鱼虫，还有戏文中的一出出故事。经过百年岁月的摩挲，木板上的木纹温润发亮，人物脸上的表情清晰可见。两侧屏窗全都是镂空金漆阴刻的人物、动物、花鸟等花格扇，至今金漆仍然闪闪发亮。

建阳市书坊乡的传统民居——楠木厅

建造这楠木厅的主人叫陈一新，早年在书坊种茶，后经营茶叶致富，他从1903年开始建造这栋房，用了3年时间建成。建造时动用木匠200多人，泥水工300多人，由于民居中柱子、横梁、窗户大多用名贵楠木建造，故名楠木厅。楠木厅共建有大小房间90余间，也不知道花了多少白银。这座古宅除了大

大厅两根楠木立柱

“得清如许”

厅两根立柱全部是珍贵的楠木这一奇特景观外，还有一处鲜为人知的景观，就是第二层大厅砖雕屏墙上的砖雕藏头诗。屏墙雕有精美通透的梅花图案，屏墙正中上方镶嵌着匾额式字框，内书“得清如许”四个字。字体苍劲灵动，采用的是阳雕手法。经主人指点，原来它是一个有趣的藏头诗谜。陈一新家祖上就是书坊一带的书香门第，为了让后人能汲取朱熹的教诲，特意把朱熹诗句“问渠哪得清如许”中的“问渠哪”三个字隐去了，留下了“得清如许”四个字，就是想表达尊崇宋明理学的想法。楠木厅除了木料珍贵外，还保存着大量的木雕、砖雕、石雕，在闽北地区很罕见。

政和县境内600多个自然村中有许多大小不一、各式各样的传统民居。数量较多且成片分布。由于交通不便，再加上经济落后，政和的乡村城镇化步伐缓慢，这是其村落中传统民居等被成片保留或较完整保存之故，如澄源乡（村）、西门村、杨源村、坂头村等地的传统建筑，都具备一定数量且成片分布。在闽北大山深处，藏着一座与众不同的千年古镇杨源乡，800年鲤鱼溪、传统民居和400年四平戏，在20世纪80年代初，却意外地在杨源村被发现，500多年前的木雕戏童和戏服还保存完好。这里，天儿蓝，星儿璨，夏天不用吹电扇，清新的空气四处转。上百幢明清传统民居炊烟袅袅，灯笼璀璨。

杨源乡位于政和县东南部，总面积242km²，平均海拔860m，境内气候冬冷夏凉，年平均气温14.7℃，平均气温与低海拔地区相差4℃左右，杨源乡在878年就有历史记载，距今已过千年。这里有最原始的防风避雨防野兽用的简易小山楼，有普通民房，还有建筑面积庞大、气势恢宏的大豪宅，是保存最完整、最有代表性的闽北传统民居群。这些宅院与村落中或周围用于举办民俗信仰活动的寺庙庵堂和观众厅阁相得益彰，是勤劳智慧的政和先民传承创新的印记。2013年5月起，该乡启动了“美丽乡村”建设，对村里保存完整的上百座明末清初古民居进行立面改造，大力整治开发传统鲤鱼溪、廊桥等观光项目，挖掘“四平戏”“英节庙”等具有极高文化、历史、艺术价值的珍贵遗产。其中，具有代表性的是闽北地域特色建筑。

沿着小溪，走进杨源村，只见一条“S”形的小溪将古村分成两半，形成一种天然的曲线美。阳光下的杨源是清秀的，黑瓦土墙的老房子一幢挨着一幢，穿过石拱桥，是通往村落深处的悠长小巷。偏僻的小村少受外界干扰，传统文化更容易得到保护，古老的建筑密布在圆形的村落中，仿佛行走在一个巨大的太极阵里。行走在溪边，溪水潺潺，柳树成荫，鲤鱼成群游动，夜色苍茫如黛，村落安静祥和，宛如置身世外桃源。鲤鱼溪于杨源乡政府前，溪长约2.8km，宽4~5m，好多河段仅尺深，溪中漫游着七八千尾五颜六色的鲤鱼，大者有10多公斤。淳朴的民风，使这里的鲤鱼闻人声而来，见人影而聚，温顺驯良，溪中彩鳞翻飞，溪畔笑声朗朗，人鱼同乐。

英节庙的戏台为清道光三十年（1850年）重建，面阔三间，进深四间，抬梁穿斗式木构架，庙中奉祀唐代福建招讨使张谨。民宅外沿安装了灯带，夜色下由远处眺望宛若出水芙蓉。山清水秀、纯真古朴的山区令杨源游子魂牵梦绕，令游客流连忘返。

花桥在距杨源东20km车程的坂头村，为1511年明代建的石拱木结构风雨桥，长40m，主跨10.7m，高16m，中央三层，飞檐翘角，柱6排80根。明朝陈桓进士及第后衣锦还乡，便在家乡坂头修建此桥。大多数廊桥都如水墨画，古朴淡雅，而花桥如一幅色彩浓烈的油画，独具风韵。除了人走的正道，两旁辟出两条小道，那是马或其他牲畜走的道，这在廊桥中也不多见。花桥美在它的翘檐。主楼有三层翘檐，两栋两侧楼各有两层翘檐，层层叠叠，如古时的凤冠，摇曳的风铃华丽异常。桥身雕梁画栋，描金绘彩，桥内有楹联，亦有桃园结义、岳母刺字等历史故事图30余幅。整个花桥，简直是一条画廊，一个书法展览室，对于一个大山深处的小山村来讲，可谓罕见。平日，村民在桥上拜祭、攀谈。每逢端午

800 年鲤鱼溪、传统民居

花桥独具风韵

节，不少周边的百姓都会包车来花桥踩桥，纪念屈原，同时祈求风调雨顺。花桥还比一般的廊桥宽，有错落的翘檐，翘檐还坠有8个铜铃铛。风摇铃铛，清脆如律。因处蟠溪河谷风口，东铃响天气好，西铃响则反之，很准。据说，这村里的老人听着风铃声就能预测天气。更奇的传说是在石拱圆顶下有两把宝剑，若遭洪水或干旱，宝剑会伸出或缩进。坂头清末有诗社，编“六音字典”流传至今，端午节抛粽入河古俗犹在。

政和传统民居所处村落的枢纽位置突出。坂头村里保存最完好的传统民居是光绪年间的，既分散又集中、小分散与大集中有机结合，主次分明，错落有致。民居中的窗格、廊檐都雕饰精美，镂刻的花鸟人物图案或取自然景观或反映闲适生活、传统伦理故事，雕刻工艺精美绝伦。传统民居成片分布且群落较多，所有老屋大门都为青石结构，一律錾刻对联，透着雅秀。坂头村传统民居均有着深厚的文化底蕴，建筑多以木构和土木结构为主。

老屋多为清同治、光绪年间建造，是杨源乡灿烂历史文化的活化石。一位85岁的老人回忆了他太爷在世时的盛景。他说坂头人善经商，同治、光绪年间政和红茶畅销福州一路，村里人办起了茶行专营红茶，百余户人家的小地方茶行多达6家。老人年轻时也开过茶行，红茶生意一直延续到民国时期。

第三章

闽北地域建筑的公共空间与宗教信仰

一、地域文化与民族精神

任何一种艺术形式的产生、发展都和地域文化与民族精神密不可分，地域文化特征决定着艺术作品的气质和风貌。地域文化一般是指特定区域、独具特色、传承至今仍发挥作用的文化传统，因而，所谓民族精神问题，说到底就是艺术作品是否具有鲜明的地域文化特征的问题，是特定区域生态、民俗、传统、习惯等文明的表现。民族精神在一定的地域范围内与环境相融合，因而打上了地域的烙印，具有独特性。

从题材的选择和提炼看，艺术创作大都是就地取材的，即使异地取材，也无不忠于和归依地域文化。树有根而坚固茂盛，水有源则长流不息。文化是永不枯竭的资源。所以，按闽北地域的特征去塑造民族的精神风貌，汇集不同的方言、宗教、神话、传说、乡土等，是文化的一般性原则。

1. 闽北地域文化与形成过程

闽北地域文化的形成是一个长期的过程，地域文化是不断发展、变化的，但在一定阶段具有相对稳定性。一方水土孕育一方文化，一方文化影响一方经济、造就一方社会。在闽北大地上，不同社会结构和发展水平、自然地域空间和资源、民俗风情习惯、各具鲜明特色的地域文化，如果离开了自然环境则很难存在。地域文化中的方言类别多不胜数，尤其是闽北因为多山区，交通闭塞不便利，所以方言类别较多。方言能增进人与人之间的感情，部分意思只有方言才能表达清楚。中国的文字虽然是统一的，但是方言一直是不统一的。春秋、战国时期就已经存在众多不同的方言。

闽北地域文化形成的首要条件就是自然环境，文化的形成都发生在一定的地域中，这个地域的自然条件在一定程度上影响着该地区文化的形成。地域文化不仅是源远流长的闽北文化的有机组成部分，也是精华部分，其中包括：有形的地域文化——以实物存在的、比较具体的遗迹或遗物，无形的地域文化——学术思想、风俗习惯、典章节庆、民间艺术等。地域文化决定着一个地区的人们的生存质量和心理状态。不同的地理条件所产生的风俗也必然不同。长久的发展，会形成独特的生活文化、饮食习惯。

闽北浦城观前村有大量的传统民居、旧祠庙等明清建筑，以及堪称江南一绝的沿河吊脚楼。南宋爱国大诗人谢翱的故居就在观前村。观前村至今还保留着一块明万历元年（1573年）的《皋羽谢先生祠记》石碑。观前村地处闽、浙、赣三省交界，南临福建浦城，东靠浙江江山，背枕著名的仙霞山支脉，东望巍峨的嵩峰山。先天的区域位置，使官前村拥有闽、浙、赣三地商品流通环节中核心地位的优势，顺理成章成了四邻八乡的商品集散地。明清至民国时期，观前村商贩云集，店铺林立，是一个集商贸娱乐于一体的繁华之地，挑夫们把异地的风俗习惯带到观前村，对异域文化做了无意识的传播，促进了闽、浙、赣文化的交汇融合。保存的传统民居建筑面积达5万多平方米，是其辉煌历史的见证。

观前村文化生活丰富多彩，每逢正月，唱山歌出对子，马灯、龙灯、鱼灯、旱船灯齐上阵，文艺形式多姿多彩，组织了锣鼓队、龙灯队、秧歌队。整日锣鼓喧天，鞭炮声不断，一直闹到正月十五元宵节。龙灯队成员个个是武林高手，身轻如燕，功夫了得，这一民间文娱活动和文化形式沿袭了近五百年，构成了独特的地理人文景观。

观前村现有传统民居百余栋，建筑规模宏大，风格独特，结构奇巧。其形制结构，均具有明清建筑风格，“虚”“实”“势”“围”“凹”“凸”的空间形态收放自如，具有很大的灵活性。房屋紧凑的木榫，设计之巧妙，独树一帜，堪称传统建筑之典范。走进观前古村，街巷、水系、建筑组群的一般性特征与特异性特征，扑面而来的古风遗韵，让人肃然生敬。

自汉晋开始，北方汉人就不断迁入闽北，使闽北成为一个移民社会。北方移民带来的中原文化，在与当地原有文化的交融中创造出独具特色的闽北地域文化。闽北地域建筑的主要特点表现为适应当地气候与重新阐释当地传统建筑文化，以及娴熟的营建技术和精湛的工艺水平。其地域建筑的特征主要体现在历史背景、就地取材、文化因素以及使用人的生活、习俗、信仰等方面，这些是与自然生态、文化传统、经济形态和社会结构之间特定的关联。具体到建筑文化，即强调地域建筑与特定时期地域文化的关系。建筑的地域性也强调建筑文化的动态发展，任何地域的传统民居都是当时地域文化生态系统的表现载体，其建筑空间效率的高与低、样式的美与丑、建造工艺的好与差都由当时的地域文化所主导，这说明建筑地域性与建筑文化生态的核心含义是一致的，反映的是文化生态系统是由地域文化特征决定的。

闽北传统建筑文化、建筑风格几千年来无不遵循着“中心”“中庸”“天人合一”的哲学思想。任何形式的建筑文化都受地域、风土、人情的影响。闽北西邻荆楚，北接吴越，既有荆楚文化的渗透，同时还受中原移民文化的影响，在建筑设计上匠心独运，飞檐翘角，雕梁画栋，建筑形态上给人以韵律感和节奏感。其建筑形式具体表现在重群体，单体不突出，很少标新立异，和谐是建筑的总体基调。闽北地区山峦起伏，从而造就了远近闻名的吊脚楼。因此闽北建筑文化、建筑风格，体现的是粗犷浪漫的美，铸就了高雅、理性和深邃的意境。

2. 闽北地域建筑与文化内涵

闽北地域建筑具有的地域性与历史性，是地域文化在物质环境和空间形态上的体现。不仅有规模宏大的“大夫第”等大型府第；也有聚族而居、依山傍水，处于幽谷溪畔且空间形体极富变化的民间小筑，活泼自由地点缀在山坳林间；还有随地形高低起伏，具有自然适应性和富有乡土气息的群体村落。闽北地域建筑的基本特点是：在形式、体量、空间、材料和气质等方面，从建筑外部造型到建筑内部装饰，无不显示出一个民族的文化精神、价值观念、宗教信仰、艺术水平、社会风俗、生活方式和社会行为准则等，使人获得一种情感上的归属感和认同感，建筑成为历史传统文化内涵与地方特色的传承和延续。优秀的地域建筑能够赋予环境不同的内涵，并渲染出特定的环境氛围，形成不同的场所。

闽北传统民居建筑的空间结构

入口

『设门厅』

门厅多以单开间或者三开间居多，作为入口空间与天井院落衔接的灰色空间，加大了入口的进深，形成具有明显场所感的独立入口空间。

『不设门厅』

入口多以门楼形式出现，起到对入口空间的装饰和强调作用，材料多以木、砖、石为主。多饰以繁复精致的雕刻纹案，彰显家族门面。普通人家多是在建筑外墙加一处简易的木作门罩。

『位置』

民居建筑基本都坐北朝南，但是为了聚气，还会开东南门，有利于“人宅相扶”。

门厅

『设插屏门』

插屏门又称“回照门”，平时绕门而入，只在重大礼庆或贵宾出入时打开。由于插屏门的阻隔，在入口部分形成一个局促的小空间，在进入天井空间前形成一个过渡，作为纵向空间序列的前奏。

天井

『有方形、矩形、狭长形』

天井类型丰富，满足了对住宅空间私密性的要求，同时又将室内、室外空间巧妙转化，使空间整体显得秩序合理、节奏感强。同时也对住宅空间起到局部气候调节的作用。

厢房

『 厅堂两侧梢间 』

厢房多承担居住功能，厅堂两侧的厢房多为两间，东西狭长而南北较短，进深小，开间大。部分民居会在天井两侧增设厢房，扩大家中可居住面积。

厅堂

『 中轴对称 』

厅堂采用正对轴线的手法突出渲染其地位的神圣性。厅堂构建了传统礼制家庭的秩序，区别于简单的房屋概念，形成了建筑中的“堂文化”，礼制规范、秩序鲜明而又严整神圣。

庭院

『 设置在建筑后面 』

此种庭院内部布置灵活多变，而且常常掘池塘成水院。池塘的形式多变，边界自由灵活。区别于厅堂的威严中正，庭院受道家思想影响更为明显，追求人与自然的和谐。

3. 闽北地域建筑与自然环境

闽北地域建筑的总体特征是在一定的自然环境下形成的。自然环境是地域建筑赖以存在的物质前提。建造于不同气候风土下的地域建筑表现出高超的设计智慧，特别是对特定气候环境有适应性。地域建筑都必然处在一定的环境之中，并和环境保持某种联系，环境的好坏对地域建筑的影响甚大。

闽北地域的民居建筑是人类不断适应自然气候、优化居住形态的结果。闽北普通人家民居利用当地材料，主要采用木板、泥土墙等。闽北先人十分关注建筑对地形、环境的选择和利用，并力求与环境取得有机的联系。传统地域建筑在特定的地域中取自然之利，避自然之害，建筑与气候的关系是“用”与“防”的结合，从“防”不利气候开始，对气候的“用”体现了建筑的进化，最大限度地利用自然展现环境特色，使地域建筑与自然融为一体。

二、闽北村落结构

闽北的古村落，由于特殊的地理与历史环境，形成了非常鲜明的具有闽北地域特色的建筑文化。闽北古村落大多是血缘村落，因此，村落便反映了宗族关系本身的结构，并建立了以祠堂为中心的传统村落。闽北村落结构主要取决于它们的生态，有经济的，有自然的，有社会的，有文化的。更常见的是这些方面的综合作用决定了村落的结构，情况非常复杂，而不是出于单一的原因。因此，解释和叙述村落的结构布局就头绪纷繁。闽北宗族制度鼎盛，宗族、血缘不可避免地成为维系乡土社会的重要纽带，村落布局多表现为聚族而居的形式。

闽北的古村落是社会的缩影，它源于人类聚族而居的习惯，具有很强的群体团聚感、亲密的沟通和生活方式。水对村落、建筑的建设影响深刻，建筑因水而有了灵气。从某种意义上来说，村落的特色主要是通过建筑与水的关系反映出来的。水是生命的源泉，因此，人类都是逐水而居，特别是在生产力低下的古代，尤其如此。

在闽北古村落中，影响村落公共空间的因素极其复杂，诸如文化传统、社会结构、固有习俗、自然环境、产业结构等，社会文化方面的因素尤其发挥了举足轻重的作用。以祠堂为中心形成的特色古村落，其独特的空间格局、组织结构、传统建筑群风貌是闽北绵延千年的宗族文化、地域文脉的集中体现，也是极其珍贵的历史文化遗产，除了大量的民居单元外，还有数量虽少但不可或缺的公共建筑，担负祭祀、文化、交通等不同的功能。其中祭祀类建筑——祠堂或祖庙，使村落中的成员一方面通过祭祖思源、敦亲睦族、统一思想从而实现有效的宗族管理，另一方面通过拜神祈福、寄托信仰、诉诸希望从而使乡村社会实现安定平和。

在漫长的农业文明时期，宗族往往是这些村落中类似政权的组织力量，对村落各个方面的控制、管理很严密，很有力量。这种由血缘派生的空间关系，首先强调的是祠堂的位置，村民们的宗族观念也很强，因此村落的结构便打上了宗族关系鲜明的烙印，甚至反映了宗族本身的结构。

闽北人普遍认为祠堂场地的选址是关系到一个宗族能否兴旺发达的关键。将祠堂置于村落的最高处，或将祠堂置于道路交通的枢纽地位，或分别以祠堂和分祠为中心形成组团布局，呈现一种高度向心的空间结构。祭祀类建筑作为不同民居组团的核心，往往占据着村落内较好的地块，始迁祖在一个村落里逐渐繁衍，经过几个世代，形成稳定的宗族，建立祠堂。如武夷山城村，祠堂进口前有较开阔的平地，不应有障碍物，并有一处以上的水面，在开阔地上还有若干古松柏或古樟。

在闽北，这种以宗族血缘为中心的民居村落在武夷山极为普遍，如下梅、城村、五夫、曹墩、吴屯等，其他各地也有少量的血缘村落。这些古村落，其布局以祠堂或家祠为中心，平面形态几乎都与祠堂和家祠中心位置辐射展开有关联，形成一种由内向外自然生长的格局。如下梅村就是以邹氏家祠为中心展开布局的。邹氏家祠的所在地是始祖选中的基址，他们就以此为中心建房、开荒、繁衍、发展。随着人口的增加，又不断结合地形向四周呈放射状地扩建房屋，最终形成了现有的空间格局。

城村有农户500余户，2500多人，大多以种水稻、做茶叶等传统农业为生。根据考证，目前村内的居民原种族都不是越族人或越人的后裔。现居村内的村民以林、李、赵三姓为主。城村的祠堂很多，村内有3座祠堂，分别为赵家祠堂、林家祠堂和李家祠堂。从他们分别保存完整的清代宗谱——《长林世谱》《李氏重修家谱》《赵氏宗谱》中得知，三姓皆中原望族。林氏号称“九牧林”，为商代名臣比干之后；李氏系唐高祖李渊的后裔；赵氏则是大宋太宗长子楚元佐的子孙。他们的祖先原居中原地区，因避战乱，先后由东晋、唐末、宋末辗转入闽，迁移落脚于此。由宋迁居于此的赵、林、李三大姓，数百年聚族而居于此，形成了文化古迹众多的古村镇，被称为“淮溪首济”。而当年村落的开基始祖来到这块土地落籍卜居时，显然距古城废弃的时间不长，因对城址的时代和族属有所了解，于是以古城居民的族称作为村名，昭示后代村庄是建在古粤（越）人营建城邑的土地上，是为“古粤城村”，世代相传，直至今日。

由于地理条件优越，城村自古农业发达，手工业兴旺，人口稠密。同时交通方便，是历史上中原进入福建的水路交通要冲，昔日商客云集，仕子常临，货物集散，商业繁荣，为闽北通商大埠，素有“潭北名区”“北方重镇”的盛名。如今保留下来的村庄格局和文化遗存，正是城村当年经济发达的见证。

城村山围水绕，天然形胜，西北面与水相接，气象十分丰富。村镇约1里见方，东西宽845m，南北长578m，总面积48.8万平方米。城村传统民居至今保留40余座，皆具明清风格。古村由36条街、72个巷、4门、4亭、2楼、9庙及庵堂构成。在千余年的漫长岁月中，历代城村村民和各地的能工巧匠，共同创造出城村这座融自然美、人工美、社会美于一体的聚落环境。主街呈“井”字形交叉分布，街道用河卵石铺面，分别为大街、横街、下街和新街。横街的卵石路面中央顺向铺一溜儿条形石板，是全村的商业中心，5天一次的墟场就设在横街。主街之外，还有36条小巷纵横交错，街巷两旁分设排水系统，由西向东或自北向南注入崇阳溪。村中现有古井99口之多。风雨亭、渡口，周全的宗祠、神庙等完备的社会性设施，营造了亲和、淳朴的环境氛围，既是中国村落环境传统文化的体现，也是明清时代的一个缩影。

村中的街巷散发着闽北古村落独特的魅力。街巷多不平直，宽窄变化不一，不同走向、疏密有致的街巷交织成网状，呈现一种舒缓的神态。街巷的起点和交汇处形成节点，小的节点是巷道的转折和连接点，而大的节点则发展成中心、小广场，形成生活中心、祭祀中心、交往中心等文化空间，这些空间很好地调节了巷道整体的封闭感与幽深感，使街巷既统一连续又变化丰富。村民分别从东西南北四座大门出入，每座大门有门楼，设瞭望孔。南门是古粤门，东门是庆阳楼，西门是封门。由庆阳楼进城，穿过余家亭、街亭、中井头门楼，正对底景慈云阁。由慈云阁向北经过街楼正对村

横街是全村的商业中心

中心的聚景楼。聚景楼为一个八角的过街楼，凌驾于街巷的十字交叉口，是供村民登临远眺、歇息避雨的建筑。由聚景楼向西以神亭作底景，向东经新亭可到降仙庵。慈云阁向南迂回地穿过华光庙、百岁坊，可达南城门，即正门古粤门。牌楼、宗祠、庙宇、戏台均汇集于此，由神亭北出封门则直通河岸码头。城村道路布局完全按对景、聚景的手法处理，规划周详而严谨。

神亭

闽北传统民居建筑的屋宅坐向崇尚坐北朝南，乡间百姓民居建筑中的一些禁忌风俗，也是对天文观的反映。如民居选址的朝向忌避正南正北，适度偏向更为适宜。村民们习惯上以太阳作方位的参照物。日出之处为东，日落之处为西，日上头顶为南，日坠地心为北，北向因背阳故被视作阴气之所，所以村民们忌避将宅址选在正北，尤其是民居门户均不朝向北。

城村传统的民居住宅平面多以三合院为一进，古街主要建筑除住宅建筑外，还有庆阳楼、聚景楼、北帝庙、妈祖庙、观音堂、降仙庵、药王庙、妈娘庙、三官堂、关帝庙、慈云阁、华光庙、百岁坊、罗汉堂、古粤门、赵氏家祠、李氏家祠、林氏家祠等。至今，这些建筑仍然保存完好，成为了解古代村落社会的“活化石”。

城村与下梅相距很近，传统民居建筑无论是布局、结构、造型，还是细部处理都很接近。不同的是，下梅传统民居规模较大，而城村传统民居比较小巧玲珑，以二进三开间或三进三开间的布局为主，一般很少做侧屋，缺少规模宏伟的大宅。现存的三姓宗祠和遍布村内外的各种神庙，其数量仅次于民宅。至今，这些建筑多保存完好，并且仍然发挥着重要的作用，通过对这些祠庙的空间布局、类型、演变进行分析，可以看到城村人的精神信仰。城村村后的天后宫，面对着一条大溪和古码头。一进城村，满视野都是绿色，樟树林从村头延伸至村尾，数十棵樟树郁郁葱葱，整个村子都被绿色包围了，枝叶相连，根脉携手，有一棵760多年树龄的大樟树，樟树林很漂亮，形成大片壮观秀丽的自然景色。

近年来考古工作者在村庄周围没有发现隋唐以前的墓葬，这就印证了史学家的记载。根据现有资料，城村古村的历史大致为始建于隋唐，兴起于宋元，繁荣于明清，败落于民国之际。

三、祠堂与祭祀空间

在闽北，即使在经济文化都不很发达的纯农业地区，村落里也拥有不少大型公共建筑，包括祠堂、分祠、文昌阁、书院、庙宇、道观等。

闽北古村落宗族的天然结构因素是辈分，后辈要尊重长上，前辈死后也受到礼拜。但按传为朱熹所撰的《家礼》的规定，“君子之泽五世而斩”，因为五世以上，子孙都不曾亲见，所以“无恩”。每家的祖先供奉只限于高、曾、祖、考四代，以上的便不再亲祭，而把他们的神位“祧”到祠堂里去。不同层次的祠堂，以层次高低分为祖祠、房祠、私己厅和香火堂，当小家族的香火堂发展到三代，不满五代，可升格为私己厅；房派里，满了三代的可以分立支派，建分祠。

公共建筑文昌阁

房祠和分祠通常叫“厅”和“小厅”。当然，如果人丁不旺，财力不足，不立房派、支派也可以，不过某人属某房某支是很清楚的。于是，私己厅到一个宗族里，过了五代，便可以升格为房派，建房祠。祠堂也会依照家族代数和人口数升格，这些不同等级的空间，由于职能、房派高低、经济实力不同，在使用过程中有很大的区别。

村落在发展的早期，居住状态还不很密集，房派和支派成员一般都自然地以厅和小厅为中心聚集在一起，形成房支的居住团块，而以祠堂作为全村的核心。祠堂不仅是家族经济实力的体现，也是一个血缘村落发展、兴盛或衰败的象征。这就是宗族的血缘结构。

武夷山城村经过几百年的发展，房派居住团块之间的巷子比较宽，巷子卵石路面中央顺向铺一溜儿条形石板，房派团块内部的巷子比较窄小而且不铺石板，只用大卵石铺面。全村所有铺有石板的大巷子都通向祠堂，而小巷子则只能通向团块中心的房祠和分祠。房祠和分祠门前大多有一口泮池、一块空场、一片绿地。泮池可供日常洗涤，有改善小气候、防火等功能，空场是节日舞龙灯、踩高跷和其他各种群众活动的场所，绿地则用来改善生态环境和营造景观。

一座传统的民居建筑，它最重要的功能性空间是厅堂、卧房、厨房、院落和大门。民居的厅堂在各地的住宅中功能最复杂，差异也最大。在有些地区，它主要是作为家庭生活必不可少的公共场所，如吃饭、会客、聚谈、读书等；同时，它又是供奉祖先和神祇，举办婚丧寿庆和四时八节等各种活动的礼仪性场所。所以厅堂在民居的布局中必居正房的中央，这是宗法制度和泛神崇拜所必需的。

厅堂的公共性、礼仪性和崇祀性功能，决定了它在大多数地区是住宅中最中心和重要的部位。早在汉代，中国人的房屋结构就是一明两暗。传统民居建筑的正房总是三间、五间或七间，正房当中就有了一个明间。无论大门开在住宅的前部正中还是左前角或右前角，住宅的格局一般都是对称的，因为对称是最原始和传统的基本布局方式。在武夷山民居的三进院落式住宅中，厅堂总是在后进的明间，中间一进的明间作为穿堂。在其他南方省份也有把它们分别叫作“上堂”和“中堂”的。如果大门开在明间，则门厅叫“下堂”。有些地方叫上厅、中厅、下厅。武夷山“三堂两楼”的住宅，中堂和上堂各有堂屋的一部分功能。接待宾客一般在中堂，为的是避免客人进后院，后院是女眷的生活范围。上堂供祭祀祖先或其他信仰的神。有些穿堂是三间通连的，堂屋所占面积的份额很大。有前后天井的“H”形住宅，堂屋被太师壁隔为前后堂。内眷居停、办丧事厝灵柩等大多在后堂；接待宾客、婚寿礼仪和祭祀之类则在前堂。

堂屋礼仪祟祀功能的重要性在各地并不一致，有些地方很隆重，有些地方则较随便，一般是由宗法制度力量的强弱来决定的，福建的南部重于北部。南部堂屋的面阔和进深一般比北部的大很多，形成了南部与北部传统民居鲜明的艺术特征和丰富的地方特色。

由于福建南北气候差异悬殊，材料资源又存在很大差别，加上各地区不同的风俗习惯、生活方式和审美要求，对传统建筑的继承主要体现在将传统建筑形式、布局、符号嫁接或简化应用到建筑中。今天的地域建筑可以从传统民居中汲取最直接的原始资料、经验、技术、手法以及某些创作规律。如武夷山庄，体现了武夷山“碧水丹山”的独特风貌，以及使用地方材料和借鉴当地民居的做法。在传统建筑中，“天人合一”的哲学思想其实是传统建筑的气质、文化精神内涵与灵魂所在。

闽北武夷山古村落小户人家的堂屋前檐大多不加装修，完全向院子敞开，叫“敞口厅”，和院落（天井）的空间连在一起。少数也有用隔扇封闭的。武夷山传统民居的堂屋有“太师壁”，位于后下金柱的位置。太师壁安装在堂屋之中，左右两侧均有供人通行的空间，如果有后院，则从太师壁绕到耳门、后门通向后院。堂屋的布置与模式是太师壁前正中放一张长的香案，香案前放八仙桌，桌左右各放一张扶手椅，这是中国古代建筑中常用的装饰手法。大户人家的堂屋进深大，比较宽敞，左右壁前还放两张或三张靠背椅，它们之间有的放茶几，用来招待宾客。

在武夷山，许多热衷于读书科举的人家在堂屋里还设朱熹夫子的神位，学童们每天早晨都要去礼拜。家里有考上科名的，喜报贴在堂屋侧壁上，几十年不揭。历史文化名村下梅村就有许多户人家壁上贴有清代考上科名的喜报，至今有一百多年了。

在武夷山，每年的节庆、老人寿庆，都要在堂屋里举行庆典仪式。结婚仪式上，新人在堂屋向外对着院落的一片天空拜天地，向里对着太师壁前香案下的土地菩萨神位拜后土，然后拜祖宗神主，拜双亲尊长。婚丧寿庆都在堂屋摆酒席，如果来客多，堂屋不够大，就同时也在院子里设席。闽北有些地方也有在堂屋左前方的檐柱边放一个石臼的，作舂米、打年糕、做糯米团子等之用。这也是堂屋里很有生活化的亮点。

传统民居的堂屋有“太师壁”

檐柱边放一个石臼，用于春米、打年糕

古村落民居的堂屋无论在功能上还是在位置上都在住宅中最显要，因此人们也就给它附会上一些说法。太师壁正中往前一步，是全宅的“穴眼”。上房的地坪要在全宅主体部分地坪的最高处，从大门外进来后逐步升高，这叫“步步高”，屋脊也最高。前低后高是住宅布局的基本原则之一。

还有一项讲究，叫“望天白”，就是掇一把椅子坐在堂屋深处的“穴眼”上，应该可以看到堂屋前檐口或檐坊下皮与下堂或中堂屋脊之间一条7～9寸[①]宽的天空，以供神灵出入。这条天空和坐在八仙桌边扶手椅上的人看到的一样宽，会让八仙桌边的尊客心理多一点轻松，少一丝郁闷。民间有种规矩，堂屋（即上堂）必得前窄后宽，大约差三四寸。这种梯形平面叫“口袋形”，财运往里装，漏不出去。如果前宽后窄，就是“簸箕形”了，财运往外倒，留不住。又说，下堂（即开门厅）的宽度应该比上堂小一点，因为下堂中央有一横屏门，上堂中央有一横太师壁，两个堂连起来，从上堂看，如果下堂窄，便会形成一个“昌”字，吉利，如果下堂宽，就什么都不是了。

“望天白”

① 1寸≈3.33cm。

闽北传统民居建筑中厅堂的形成，除了社会、文化、习俗等原因外，还与中国传统四合院这种居住建筑形式的发展有着十分密切的关系，正是因为四合院民居中不同位置房间的不同功能区分，才逐渐演化、形成了厅堂。说起来简单，其实是一个极为复杂、漫长的发展过程。

中国的四合院居住形式，早在西周时期就已形成，是目前建筑史界普遍认同的一种说法，而四合院的实质是“前堂后室”的平面布局与合院式的空间体系。汉代的著述《汉书·晁错传》中，有“先为筑室，家有一堂二内”的说法，一间堂屋、两间内室成为“徙远方以实广虚”的标准住房，这比《诗经》《论语》中的记载更为清晰。堂上为父母所居的正房，如以“高堂”代称父母就是一例证。正屋称为“堂屋”，所以堂屋多是民间的俗称，也就是厅，可称为厅堂。

闽北的传统民居都是以厅堂为中心的，是民居中最重要的空间形制，是与人们的生活习性紧密相连的，即使现在也是由文化形成一种整体的民族性倾向。住宅中必然也要有一个这样公共的、代表全体居住者的空间，以表现整体性。厅堂的各项功能，就是为适应人与人之间关系的礼节与团体生活形式发展而设定的，是用于约束个人而成就团体秩序的。

据清初《光泽县志》载，当地“从前各族宗祠无几，近数十年，凡聚族而

闽北传统民居的厅堂

居者，城乡多各建祠。春秋祭祀，序昭穆，崇功德，敬老尊贤，颇有追远睦族遗意”。在古代，敦本、明伦、教化的场所就属祠堂了。祠堂是宗法制发展到一定阶段的必然产物，是村中宗法观念的集中体现。祠的本意是祭祀；祠堂，即祭祀的专用场所；家族祠堂，就是专门祭祀祖宗的场所。“宅”像一块“磁铁”，吸纳着最旺的人气；“宅”的神圣表现在后辈们都要遵循祖先的遗愿、不忘本。祠堂是传统宗法社会民居村落中最重要的礼制建筑，聚姓而居的大家族建造宅院时，往往先修建本族祠堂，形成一个独立的祠堂建筑群。经济条件不允许的，也会在村子里选址修建一间简易的祠堂，放置祖先牌位，供奉祖先。

城村居民分别以各姓祠堂为中心，同姓聚居。他们或独门独户，或几户共居一宅，但都或近或远地围绕着本家宗祠而布局，既反映了敬祖崇宗的宗族伦理，也强化了宗族内部的亲和力与安全感。城村是赵、林、李姓的血缘村落，赵姓、李姓和林姓三大家族的家祠都建于清代。家祠的天井中，地面上铺设一层卵石，中间有一走道通向厅堂的台阶。每座家祠中还保留有明代或清代的田碑、木刻、楹联和匾额等文物。这些家祠的形制特点是以北部的厅堂为主，厅堂内侧设配房，厅堂后侧也有雷同开间的结构，厅堂前为天井，天井周围为围墙及廊庑，大门开在南墙中间，门楼砖雕精美，尤以林氏家祠的门楼砖雕最气派壮观。赵家祠堂是城村现存最好的一座。祠堂位于横街街口，为清代建筑，三进三开间布局，采用前堂后寝的布局形式，天井两侧为宽敞的走廊，建筑中轴对称，严谨规整，是当地祠堂建筑的典型实例。赵氏族人平时就用香案前的八仙桌进餐，过节大团聚吃饭时用大圆桌，平时不用时放在正房檐廊下次间卧室的窗前。香案后的太师壁正中挂中堂画，两侧挂对联，顶上挂匾额。画和对联的内容大多取吉祥之意或标榜文人雅士的情趣，通常体现较多的是士大夫文化对乡村的渗透。赵家祠堂入口空间灵活多变，该建筑主体坐北朝南，但经过一个大埕过渡后，大门门楼却转折朝北，与华光庙前的广场连接起来。砖雕门楼简洁大气，梁柱、斗栱、雀替等部位的木雕精细。祠堂是在清咸丰庚申年间重修的，族人篆其门额“奕世重光”，大有复兴本家之意。祠内供奉赵氏先祖，而且保留了大量石碑、匾额、对联等文物，具有较高的文物价值。在祠堂的门楼砖雕画面上，有一幅图案，表现的是一个男孩正在添挂一盏灯，这里“添灯”与“添丁”谐音，其寓意是希望家族中多出男丁，折射出赵氏家族为了传承血脉，把人丁兴旺的希冀都押注在男性上。

城村家家户户都有对联和中堂画，例如“孝弟传家根本，诗书经世文章”。中堂画题材多样，以吉祥喜庆、高情雅致为主。林家祠堂、李家祠堂的布局与赵家祠堂大同小异，香案上正中摆放着香炉，左右一对烛台。再外侧为左边一只花瓶，右边一座插屏，插屏上早年镶一块平滑的大理石，比拟“镜子”，晚近一些的则镶一块玻璃水银镜。瓶和镜谐音“平”“静”，平平安安过日子是普通老百姓最朴素的生活理想。只是林家祠堂在大门前建了一座两层的骑楼，集护卫与轿厅于一体，也使建筑与街巷连为一体，空间变化较有特色。

赵氏家祠图

赵家祠堂入口门楼外立面图

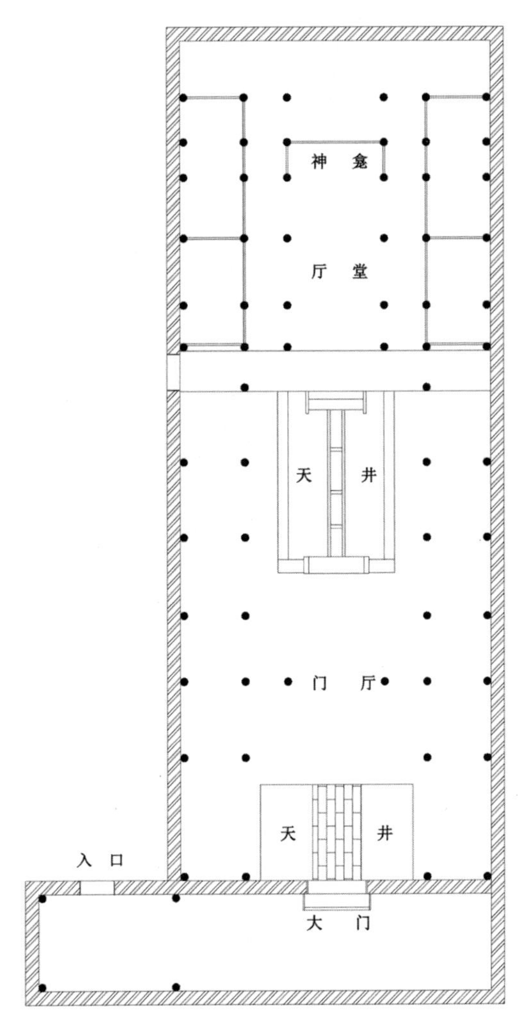

赵氏家祠平面图

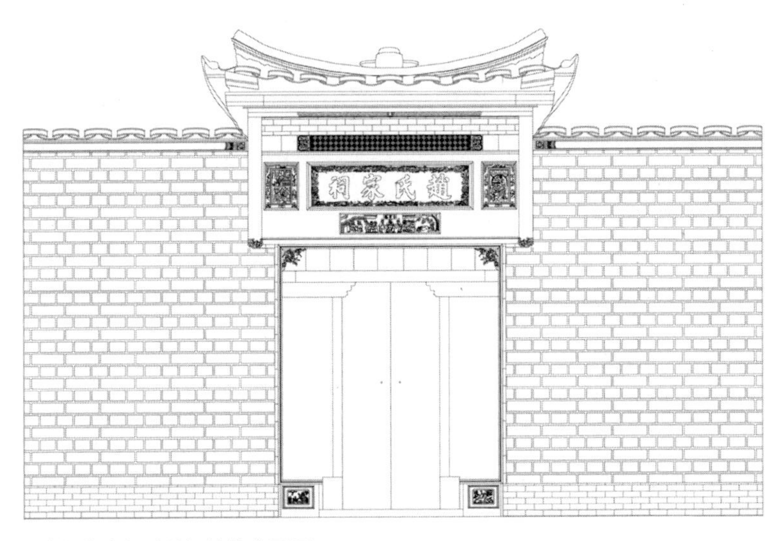

赵家祠堂大门砖雕门楼外立面图

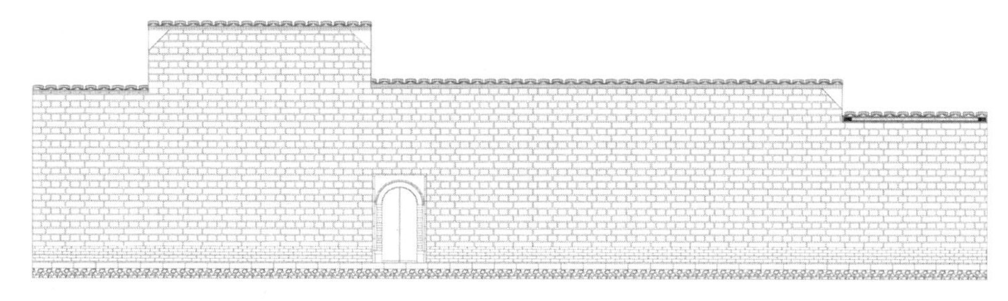
赵家祠堂外墙立面图

至于闽北住宅的内部，其布局设计也处处不离传统礼仪，以实现其“阴阳之枢纽，人伦之轨模”的功用。中国的传统建筑自古以来就和尊卑有序、长幼分明的人伦思想紧密结合在一起。礼教文化无论是在官式建筑还是民居建筑中都有所体现。礼教文化讲究中庸、秩序、三纲五常、等级尊卑的观念，这些体现在闽北民居的空间布局上，以厅堂为中心，厅堂与天井为中轴线，对称布置厢房，体现出中正有序。厅堂的层高较高，其上不设厢房，以体现上尊下卑。其中的主要空间都串联布置在纵向

砖雕上男孩在添挂一盏灯

城村林氏家祠砖雕门楼

城村林氏家祠内部

的主轴线上，次要的空间则并联一旁，正厅堂一般设中间一进或最后一进，体现其位置的重要性。在空间的使用划分上，楼上中厅为祖堂，虽然采光较好却不住人，专门供奉祖先牌位。楼下的中堂为厅堂，是长辈主持家法、训诫子弟、宣扬家规的场所。宋司马光《涑水家仪》中提倡“男治外事，女治内事”，主张妇女无故不窥中门，严格地界定了宅居内部空间范围，以中门为界，前庭是会见男宾之处，后庭为女眷活动之地。

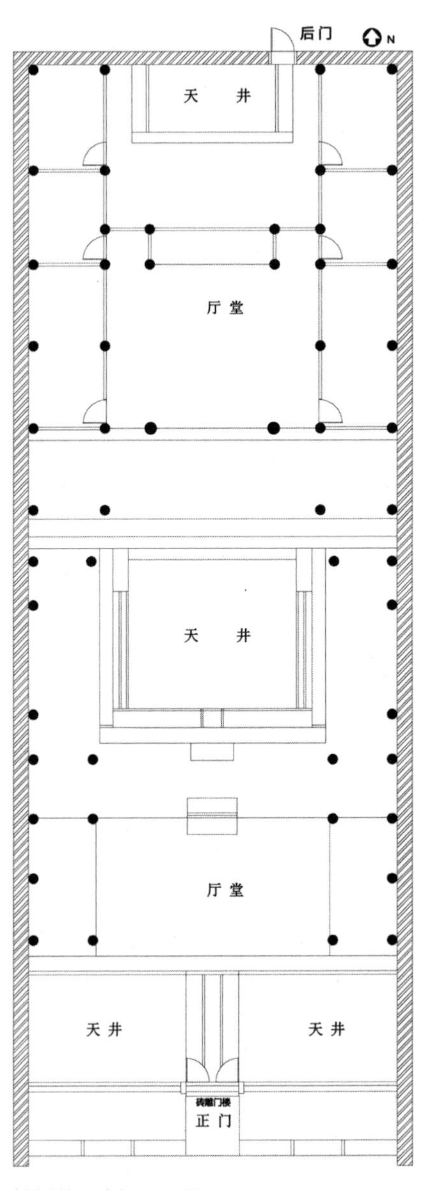

城村林氏家祠平面图

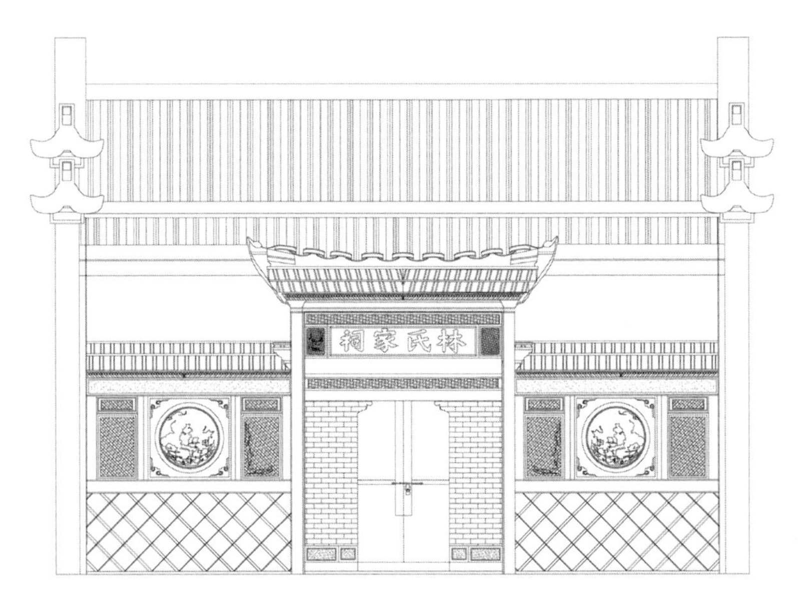

城村林氏家祠门楼立面图

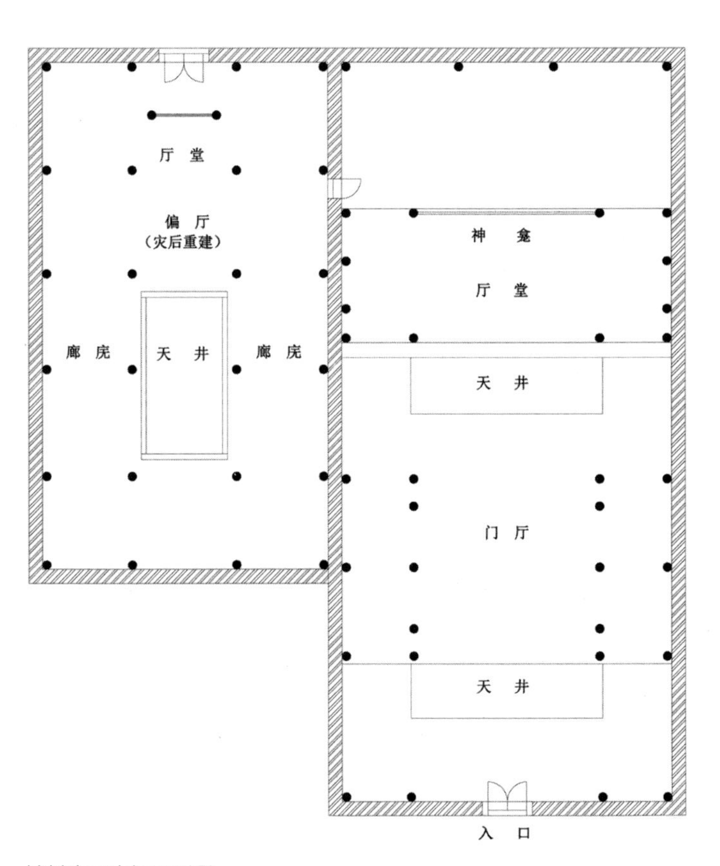

城村李氏家祠平面图

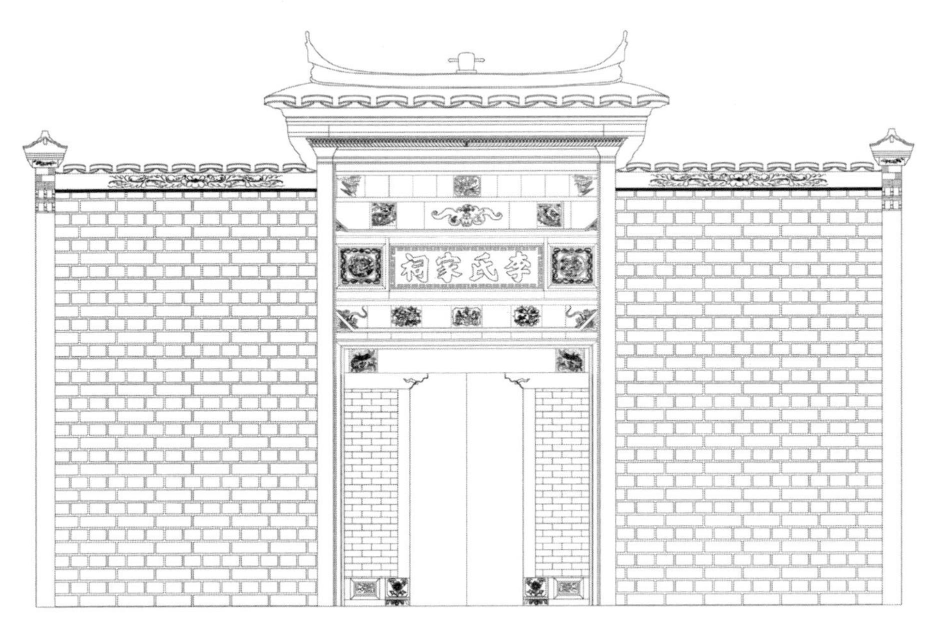

城村李氏家祠门楼立面图

麒麟吐玉书

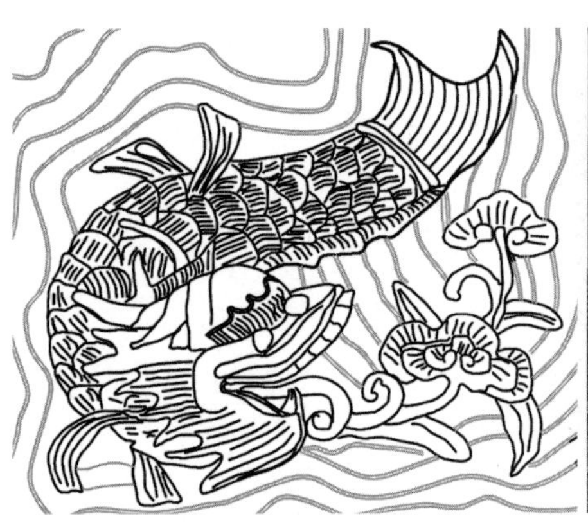

李氏家祠门楼局部吉祥图案

民居建筑厅堂在其发展的过程中，往往还与祖堂相结合，既然是与祖堂的结合，当然具有了与祠堂相同的祭祀功能，并且，祭祀还是传统民居厅堂的主要功能之一。在祭祀的普遍性上，民间占首位的是祖先崇拜。祖先崇拜与广大民众发生着本质的联系，族有宗祠，家有祖龛，民间居住建筑厅堂中的祭祀，只是如董仲舒所说，将天称作众人的曾祖父。因此，厅堂中的天神崇拜体现的仍是祖先崇拜的精神内涵。在厅堂中的家祭之祖往往都是有功德于世的，而并不一定是最初的祖先。有名望的祖先往往能提高本族的社会地位，这进一步强化了以功德取舍祖先的趋向。

以家庭为单位的家祭次数很多，一般在春秋大祭日以及年节朔望日都要举行，而其中尤为隆重的当推忌祭。每逢高、曾、祖、考列位祖先的忌日，各个家庭不仅要在居室内祭祷，往往还要邀集高、曾、祖、考源下的直属子孙，共同到分祠中设祭供奉。厅堂可以用来祭祀祖先，祭祀时它是祖堂，平时又有很多其他功用，所以，祖堂实际上只表现了厅堂众多功能的一种。因此，厅堂与祖堂既有相通之处，又是有较大区别的。

村民一般都只在造房屋时，于居室正厅的左边设置四个神龛，以供奉高祖、曾祖、祖父、父辈四代神主。武夷山市下梅村的方氏家族的故居参军第里，现今仍留有保存完好的神龛。在岚谷乡黎口村的传统民居里，也能看到厅堂上摆放着的神龛。村落祠堂的大量兴建，是从明代嘉靖年间开始的。明嘉靖十五年（1536年），那时分布在全国各地村落的大姓宗族祭祀祖宗活动十分活跃，明代一位姓夏的礼部尚书才斗胆向嘉靖帝提出了于民间联宗立庙的建议，并蒙嘉靖帝所允。于是，乡村之中那些聚姓而居的村民，便纷纷选择吉地，集资建造宗族祠堂。

闽北古村落也体现了中国传统村落建筑中“聚姓而居”的原则。宗族血缘成为左右村落人文环境盛衰的主要因素。祠堂在闽北传统社会中是宗教信仰、血缘关系、文化习俗的坐标。据武夷山名门望族彭氏介绍，彭氏家族在祭祖时全族数百人食必同席，场面十分热闹。著名学者费孝通先生说过，“血缘所决定的社会地位不容个人选择”，“血缘是稳定的力量。在稳定的社会中，地缘不过是血缘的投影，是不分离的”。分布在武夷山乡村的祠堂、家祠，是古村落人文环境的焦点和醒目的标志。村落人口众多的大姓家族，除了整个家族建设祠堂外，往往各分支房系也建立分祠堂。如武夷山市曹墩村的周氏家祠，五夫的刘氏家祠、王氏家祠，城村的赵氏家祠、林氏家祠、李氏家祠，黄柏村的吴氏家祠，都因其规模宏大、建筑风格独特而成为村镇聚落景观。

家族发展到一定的规模，就要盖祠堂。如武夷山彭氏人口繁衍较快，是自

李家祠堂

厅堂与天井为中轴线

宗祠可以用来祭祀祖先

宋以来崛起的旺族，因此修宗祠。武夷山澄浒村有一座游氏宗祠，是宋理学家游酢讲学的地方，祠堂的门联是“程门立雪家声远，游氏儒风世泽长”。后来该祠被辟为定夫书院（定夫是游酢的字）。据家谱中记载，明代澄浒叫澄川，地处崇安县节和里，澄川游氏自明代宣德年间游氏第十五世孙才开始创建定夫书院。武夷山市星村镇黎新大队大源村至今还有一座南宋理学家朱熹的后裔为祭祀朱熹等祖先所建的朱氏宗祠。该祠坐落于村中，四面土砖墙围筑，主殿、门楼均为木结构，宽13m，深25m，系清代建筑。五夫镇兴贤古街有一座刘氏家祠，始建于南宋建炎帝四年（1130年），初建时，祠址在府前村，与屏山书院并列。元初毁于战乱，一直到了清光绪六年（1880年）移建现址。刘氏一家在南宋卫国有功，三代都有彪炳史册的忠义之士，有“三忠一文”美誉传世。刘氏家祠有了荣光，更令后人瞻仰不已。五夫的刘氏家祠虽历经岁月沧桑，但精美的门楼仍保存得十分完好（邹全荣，2003）。

岚谷村彭氏宗祠，也堪称武夷山祠堂建筑的精品。可惜毁于“文革”。现在岚谷彭姓后裔始终不忘先祖遗德，将入闽始祖之画像悬挂在宗祠遗址上，足见彭氏敦本虔诚。有百家姓，就有百家祠。如今，分布在武夷山古村落的各姓氏祠堂遗存，其建筑艺术不仅展示了丰厚的历史文化，而且还被开辟成乡村旅游的景点，成为一道重要的人文景观。

祠堂是乡村人们宗法生活的一个重要组成部分。一个村落姓氏之间的凝聚力是十分重要的，这是本姓氏家族和其他姓氏家族之间竞争的首要条件。为了增强家族的凝聚力，每个宗族就要修建公共建筑，这充分反映了人们建祠祭祖，以求敬宗追远、子孙绵延的愿望。

祠堂也是古村落中最重要的公共建筑之一。祠堂比一般的民居建筑在装饰、造型上都要好和讲究得多。武夷山乡村现尚保留完好的祠堂大多是清代建筑，下梅、城村、五夫、曹墩等的祠堂建筑已发展得非常完备，数量繁多，等级和层次也很分明，如同一棵枝繁叶茂的老树，有主干、支干和茂盛的枝叶。

坐落在浦城县城南南浦溪畔的省级历史文化名村观前村，旧时是浦城重要的水运码头，也是一个历史悠久的古村落。这里人杰地灵，文化底蕴深厚，仅在宋代就曾出现过爱国诗人谢翱、朝散大夫张巨、御史大夫周武仲、礼部侍郎周固、龙图阁大学士周因等几十位名闻朝野的人物。浦城境内周、叶、张、谢四姓家族人口大多由此分发。村中至今仍保留着上述四姓祖宗祠堂，分别于宋、明、清等

武夷山市曹墩村的周氏家祠

朝建立，每年清明节均举行规模盛大的祠祭活动。最早的周氏祠祭活动自宋至今已延续了近千年。观前村隆重而热闹的祠堂祭祖活动成了古码头民俗内容中一道亮丽的人文景观。

闽北地区的古村落大多以宗族血缘为纽带而建立，以朱子理学为代表的儒家传统文化的浸润，使得崇宗祭祖的观念深入人心，宗祠建筑的地位也因此变得非同寻常。古村落的选址、规划、建设、管理以及环境保护大都是在宗族组织的主持或关注下进行的。把村落自然环境的美好写进宗谱，就是为增强村民对乡土的眷念、对生活与前途的信心。血缘村落里最

叶氏宗祠

高等级的公共建筑是宗祠。宗祠是宗族的象征，它起着团结宗族、维护封建人伦秩序的作用（陈志华，2005）。祠堂也是教化后代的场所。祠堂是礼制建筑，因而格局严谨，程式化程度很高，而且大多包围于高墙之中。在家庭中还有典型的辈分排行，与朱熹“五伦”中的“长幼有序”是相吻合的。不能不说宗族观念是封建思想的一种核心成分。

第二节 祠堂与修撰族谱

一、祠堂与族谱是维系家族的纽带

祠堂首要的功能为祭祖。因此，在农村，祠堂和族谱是维系宗族和血缘的精神纽带。祭祖需要的空间较大，在武夷山市兴田镇城村大大小小的祠堂中，规模最大、气势最恢宏的要数赵、林、李三姓祠堂。现在村中也以赵、林、李三姓的族人最多。每年清明节，三族都会在各自的祠堂举行盛大的集会，平时在外地打工的族人也会赶回来祭祖。一个祠堂就浓缩了一个家族的发展史。

除去祠堂之外，各大家庭还不断通过修纂族谱来维系家族内的密切联系。以赵氏为例，先后于同治十年十一月、道光二十八年清明后一日、嘉庆二年岁在丁巳三秋望日、嘉庆十九年冬月、雍正九年岁次辛亥仲夏端阳日、天启二年岁次壬戌夏月、正统十三年孟夏月中瀚、至正二年秋季望日八次修纂族谱[①]。祠堂和族谱成为维系整个家族的精神纽带。实际上，族谱的内容，不仅仅是一个家族的变迁史，也是了解时代变迁的窗口。由城村保存的这三大族谱，不难看到城村起伏跌宕的历史图景。

以李氏家族为例，其族人共尊处平公为其始祖。延

① 赵氏族谱，同治十年修纂，现藏于武夷山兴田镇城村赵氏家祠。

平公后十四世顺六公迁居粤城，延平公十五世裔孙三九公开城村派，这是李氏族谱中关于城村的最早记载，其时间大致在元成宗元贞元年（1295年）至元顺帝至正二十一年（1361年）之间。根据李氏族谱的记载，在明神宗万历年间，城村中的李姓人口已经达到70多人。到了光绪年间更是翻了一倍，达到150多人。随着现代经济的发展，越来越多的城村人走出了武夷山区。虽然每年一次的大祭还在延续，但宗族观念已经在逐渐淡化。村中人口已经打破了原来聚族而居的格局，宗族之间的隔膜也正在人为地消失。邻里或姻亲关系正在逐步成为联系村民的重要纽带。随着武夷山地区旅游经济的兴起，三姓祠堂除了继续承担其在家族祭祀中的古老使命，也正成为城村开发旅游经济的重要组成部分。三姓祠堂已经分别被人承包，成为游人进餐、休息的好去处。而且在调查过程中，还发现林氏祠堂的承包者居然是赵姓的族人，这在城村家族发展史上是一个值得人们深思的现象。

闽北的乡村人家，为了使族谱能长久地保存而不受虫蛀，特选用苦竹制作的纸张，至今保存良好。闽北人有拜族谱的风俗，对

祠堂已经分别被人承包，成为游人进餐、休息的好去处

族谱也十分珍重。据村民讲，族谱刊印制成后，每房都存留一套。族谱的发放仪式十分隆重庄严，各房族长要举行三献大礼。各房在接到新族谱后，由乡绅两人在村中抬起游行，前后有十余帮锣鼓相随，沿途各家门口点燃香烛，摆上供品，族人换上干净的衣服，鸣炮相迎。

修撰族谱最重要的一项内容是绘制谱系。为每年祭谱时方便清晰，专门将族谱中的谱系绘成一张宗脉图。宗脉图使用三种颜料书写，黑色颜料用于书写人名并用于边接代数的线条。红色表示亲生直系血脉，俗称“带血筋”。青色表示非亲血脉裔，是抱养过继的嗣裔。女性不入图。为保证宗脉图上的文字清晰永不褪色，黑色颜料用安徽徽州的徽墨，红色颜料用朱红，青色颜料用石青。宗脉图上方还画有日、月、星斗，它们代表乾天坤地或乾父坤母，此外还画文武魁星、福禄寿三星等。左边画龙，右边画凤，表示龙凤呈祥。下方则有海水波涛，浩浩淼淼，无边无涯（李秋香，2008）。

由于宗族组织机构日益完善，家族人丁兴旺，为慎终追远，寻根思源，也为了使房派宗亲的脉络更加清晰，更好地传承下去，避免关系混乱，族众一致要求编制一部完整的族谱。乡村百姓十分重视家族的血统，他们怀着“情系中原，根在河洛”的情结，身在闽北，都不忘先祖来自中原。对于他们来说，族谱是家族的命根子，起联系宗族同性之间血统的纽带作用。

武夷山五夫镇悠悠的历史，千年的岁月沧桑，真是名人辈出，仅进士就达数十名，古有“一门槛两进士，五里三壮元”之美誉，至于文人异士更是不胜枚举。早在两宋时期，五夫胡氏一家就先后出现了极具影响的五贤十大儒，如胡安国、胡寅、胡宪等湖湘学派创始人；“婉约派”词宗柳永，及其家族的“柳氏三杰”在五夫里吟诗诵词；还有刘氏抗金名将刘拾、刘子羽；吴玠、吴璘在五夫勤练武艺，立志报国，而后开辟了川陕战场，威震敌胆，守住了南宋的半壁江山……

五夫镇刘氏始祖为汉高祖刘邦嫡亲之弟刘交，被封为楚陵王，中唐文景时，任金吾上将军的刘翔，胸怀文韬武略，观五夫兴盛，举家迁居于此并嘱后世历世不移。至宋六世刘民先，是一名饱学诗书而隐居不仕的著名学者，在五夫里教学育人，被时人誉称为“东南儒宗”。其子刘拾在其熏陶教育之下少登金銮，成为辅国之重臣、抗金名将。刘拾生下子羽、子翼、子翚三子。长子刘子羽为南宋名将，是朱熹的义父，谥忠定公。季子刘子翚以教书著述为业，曾培养了刘珙、朱熹等名臣大儒，有“兴贤育秀”之誉，谥文靖公。长孙刘珙为爱国忠臣，谥忠肃公。刘氏在屏山下拥有巨大的刘氏庄园、刘氏家祠、刘氏家塾等，故此山下的村落现称为府前村，又分上府、中府、下府。

闽北是受程朱理学影响至深的地方。五夫镇兴贤古街是产生朱子理学的胜迹之地。朱熹在闽北各地每次逗留数月，讲学乡里，“东周出孔丘，南宋有朱熹，中国古文化，泰山与武夷”。厚重的闽学化成了福建地方文化的重要内核，而程朱理学对闽北的发展和兴盛也起到了极其重要的作用，儒家礼教对闽北乃至中国传统建筑文化影响至深。在闽北各地，各种与朱熹有关的历史痕迹，足以让后人跟随着先贤的足迹，探寻朱子文化的魅力所在。闽北刘氏祠堂可略见一斑。古迹辐辏兴贤街，有刘氏家祠、彭氏家祠、王氏家祠、詹氏家祠、江氏家祠等古迹十多处，这些均为国家级重点文物保护建筑。祠堂作为宗族的象征，是血缘村落里最高等级的公共建筑，也是村中最华丽的建筑，更是闽北村中礼制建筑和各种工匠技艺的集中体现。

在五夫镇的兴贤古街上，走过紫阳坊就到了宰相家族的刘氏家祠了。刘氏家祠的大门十分讲究，面阔三间，上覆三滴水式的屋顶，气势恢宏。家祠布局大方，外形方正。祠堂中门之内为祭祀大厅，分上下两庭，间隔以宽阔的天井，左右分列宽大的东西廊庑。由高大的正门而进，厅堂显得十分宽阔，中间是个较大的天井，四周墙上挂有家族历代名人的画像及其生平介绍。里门之内为楼式建筑的享堂，形式古朴而庄重，是供奉刘氏祖先神位的地方，上方悬挂匾额“百代蒸尝”。中国古代祭祀中称秋祭为“尝”，称冬祭为“蒸”，“百代蒸尝”意为世世代代、年年岁岁都要认真祭祀祖宗。在正门祠内右侧供有族规、家祠史略的碑刻。正厅上是族人共尊的祖先的塑像，在神橱前面长条的香案上四时摆有瓜果香火，长年不断。神橱有细木镂花的罩，精巧玲珑、涂朱描金，极其华丽。堂内还有忠、孝、节、义四块巨匾，其中里门上方悬挂着一个一米见方的大“孝”字，

五夫的刘氏有“三忠一文”美誉传世

刘氏家祠——村中最华丽的建筑

据传为南宋理学家朱熹的真迹。该字亦书亦画，字的上部酷似一仰面作揖尊老孝顺的后生，而人面的后脑却分明像一尖嘴猴头，村人遂附会其为“尊老孝顺者为人，忤逆不孝者为畜生”。

五夫镇兴贤古街上刘氏家祠古色古香的建筑门楼在老街上最具特色。刘氏家祠相当有气势的雕花门楼，显出一种儒士世家身份。上千年的风雨飘摇虽然侵蚀了原建筑上的一些棱角，门额上面正上方青石篆刻的“宋儒”二字和“刘氏家祠”四字却都清楚醒目，浑然大气，似乎正向世人讲述着它曾经的辉煌。刘氏家祠整个建筑保存完好，并且仍发挥着重要的作用。刘氏家祠为“三厅九栋”式的青砖大瓦房，有错落有致的风火墙、工艺精湛的砖雕艺术、厚重朴实的生土夯筑墙体，从空间布局、类型、演变进行分析，可以清楚看到武夷山宗祠深厚的文化底蕴和刘氏宗族的精神世界，或者说信仰空间。

刘氏家祠的形制特点是以北部的大殿为主，殿内侧设配房，殿后侧也有雷同开间的结构，殿前为庭（天井），庭周围为围墙及廊庭，大门开在南墙中间，门楼砖雕精美，在五夫镇的家祠建筑中，尤以刘氏家祠的门楼砖雕最气派壮观。刘氏家祠大殿两边墙上有后代临摹“朱熹”书写的对联，内容是:“家祠毓秀士，孝友振微声。”从建制的宏大和精制可以想象到宗祠在家庭成员心目中的地位。刘氏家祠为朱熹义父刘子羽、恩师刘子翚的家祠。整个建筑四根圆柱形门当雕刻着的高洁莲花依旧完好。而两个户对却因“文革”有所损坏。早已退了漆的两扇沉重的大门向人们诉说着往日的历史。从破旧的大

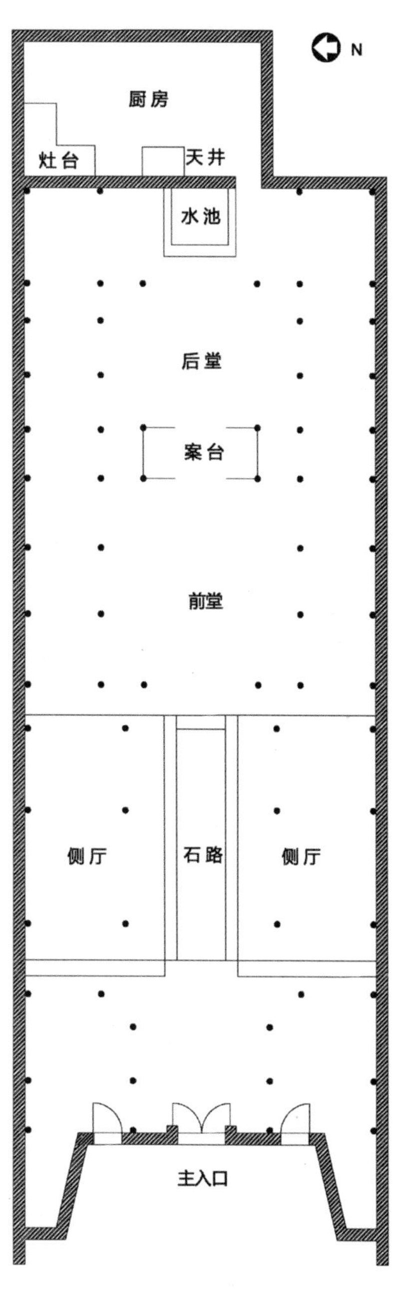

刘氏家祠平面图

门上依稀可以看出两位守门大将庄严威武的风采。两侧的边门露出了深深的木质纹理，印记了时光的飞逝、岁月的风骨、历史的变迁。苍老的门楼，在斜阳的照射下，一个个雕饰局部显得神采奕奕。

家祠共分三进。第一进下堂的当心间“下厅”是举行重要礼仪活动的空间。为了方便祭祀，直通正门的是正步道，两侧是厢廊，形成十分开敞的祭祀空间，使室内空间与宇坪融为一体。在下厅内后金柱位置，挂着“白水家声远，屏山世泽长”的楹联，当心间用四扇板门做成后壁，左右有掖门。两侧壁上书写着刘氏家训。两次间在后檐柱处的四扇板门平时全部关闭，只走当心间两个掖门进入天井。按族规只有本族中辈分最高的人，才有资格领头步入祠堂进行祭祀等活动。如若有异族的加入，即使官职身份特殊，也只能屈就走两侧的厢廊，否则也被视为对祖宗的不敬，这也是中国各地家祠中重要的一条规则。

第一进与第二进之间是天井，左右各有两间厢廊，第二进为上堂，当心间上厅是供祭祖先牌位的地方。用太师壁将上厅分隔为前后两部分。前厅占总进深的三分之二，是祀厅。正面是祖先台，摆放着神橱。依次供奉着刘家入五夫的自始迁祖刘翔往下的各代列祖列宗的神主牌，均安放在深处太师壁前的神橱中。作为祖宗的栖息之所，神橱做工十分华丽讲究。神橱前是一长条香案，再前面是八仙桌。香案上摆着香炉、祭台、像匣等。太师壁背后的空间窄小，专供存放家谱、图影、各种祭祀用品、器具、銮架等。纵观两宋刘家，可谓父朝子纲，以致后来孝宗皇帝御书了“精忠望族”“理学名家”。朱熹撰书了“两汉帝王胄，三刘文献家”“八闽上郡先贤地，千古忠良宰相家”金匾，以褒杨刘家文治武功的兴盛，以及对国家的贡献（姜立煌，2005）。这既显示了祖先成功的荣耀，也是对后代的鼓舞和鞭策。家祠里的楹联和梁枋上的匾额鲜明地宣扬着传统的人文价值取向，寄托着对子孙的厚望。

每逢举行祭祖活动，下厅、厢廊连着天井，与上厅浑然一体，一、二进之间形成一个平面呈十字形的开放空间，族人聚集在这个大空间内，神橱居于祀厅深处，创造出一种庄重神圣的气氛。人多时，下厅及大门外的街道也可使用。

御笔亲书“精忠望族，理学名家”，以示荣耀

三进则是作厨房用，设有较大的灶，用于家族聚会时膳食烹饪、存放祭品。如此不仅方便烹饪，更有利于融合团结家族的成员。时至今日，刘家子孙每年清明祭祀和举办各种活动，如婚丧嫁娶、寿庆添丁等均放在此操办，即使几十桌也显得很宽敞。

1694年，邹氏带着他的儿子们入闽，来到下梅村择居创业。邹氏家族与晋商合作，因经营茶叶而致富，经历了几代人的艰苦创业，才发展为闽北有名的商贾，每年获利百余万两银子。取得成功后，在村中建造豪宅及宗祠70余座，修当溪建码头，立家祠设文昌阁，大兴土木，传教化，重教育。邹氏是村中大户，邹氏家祠是下梅村标志性古建筑，也是村内唯一的一座祠堂。邹氏家祠至今仍完好如初，这个雄踞于村落中心的标志性建筑，是武夷山境内保存最完善的一座祠堂建筑。

祠堂门楼气势宏阔，砖雕图案丰富多彩，与周边的简朴民居形成强烈的对比。祠门为幔亭式砖雕门楼，九山跌落，呈阶梯式布局的砖雕图案，有“马上封

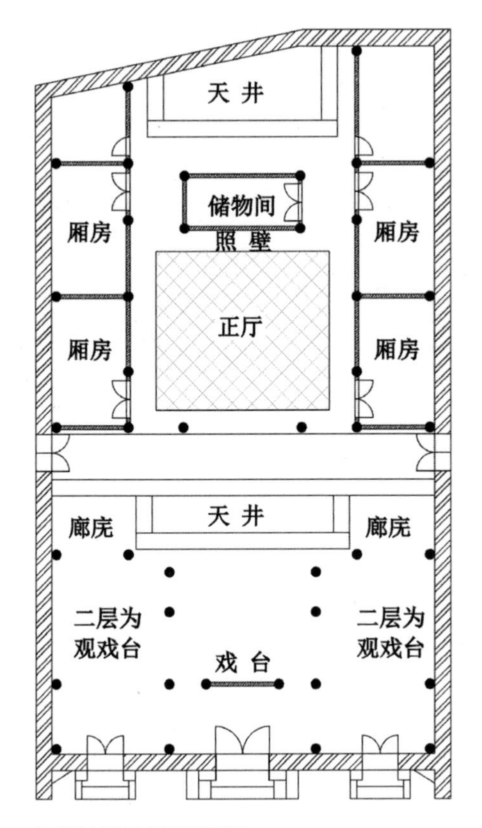

下梅村邹氏家祠平面图

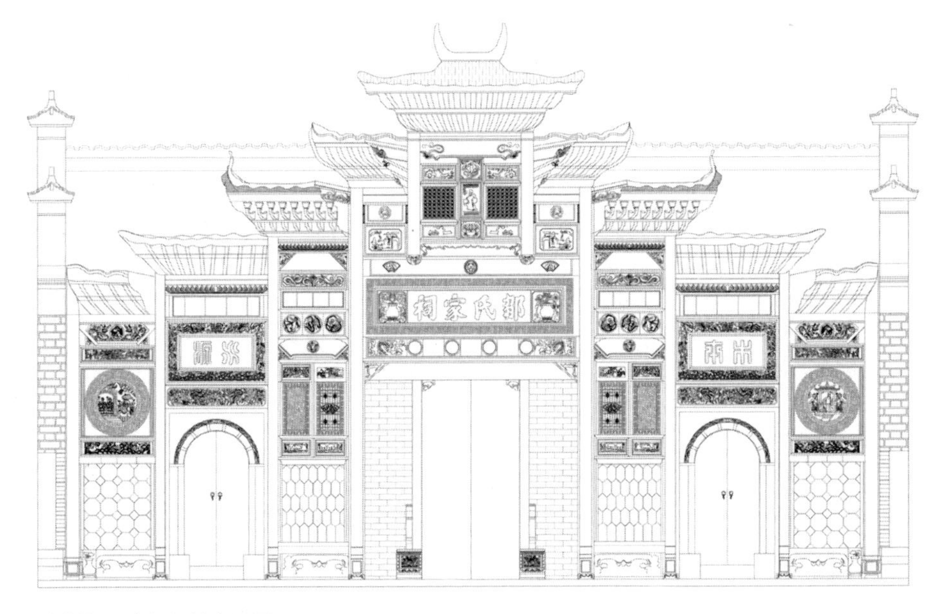

下梅村邹氏家祠门楼立面图

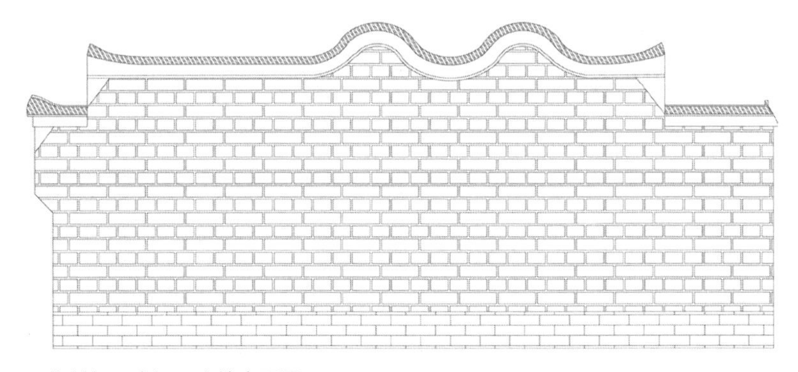

下梅村邹氏家祠风火墙立面图

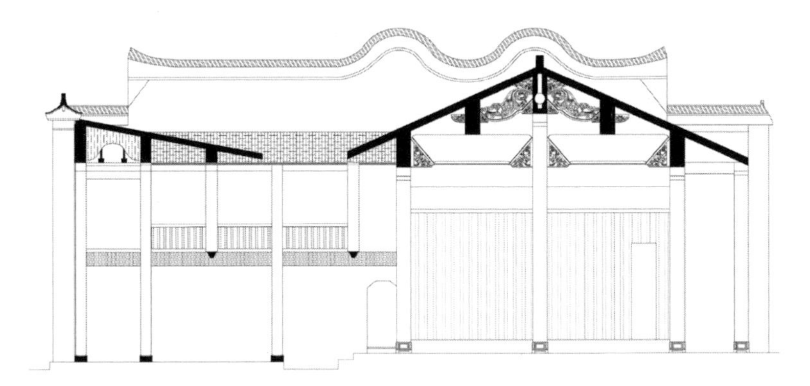

下梅村邹氏家祠剖面图

下梅村邹氏家祠

门楼砖雕以各种吉祥图案为主

精美的砖雕图案

邹氏家祠的“门当”抱鼓石

邹氏家祠“门当”抱鼓石正、侧立面图

前廊木柱栱架造型别致，可悬宫灯

4 个 90° 角的扇形柱子拼起来的一个大圆柱

侯”“四季平安”“凤舞牡丹”“独占鳌头”“十鹿图与八骏图”等题材，门楼上雕刻着“渔樵耕读”“四季平安”“琴棋书画”等传统图案，雕工精湛，各具特色。

门两侧有两幅横批是砖雕篆刻书法，刻着“木本”“水源”。意思是说一个家族的繁荣昌盛，如树木一样，有赖于深深遍布在乡土中的根；又如江河之水，有赖于源头的涓涓细流。揭示了邹氏追思祖先、不能忘本的理念。门楼左右两侧圆形砖雕图，分别刻着“文丞”“武尉”，这是希望子孙后代能文能武、人才辈出。家祠的门础上，立着一对抱鼓石，构成了“门当”，门楣的上方原来是四只半尺左右长的雕花石柱，叫“户对”，门当、户对是建筑构件，意在祈求人气旺盛，香火永续，起着镇宅求安的作用，表现了主人祈求平安的心愿。

邹氏家祠建筑，其高大的风火墙与当地山墙的做法不同，为双波造型，线条优美流畅，极富美感。宛若蓄势待发的蛟龙，雄踞于当溪北岸。邹氏家祠为中国传统合院式的徽派建筑，但又受广东、浙江、江西周围建筑风格的影响，门前设有拴马石、抱鼓石。祠内供有族规、家祠史略的碑刻。主要建筑在中轴线上，前为大门，门厅的前廊木柱栱架造型别致，木雕精巧，可悬宫灯、华灯。正厅是敞开式的，两侧为厢房，加上左右的廊庑，楼上设观戏台。现在下梅村逢年过节的时候，会请戏班在邹氏家祠中唱戏，想象那时老老少少聚在这个古老的厅堂中看戏，一定别有一番风味。照壁为四扇合一的木雕屏门。组成前后两进两天井的建筑组群，正厅为举办祭祖仪式的场所，神龛上供奉祖先牌位。

下梅村邹氏家祠的装修与装饰也很有特色，除了表现在门楼上以外，也表现在祠堂的梁架结构、门窗、隔扇等部位。有体现圆融思想的“龙凤呈祥”图，月梁雕有盘龙、凤凰，雀替木雕的图案内容十分丰富，有卷草、牡丹和花鸟的组合图案；格扇窗、双门窗中的窗棂木雕，镶锲着许多卡子画，这些卡子画大都是工艺精湛的木雕，小巧玲珑，如用龙与凤组合成的“福禄寿喜”等字，邹氏家祠的木雕主要集中在正厅的梁枋间、雀替、斗栱、斜撑、屏门、窗户、神龛以及神主牌位等部位，手法以镂雕为主，有少数圆雕与浮雕，雕工精细，图案立体生动。祠堂的中庭四周一圈檐柱都由上等

石雕主要用于础石

门楣的上方的“户对”

的杉木建造，庭中央两根金柱，中庭的横梁上有突起的回纹和植物花卉的浅雕作底。邹氏家祠正厅的两根金柱很独特，是由四片90度角的扇形柱子拼起来的，中间由十字形木榫连接成一个大圆柱。原来邹元老从江西南丰来闽卜居下梅村时，共有四个儿子，父亲为了训导四兄弟日后不要因家产闹纠纷，于是就设计了这么一种门厅金柱，为了让四个儿子及后人永远记住一个理念——四兄弟只有团结一心，才能共同撑起一片家业。除此之外，邹氏家祠门前的抱鼓石下方石雕主体图案雕刻“本固枝荣”，图案下方为层层叠叠的水纹，其上为茂密的荷叶、盛开的莲花、饱满的莲蓬呈现一派欣欣向荣的景象。石雕下方是以蝙蝠为主体的装饰纹案，石雕上方饰以仰莲纹，侧面石雕以连绵回环的“卍”字纹为主，突出了抱鼓石的吉祥气氛。“本固枝荣”原出自《左传·文公七年》：“公族，公室之枝叶也，若去之则本根无所庇荫矣。”旨在劝诫后人任何事物只有基础好，才能枝叶繁茂，才能发展久远。四片扇形组成的抱柱、“本固枝荣”的谆谆教导、“木本”“水源”的砖雕匾额，邹氏先人对子孙后代的教诲由此可见一斑。

厅堂上方神坛上供着祖先灵位和邹氏艰苦创业时的扁担麻绳。每至清明祭祖时，都要供奉扁担麻绳，用作祭物，借此激励后人要知道创业的艰辛，不忘祖先功德。

邹氏家祠每年举行春秋两祭（春祀秋报）活动，活动期间除祭祖饮胙外，还请戏班在家祠内唱大戏。一切费用开支，皆由祖宗公产照田的年田租提供。管理照田事务按房轮值。这种现象并不奇怪，因为任何一个较大的氏族，总会有中科举的仕子、做买卖的商人、本乡本土的地主以及广大劳动的族人，所以要在共同的祠堂中表现一个宗族的理想、追求、志趣，必然是多方面而不是单一的。邹氏照田很多，不仅下梅有，还在曹墩等地购置田产，并设庄收取田租，用于家族公共开支。

二、闽北古村落的宗族祠堂

闽北邵武市和平古镇保存下来的宗族祠堂、家庙有岐山公祠、赵氏宗祠、廖氏宗祠、丁氏家庙等。位于北门的岐山公祠，又称“半山园”，建于清光绪年间，为朝议大夫、州司马廖德昌（名维周，号岐山）的享祠，是其孙传珍、传琼为纪念其父而建。该祠原占地面积约2000m²，是请当时天津著名建筑设计师采集大量优秀的园林建筑样式再结合邵武地方建筑风格而设计建造的，而且从天津购来大量名贵花木种植，成为一处幽雅别致的园林式建筑，所以又

岐山公祠，又称“半山园”

“三雕”艺术自然地在建筑中结合

称“半山园”。现存单体建筑，单进、五开间，约300㎡，门楼前建石桥、泮池。祠内一株百年巨型茶花树，一到阳春三月，枝头便红花烂漫，幽香飘逸，沁人心脾。“三雕”艺术随处可见，不仅做工精美，而且图案结构都富有儒家伦理的含义。“三雕”装饰作为建筑的重要组成部分，与建筑有机地结合在一起，使民居建筑于质朴肃穆中透着精致秀美。

三、闽北以宗祠为中心布局的村镇

闽北的曹墩村、元坑镇、将口镇、观前村、和平镇等是历史悠久、民风古朴的村镇，这些村镇共同构成了闽北独具特色的民俗文化景观，这些村镇都保留了保护完好的明、清民居建筑，造型乡土气息浓郁，外观古朴，门面多饰砖雕、吊楼，青瓦屋顶起架平缓，墙体采用立砖斗砌，木柱板壁，体现了闽北明、清时的建筑风格。这些村镇都以宗祠为中心布局，街道两旁各种民间传统店铺琳琅满目，有古印刷作坊、字画印染、花灯、雕刻、农家酒坊、打铁店、刻石店、裁缝店、补鞋店、竹篾店、弹棉店，还有风味小吃店、米粿店、烤饼店、米粉店、豆腐店以及中药铺等，应有尽有。各种传统加工作坊沿街林立，能工巧匠各显其能，组成闽北一条传统、独特、古朴、繁华、开放、文明的民俗文化线路。

曹墩村位于武夷山风景名胜区九曲溪上游，距度假区15km，离武夷山国家自然保护区35km，全村396户，1610人，面积0.6km²。曹墩历史悠久，史前已有先民居住，盛唐时曹墩有施、曹、安、夏四大家族（现村口外仍称夏家州）。至宋代市场繁荣，曾有“平川府”之称（中华人民共和国成立初成立初级社时仍称平川社），因南宋朱熹作《九曲棹歌》末句“九曲将穷眼豁然，桑麻雨露见平川”而得名。曹墩地灵人杰，历史上曾出过状元1人、举人几十人。宋末理学家杜本曾在曹墩隐居多年，构筑“聘君宅”“思学斋”“怀友轩”会友著书立说，创作了大量赞美武夷山的诗篇，节学高渊，名传一时。

当年朱熹游完九曲（当时游船由纤夫拉着从一曲逆流而上直达曹墩），忽见农田百顷，一马平川，百里繁华，两眼豁然开朗，惊叹不已，故得此佳句流传至今。清代曹墩隶属福建省建宁府崇安县周村里南乡，全村下设五个社（相当于现在的村民小组）——上社、中社、后社、石山社、新社。中华人民共和国成立后，曹墩隶属建阳地区崇安县星村乡。由于曹墩土地肥沃，浙江、四川、闽南各地的移民蜂拥而入，曹墩日益繁华。如今曹墩姓氏繁多，据现有人口统计，1610人中有92姓，其中以董、彭、吴、刘、黄居多。

曹墩的语言也极复杂，本地话、浙江话、江西话、闽南话同时使用，但最

曹墩的街区布局比较合理，具有闽北民居的典型特色

彭家的祖屋

福建省姓氏源流研究会彭氏委员会曹墩工作站

通用的还是普通话，曹墩人无论年龄大小都讲得一口流利的普通话，彼此之间和与外界都能很好地沟通。

曹墩的街区布局比较合理，具有闽北民居的典型特色，大致可分成两大部分，即传统民居和吊脚楼。民国14年（1925年），土匪朱金标带领匪徒到曹墩抢劫，放火将曹墩上街、中街烧成一片瓦砾，所以现在上街、中街很难找到传统民居了。中华人民共和国成立后，村民因陋就简，利用废墟盖起了清一色的全木结构吊脚楼。逢年过节，家家户户把门板、柱子、壁板擦洗得干干净净、一尘不染。这种房子干燥，不会返潮，居住舒适。传统民居大多建于清代，这些房屋都有江南流行的风火墙，既美观气派又防火防盗，有门楼、照壁、前厅、厢房、后厅、书楼、闺阁及后花园。厅大室小，冬暖夏凉，每进以天井采光，屋内雕梁画栋，古色古香。

那时，有钱人最大的事就是买地建房，远近很多人都把田地（契）送到这里。曹墩人长年在外跑生意，大家都盖屋，都求精美，一时兴起攀比风，村中因此有了许多装修考究的大房子。门楣与门槛石墩雕刻如意牙、富贵花。曹墩人兴建大房，因善经商营利，曹墩村中店铺也不少，百余户人口的小村，店铺多时有十三四间，经营杂货、药材等。街上有古老的打铁店，弹棉花铺，中药铺，茶庄及根雕、竹艺店等，村中货店都有店号招牌。由那些摆放的货柜、桶、缸，依稀可以看出当日的辉煌。人们置身其间感到安详宁谧，流连忘返。

彭家的祖屋，是一栋典型的传统对称式建筑。大门中央是一对沉沉的铁门环。正门进去是仪门，门上雕花刻字，门里是一条大甬路连接堂屋，用于直接进出大门。站在仪门边，迎面先见过廊处悬一匾，书“文魁”二字，再往里是正堂，从上而下悬三块匾，最上一块已日久蒙尘，它与过廊上、正门上的匾一样都是朋友所赠。匾下是雕花大案，案两头上翘成船形，案下一张八仙桌。厅堂左右设小茶几，配竹椅。厅堂下来，是左右厢房，窗格精刻细琢，上边刻“爱吾庐”“惠吉迪”等字样，中间是花瓶、盆景状镂空雕花，底部雕如意牙等。站在厅堂向外看，下可直见仪门、正门，抬眼是仪门、厢房上的回廊，栏杆扶手细腻、光洁，廊下有垂花，廊柱底部雕刻成灯笼状、莲花状。倘若站远点透过采光天井向上望去，还隐约可见大门墙里侧墙头也有镂刻雕花装饰，主人说是为避免墙面单调。走进厅堂转过穿堂里边是厨房之类。

老屋雕刻最精美的大概算是董家的祖屋，这间老屋是光绪年间董老人的太爷留下的。老屋装饰多取材典故，刻画的人物，神态表情栩栩如生。房子各有特色，有的房子安双重门，外门上半部留两圆洞，边上雕蝙蝠等吉祥图案，内门是实木大门，与现代的防盗门有异曲同工之妙。每座老屋青石门柱上雕刻的小香炉形态各异，有取书卷形的，有取葫芦形的。最特别的是一座已无人居住的老屋门边的小香炉：一人双手举物过顶，一脚跪曲，身下隐约有个动物头形，整体充满动感，似乎在讲述一个故事，又似乎是一种崇拜。村里还有人保存着祖上留下的锦制寿帐，长宽各4米余，只在寿庆和娶媳妇时才张挂起来。

曹墩村另一个布局特点就是“绿水穿村流淌”，因曹墩地势平坦，村民将河水引入村庄。现在曹墩前街后街都有清澈的河水从街旁水渠潺潺流过，这不但方便了村民的生活，而且可以排污防病、及时防火。种植兰花是现代曹墩人的爱好，家家户户阳台上、庭院里，小则几十盆，多则上百盆，其中品种名贵的，据说一盆可售几千元。

清代学者董天工为曹墩董氏第十二世祖，乾隆间拔贡，曾任福建宁德、河北新化县司铎，山东观城知县。董在任期间清廉勤政，业绩可嘉，因在河北任职期间治蝗有功，升任安徽池州知府，晚年致仕。他性爱山水，情钟武夷山，回乡省亲期间，遍览武夷名胜，收集旧志诗文，亲加考订，编纂《武夷山志》八册二十四卷，流传至今。乾隆三十一年（1766年），董天工跨海东渡，任台湾省彰化县教谕，亲自撰文执教台湾百姓，创办学校，广收学生，普及文化教育，编辑出版了《台湾见闻录》四卷。彰化县一些地方现在还有“董天工祠”，纪念这位为普及台湾教育事业而呕心沥血的曹墩人。董天工68岁时病卒武夷山，葬幔亭峰下，其坟茔列为市级文物保护单位。

曹墩彭氏系武夷山开山鼻祖彭祖的后裔。彭氏牌坊位于村头，四方柱，双重檐。宽约5.4m，高约7m，为清乾隆三十八年（1773年）进士布政司理彭嘉谦奉旨为表彰其祖母玉执冰持40秋的高尚情操而建的节孝牌坊。横首有“圣旨”两个大字，横批为“金石盟心”，旁联为“孝节兼全应凤诏，丝纶渥沛焕龙章”。碑面石雕精美，寓意吉祥。其中“赴京赶考图”虽在“文革”中被砸得支离破碎，面目全非，但那手执扇子的书生、肩挑书担的书童仍依稀可辨。亭台楼阁、小桥流水，骑马的、撑船的、推车的，形形色色的景象竟可与宋《清明上河图》相媲美。门边的一组石雕则暗寓一个个美好祝福。民间相传，“若孝、贞节稍有瑕庛则此碑不立”。该碑已矗立两百余年，曹墩民风之淳朴可见一斑。

曹墩的“拔贡之家”，为光绪十一年（1885年）第一名拔贡元黄钟彝之旧居。舍屋原有四进，因年久失修已倒塌两进，大门楼刻着寓意吉祥的砖雕，石大门槛，高50余厘米，是主人公地位较高的象征。大门进去是照壁，谓之中门，中门平时是封闭的，只有达官贵人来到才打开中门迎接。中门上方悬挂“拔贡”两个苍劲有力大字的牌匾。中门左右各有一小厢房，是仆人、马夫、轿夫歇脚的地方。主人住在后进。四进房屋每进一进加高一个台阶，意即“步步高升”。房屋四周是风火墙，即使隔壁失火也不易殃及。房檐出水一律流入屋内天井，寓“风水不外流”之意。天井里摆设高大的石花架，上面盆栽兰花，花架下放着大水缸，既可养鱼又可防火。门窗、斗栱精雕细刻，下水道“拐弯抹角”，有“一不过房，二不绕梁”之说，给人以曲径通幽之感。当年黄钟彝就是在此古宅中寒窗苦读考中拔贡的。黄家当年被授的“拔贡”“文魁”等牌匾犹在，更有幸的是黄家至今保存着祖父当年考“拔贡”的试卷及考官的批文等。

闽北传统民居是历史的积累，据数十种宗谱记载，由北方迁来的姓氏始于

彭氏牌坊

光绪十一年（1885 年）第一名拔贡元黄钟彝之旧居

汉、唐，历代迁入者以宗族聚居形成自然村落。他们开始以“耕读为本”，古宅中至今仍有“耕读人家”“勤耕安读”之类的门额，发达起来的宗族营建了祠堂、敞厅、书屋和庙宇，以便族人开展各种活动。当时有不少人经科举进入仕途，做到都御史、尚书、侍郎、布政和巡抚等高官，道府州县的各种官吏则为数更多；亦不乏外出经商者，北达京、津，南下闽、粤乃至台湾。在闽江中下游各地都有闽北人开店设肆，经营当铺、食盐、粮食和竹木等行业。不少外出为官和经商致富的人回来营建居宅，其中有一、二品的“总宪第”“大夫第”等职官品第。富商及当地较富裕的平民，也都仿照职官品第建成规模很大的堂屋，形成大体相似的建筑风格。经统计分类，主要有祠堂、敞厅、府第、堂屋、园轩、楼阁、书屋和庙宇等十多种类型。

闽北传统民居的又一大特征是品位高雅、各具特色。闽北民居吸收了外地的多种文化，主要受徽派建筑，次之受北方殿宇和苏浙园林的影响，经过长期融合形成了自己的风格。既传承徽派又不完全等同于徽派，屋宇高大宽敞，占地面积很大。门墙及前厅壁上用特别的水磨花砖饰面，黑白相间的自然纹理拼成山水、云树和鸟兽等图案，素雅别致。精打细磨的白石门坊上首，嵌砌矩形石额，内刻“大夫第”等斗方大字，下部还有对称的青石墙裙。祠堂、府第和庙宇门前，还有石柱、石狮和旗杆石等构件，给人以庄严肃穆之感。许多古宅是几座大屋前后相连或左右并列，前有庭院，后有花园，正屋两侧还有边屋或抱屋，组成很大的建筑群体。有的一处院宅就是一座小村庄。古宅的进深和开间都很大，三至五楹的大厅能容纳数十以至数百人举行庆典活动。厅堂两边有2至6间正房以及与之相对的厢房。主人生活起居是在底层，上层阁楼用来堆放杂物和起隔热、保暖作用。有的走马楼上装置栏杆或“美人靠”，供人读书或为女眷居住。屋内有“一”字形或四水到堂天井，墙上开镂空花窗，采光通风良好。屋底台基较高，开暗沟与屋外明沟相接，排水通畅。

古宅的门坊、石额、墙裙、柱础上，梁柱间的斜撑、斗栱、额坊以及屏风，房门上的栏板、窗棂和门楣上，都有精美的雕饰——栩栩如生的人物、鸟兽，雅致的山水、花卉和勾莲纹；尤其是各种书体的文字，或遒劲洒脱，或妍秀多姿，富有文人士大夫的书卷气息。

元坑镇，是顺昌县的省级历史文化名镇，辖有谟武、槎溪、洋坊、宝庄等13个行政村。金溪贯穿元坑境内，明、清时期是入闽的重要水运通道之一，繁忙的水上运输使元坑成为当时的商贸中心，出现了福丰村的“朱百万”、蛟溪村的“陈百万”、槎溪村的“张广拥”以及秀水村的“吴百万”和“张百万”等大批富贾，他们大兴土木，留下了大批豪宅，他们的后人为纪念先祖把它们改成祠堂。仅现存的祠堂就有吴氏、蔡氏、朱氏、张氏、邓氏、陈氏、叶氏等祠堂，当年元坑境内的萧氏祠堂占地面积最大，约5000m^2，在民国初期改建为镇、区办公所，迄今仅遗留祠堂大门。如今保存较完好的大祠堂有九村的蔡氏祠堂、朱氏祠堂和秀水村的吴氏祠堂，这些祠堂大都建于清嘉庆年间（1796—1820年），距今已有200多年历史。

吴氏宗祠在元坑镇秀水村。据《吴氏族谱》记载，始建于清嘉庆元年（1796年）。该祠堂为土木结构，内建筑分戏楼、两边回廊，中间天井，后堂三部分，戏台已拆除。回廊宽1.74m，天井进深7.15m。后堂建筑面积为10.4m×9.6m，高约6.4m。建筑底部均铺砌青砖，梁、柱等物件均为杉木。部分构件雕刻精美典雅的动植物、文房四宝、书籍和人物图案。中厅四大柱每根直径40cm。后堂现今仍供奉吴姓先贤延陵王季札、三让王泰伯、唐司马佩公三幅祖先画像。

这些祠堂主体建筑多置殿后，为几组并列的四进院落，门楼梁架雕饰精美，穿斗月梁造型多样，椽板上铺设望砖，布局风格简洁明朗。祠堂门楼多以砖雕为主，体现了当时名门宅第的风范，这种砖雕技艺与当时浙、皖一带的徽州民宅基本相似，民间早已失传。

秀水村的吴氏祠堂

保存较好的蔡氏宗祠，位于元坑镇九村。据《蔡氏族谱》记载，该祠建于清嘉庆年间，是座精美的古建筑，为砖木结构，内分戏楼、回廊（包括天井，面积12m×12m）、后堂（面积12m×14m）三个主要组成部分。

祠堂大门建筑宏伟，墙上有各种砖雕人物、书画、动植物，形象逼真，具

1984 年，吴姓集资修缮，设文化室，作为秀水村民的娱乐场所

以宗祠为中心布局

有较高的工艺水平。进入祠堂，看得见的构件几乎都施以雕刻或者彩绘，其图案组合大量采用谐音、暗喻、象征等手法，匠心独具地表现宅主求平安发财、福禄功名的美好愿望。戏楼位于前厅，“文革”初期，戏楼两边回廊建筑被当作“四旧”拆毁。

岁月给元坑留下满目的沧桑

后堂为蔡氏族人祭祀祖先的地方，保存较为完好，主体建筑高约7m，中堂单檐两边各有上下层两间厢房，地面为错缝铺砌的正方形青砖。建筑初期，元坑区公所设此一年。

在闽北山区，如果以建立祠堂和修撰族谱作为一个宗族建立的标志，平均要有两百年时间。在移民的一世祖手中建立祠堂，几乎是不可能之事。吴氏一世祖迁来时，就建了祠堂和大屋，生活条件相当好，人口迅速繁衍，使他们有力量在很短的时间重建宗族，并建设宗祠。但本书认为蔡氏宗祠不大可能建于一世祖手中，即不可能是在康熙、雍正甚至乾隆年间建立的。宗祠里本来供奉有历代祖先的牌位，经过“文化大革命”的破坏，仅存五世和七世的谱系。蔡氏宗祠较为简单，没有戏台，入口只有一个大门，没有侧门。吴氏宗祠的结构与构件要相对复杂，但经过与其他祠堂或民居的比较，很难发现其中有其他地区建筑因素的影响。

根据元坑镇九村的资料，有许多蔡氏族人娶陈氏为妻。陈氏为当地土著，陈氏与蔡氏普遍通婚，标志着土著与移民的完全融合。历史的风尘已慢慢散尽，岁月给元坑镇九村留下满目的沧桑。从民居的角度看元坑镇北部，古村落里破败的房子很多，倒塌的墙头随处可见，南北差异甚大，没有发现来自中原移民独特的建筑风貌或样式。

目前，对于元坑镇的民居建筑，由于缺少建筑平面及具体构件的详细说明，进一步的比较有待来日。这一点，或许是理解移民族群的建筑与土著族群的建筑无甚差异的关键。守候在这里的人们，依然过着与祖辈们相同的农耕生活，日出而作，日落而息，他们或忙于收割稻子，或在自家门前晾晒竹笋，凝固成一幅浓郁的山村生活画。

将口镇，位于建阳市北麓，出建阳市区往北沿南武路行约17km，便到了将口这座具有千年历史的古老村镇。将口坐落在崇阳溪畔，村镇沿河而筑，建筑高低有致，村子背山面水，环境清幽，境内有省级文物保护单位——唐窑遗址，还有多处商、周、汉代文物遗址，文物考古资料表明，至迟两三千年前的青铜器时代，这里就有人类居住和生活。分布在镇西侧的牛山、龟山遗址遗物分布面积都达数万平方米，采集到大量的石器、陶器标本，其中包括斧、凿、锛、镞及升、罐、豆、鬲等。汉初，闽北为闽越王辖地，将口境内发现的平山、邵口布遗址内涵丰富，且具有典型的闽越文化特色，两处遗址与武夷山城村汉城遗址相距仅十余公里，文化特征一致。进入唐代，由于受中原先进文化的影响，闽北经济逐步繁荣，至宋而鼎盛。分布在将口镇北约1000m的将口唐窑遗址面积数千平方米，制瓷历史长达半个多世纪，其生产的青瓷釉色莹润，颇有“千峰翠色”之感，代表了闽北唐代制瓷业的水平。

建阳市将口镇水陆交通便利，自古为闽北重镇，商贾云集，屋宇毗邻。现存古建筑大多为清代所建，多属南方类型的院落式建筑，便于聚族而居。从宅院建筑的“祠堂”上就能看到这点，将口

将口境内发现的平山、邵口布遗址

民居的“祠堂”大都位于合院建筑中轴线的重要位置，厅堂前是一天井，上对苍天，组成了完整的天地象征。将口镇传统民居门楼多有精美砖雕图案。民居房屋内多有精致的花窗、隔扇等，并配以人物、花草、动物木雕图案。柱础以石质为主，以莲花瓣纹居多。

“祠堂”是叩拜天地、祖宗的地点

将口镇传统民居建筑装饰中的风格表现得较为鲜明，其民居建筑中的粉墙黛瓦、门的尺寸、三维空间设计、油漆的颜色等都隐含道家的阴阳五行哲学，蕴含着悠久的历史与灿烂的文化。保存较好且较具特色的建筑有清同治二年（1863年）重修的张横渠（张载，宋代著名学者）家祠，至今仍矗立在将口古街，保存完好，砖雕精美，人物造型栩栩如生，令人叹为观止。将口这座千年古镇的历史风貌正在逐步为人们所重新认识。

张横渠家祠精美的砖雕

坐落于浦城县水北街镇观前村内的谢氏宗祠，是谢氏历代先祖纪念堂。始建于明朝永乐初年（1403年），祠占地2400m^2，砖木结构。进门为埕，宽9m，距厅堂2.5m；过埕上二阶即抵正厅堂。厅堂约9m×9m，四柱撑顶，顶高约6m。左右两壁悬挂历代谢氏先贤中第之匾，其中谢旗鳌的“进士”匾是清代遗物，木质，高0.63m，宽1.64m，中自右至左镌“进士”二字，右小字竖书“大清光绪乙未科会试中式第五十四名殿试某甲第十名”字样。过正厅至后厅，上方横书“麟公纪念堂”，下是自谢安开始的历代祖宗牌位。右厢是陈列馆，最为醒目。观前谢氏宗祠牌坊在张氏宗祠之右，实是旧祠堂之大门门楼，高约5m。坊可分三段：顶为遮雨瓦檐；中段正中嵌一块石碑，竖立，阴镌“陈留郡”三字，体为行楷，雄浑有力；其下横嵌一石碑，阴镌“谢氏宗祠”，是点睛之笔，四字楷书，体兼颜柳，端庄凝重，显出宗祠这一特殊地方的肃穆庄严。两碑的双边都有瓦质浮雕，镌工精美。坊下段正中为通行大门，两扇木门虽已拆除，但承转大门榫轴，也负荷整个碑坊的两侧柱石，仍岿然不动地担负着它的重任。柱石正面所刻骏马骑士栩栩如生，跃然欲出，让人感叹古代无名工匠的精湛技艺和认真精神。如此雄伟华美的宗祠牌坊，远近并不多见。

端拱二年（989年），源五公从福州洪塘村半州街迁至浦城为官，落地观前生根。周氏家族在浦城县至今繁衍五十六世。人口近两万人，形成枝繁叶茂的庞大族系。二十八世开始分支到建阳、建瓯、武夷山等及海内外。矗立观前村中的“八”字门楼周氏祠堂，就是周氏二十八世祖伯瑞公所建。浦城周氏观前祠堂，从建祠开始以来到“文革”，祠堂宗亲祭祀活动从无间断。“文革”期间，因历史原因而终止。改革开放后，“寻根问祖”在海内外华人中兴起。浦城周氏宗亲上下也行动起来，于1994年成立了理事会，每年的清明节宗亲聚会祭祀活动如期举办。

邵武市和平镇，素有长兴南大门之称，东连湖州，西接安吉，北临西苕溪，南倚天目山脉，中贯省道鹿唐线，水陆交通十分便利。和平古镇建置始于唐代，保存着近300幢明清时期的古建筑，是福建省历史最悠久的古镇之一。史上入闽三道之一的愁思岭隘道就在和平镇境内，是中原文化进入福建的纽带、桥梁。至今，古镇内还保存着闽北历史上创办最早的和平书院，明末抗清军事家袁崇焕题额的聚奎塔，李、黄、廖三姓氏的五座“大夫第”，以及岐山公祠、黄峭公祠、丁氏公祠、司马第、天后宫等近200幢典型明清古民居建筑群。

黄峭公祠

黄峭公祠（宗祠）为四进院落式布局

第三节

宫观寺庙反映『宗教文化』的建筑样式

一、闽北民间的宗教文化

妈祖文化是我国东南沿海、港澳台地区以及东南亚各国最普遍的民间信仰之一，有广泛而深远的影响。海上保护神——妈祖（林默）能看病，救护落难海员，后来死于救助海难，被认作女神。从宋代到清代，妈祖显灵救船的记录很多，于是她开始被供奉。闽北人的宗教信仰表现出多元化的特点，儒、释、道共存，民间信仰更是盛行。供奉神祇的庙观在乡土社会的文化心理中能保境安民、福荫土地。民间信仰有地方性，离开这个地方，就不再有存在的意义了。闽北是福建内陆最早传播妈祖信仰的地区之一。有资料记载，元大德五年（1301年），闽江源头的延平安丰就建起了一座妈祖庙，而且建筑宏大。明清时期，除县城建有规模较大见诸记载的妈祖宫庙外，不见史籍记载的乡村妈祖庙宇还有很多。武夷山市兴田镇城村的妈祖庙，据说始建于宋代，清康熙之后是城村的九大庙宇之一。后毁于战乱，1997年由华侨何宜健捐资重建。按原样重修的妈祖庙屋顶为双重飞檐，中间矗立着一座保存完好的原来的黑色古塔，两旁廊庑雕刻精致，重新刷红镀金，显得金碧辉煌。每年来武夷山的游客络绎不

城村位于村北渡口的妈祖庙

绝，他们来到城村后，都要到妈祖庙朝拜进香，香火一派兴旺，妈祖神像也为此被称为“闽北妈祖”。

关于城村妈祖庙建立的原因，据村民介绍主要是为了保佑船只航行安全。从当时商业繁盛，航运发达来看，与林氏家族迁移此处，亦不无关系。妈祖作为海神，其庙观主要分布于沿海地区，内陆分布较少，闽北地区也是十分罕见。庙宇道观在民居聚落的空间布局中往往是重要的节点，或位于村头、村尾，或位于聚落的四界，或成为各个组团的中心。

城村的妈祖庙位于城村村北渡口，是城村最大的一个古码头，古称“淮溪首济”（古代崇阳溪流经建阳的河段称淮溪）。由于崇阳溪迂曲于此，形成“金城环抱”之势，自然是古代水路交通要冲，商业的繁盛，也成为必然。妈祖庙在城村占有如此重要的地位，可见村民百姓对妈祖的信仰和保平安的意识有密切联系。妈祖庙的妈祖，姓林名默，原名林默，人称林默娘，福建莆田湄洲人。生于宋建隆元年（960年）。相传她生前曾多次于海上救人。宋雍熙四年（987年）九月初九，年仅28岁的林默在莆田湄洲岛“羽化升天”，相传，死后亦常“显圣”，救助海船、舟人于危险之中，百姓即建“妈祖庙”奉祀。1127年被封为“崇福夫人”，此后元明清各朝对妈祖均有册封，有“灵惠夫人”“灵慧昭应夫人”等。民间多以“妈祖”“天妃”“天后”直至“天上圣母”称之。

古代东南经济好，但是向西北运输的时候很难，因为逆流而上，交流、运输不便导致了地方的分割。交通不便的地方都有敬山神拜河神的习惯，闽北一带山川密布，河流众多，水路比陆路交通发展要早得多。崇阳溪航运在唐代已经初步开发。宋代，崇阳溪（淮溪）上的船运日渐增多。除运销食盐，以食盐换取茶叶、大米和山货外，又将闽北生产的竹木扎成排，经崇阳溪、建溪漂流至闽江下游的福州销售。崇阳溪沿岸盛产竹木，城村很早就有专门从事航运的船工和排工，城村最多时曾有排工60多人。水运河道险阻多，尤其是闽北境内有穿针滩等险滩9处。其中，穿针滩“河道狭窄，仅能容一船而下”，水流急而快，驶船俨若穿针，稍有偏差就船毁人亡。人们赞颂机智勇敢、操作熟练的船工们，称其为“纸船铁艄公”（罗德胤，2009）。

清代，仅崇阳溪上的木船就发展到了三十来艘，闽北与福州之间舟楫往来，人员流动日益频繁，内河航运的险阻困苦使得闽北、沿海各地有了共同的妈祖信仰，为保护排工的安全，城村很早就在村内主街十字路口建起一座供奉妈祖的天后宫，又称妈祖庙。天后宫位于城村古渡口崇阳溪的西岸，坐西朝东，正对万安桥。早期的天后宫规模很小，只是一座小亭。后来扩建成三间，有前廊，全部敞开，不设门窗，当心间前檐柱上题联"坤仪配地，后德参天"。次间前檐柱有联为"全仗慈心一片，长依懿德千秋"，横批"神存海晏"。前金柱上题联"工贾士农尽是神州赤子，津梁舟楫咸瞻海岛英灵"。凡走水路做生意的人，对妈祖都产生了观念与感情甚至精神崇拜，出门前都要到天后宫焚香，以求天妃娘娘保佑。

后来在其左次间内供奉起送子娘娘，神橱上有联"求子求女凡心得偿，积德积善天理无亏"。又在右次间供起赵大元帅，即财神爷，神橱上有联"身骑黑虎通天下，手执金鞭过五洋"。天后宫于是成了群神共聚的地方，香火很盛。逢初一、十五，人们都来烧香拜神，出门前更要烧一炷平安香。

天后宫曾经历多次修缮重建。1949年以后，天后宫倒塌。现存的天后宫是20世纪80年代重建的，三开间，屋顶为三山式，中间高两边低，用彩色琉璃装饰，屋脊上是双鱼吻。虽然建筑十分简洁，但比一般小庙要高大气派许多。中华人民共和国成立前，闽北各县仍有近50座主祀或兼祀妈祖的宫庙。规模较大者如延平水南天后宫、建瓯南雅鲁口妈祖庙、建阳黄坑妈祖庙等。

妈祖庙一般建在沿海，所以建在闽北山区武夷山的妈祖庙——天后宫，尽管历史悠久，却鲜为人知。妈祖原来是海上救难和护航女神，为什么在内陆闽北山区会有这样多的信众呢？究其信仰兴盛和嬗变的主要原因有二。其一是闽北崇山峻岭的地理环境。旧时，闽北对外交流的通道主要是闽江水系，闽江3条主要干流闽北占了两条，即建溪和富屯溪。这里的江流曲折迂回于山间和盆谷之中，河谷多呈"V"形。江水的涨退落差大，很容易发生水患。由于古代治水方法落后，修堤筑坝财力又不足，所以人们就祈求神灵，希望得到佑助。妈祖是公认的“海上女神”“水上救星”，自然成为闽北百姓选中的治水救星。其二是闽北的交通条件。过去由于没有公路和铁路，物资运输主要依赖内河航运。闽江及其支流建溪、富屯溪的商船南来北往，水路交通十分繁忙。延平区的延福门码头、建瓯市的西门码头、顺昌县的洋口码头，每夜泊船，少则数十，多则上百。可是闽北河道水流湍急，闽北内河的船工行舟，与海上航运有相似的危险，因此，海上女神妈祖自然渐渐成了闽江航运的保护神，明清以后盛行。据调查，闽北百多个乡镇中，凡靠近闽江干支流的乡镇，几乎都建有妈祖庙。

除了上述原因，还有奉文兴建。清雍正十一年（1733年），“奉文各府县建宫”，就是奉朝廷之命，各地起建天后宫。这就是说，清康熙雍正时期妈祖有了“天后”之称后，各地迅速兴起建庙热，仿佛是一夜之间，闽北就增添了百多座天后宫，每个县、每个码头都有，如浦城县当时就兴建有17座天后宫，分布在城内外。随着时代的发展，不少妈祖庙或改建，或拆毁。现存闽北妈祖庙宇有的成为文物保护单位，有的成为重要的旅游资源。而妈祖信仰形式也发生了嬗变，多数已成为一种与妈祖信仰有一定关系的传统文化活动。其实，这些嬗变正是妈祖文化能与时俱进，得以传承延续保留的原因。

闽北明清时期不少地方处于山高林深、瘴雾弥漫的自然状态。为了解决生存问题和解释一些难以理解的自然现象，人们在开发生产的同时亦不得不求告于神灵的护佑。各地在修建神灵寺庙时，不吝赀财，以至于宫庙林立。闽越土著“信巫事鬼”的传统被中原入迁的汉民继承了下来。庙会祭祀、演戏宴饮杂陈并备。并且由于民间宗教信仰杂乱无序所引起的信风水、祈阴福、信巫不信医等恶习，再加上中原汉民入闽以后的生存竞争以及宋元以后的冒险犯禁活动，人们普遍产生了功利主义“有求必应”的宗教观念。明清以来闽北的民间宗教信仰，大体可以分为自然崇拜、祖先崇拜、道教俗神崇拜、瘟神与王爷崇拜，以及驱邪治病、祈风祝雨、斋醮普渡、迎神赛会等。于是，也就逐渐地形成了闽北极为怪异的民间宗教信仰现象。

闽北绝少有真正的佛寺道观，常见的都是“淫祠”，供奉着多种多样各司其职“有求必应”的神灵。在自然经济的农业社会里，实用主义的巫风与泛灵崇拜盛行，而没有精神性或哲理性的宗教。

二、闽北古村落的宫观寺庙建筑

1. 下梅村

在长期的封建社会中，祭祖与祀神成为百姓精神生活的主要内容，下梅村自然也是如此。如果说村里保存至今的唯一一座祠堂表现了邹氏族人对祭祀祖先的热忱，那么散布在下梅村里、村外的镇国庙、万寿宫、妈祖庙、圣旨庵与土地庙等庙宇，既反映了闽越族及其他原始土著残存下来的鬼神崇拜，又反映了他们对祀拜神仙的热衷。现妈祖庙与圣旨庵已毁，万寿宫局部改建，只有镇国庙保存比较完整，已被市宗教局列为保护单位。镇国庙坐落于下梅北街水口处，平面三进，3个入口对称布局。最早供奉炎、黄二帝，同时供社稷之神，还先后供过苏武、关公等忠烈像，后逐渐演变为供奉儒、释、道的场所，香火旺盛。

下梅镇国庙

2. 城村

在村头、村尾设置的庙宇建筑能够在人的心理上界定聚落内外的空间，往往是聚落最重要的公共空间。如下梅村在村落入口处建镇国庙，城村在入口处建华光庙等。

城村村内的宫庙建筑远较他村多。仅现存的就有村北渡口的妈祖庙，村口的有兴福寺、华光庙、慈云阁，村东南的关帝庙、药王庙、观音堂、镇国庙，村东北的降仙庵，村东面隔河的玉皇阁等。就建筑面积和形制而言，大小各异，繁简不等，尤以慈云阁、华光庙最为壮观。兴福寺、华光庙与慈云阁是连成一体的，位于南门入口广场北端。兴福寺位于华光庙的右侧，是佛教寺院，建筑比较平实。华光庙旁是慈云阁，侧面开门，直接以亭子与横街相通，左前方是祖师殿。砖木结构的慈云阁，三殿两厢布局，以长方石砌基，四墙青砖匡斗砌成；拱式大门，左右各两扇窗以花鸟砖雕拼砌；殿堂大柱杠梁叠拱，涂红染碧。华光庙居中，供奉的是华光天王，属道教建筑。为二进三开间布局，中间天井加顶处理

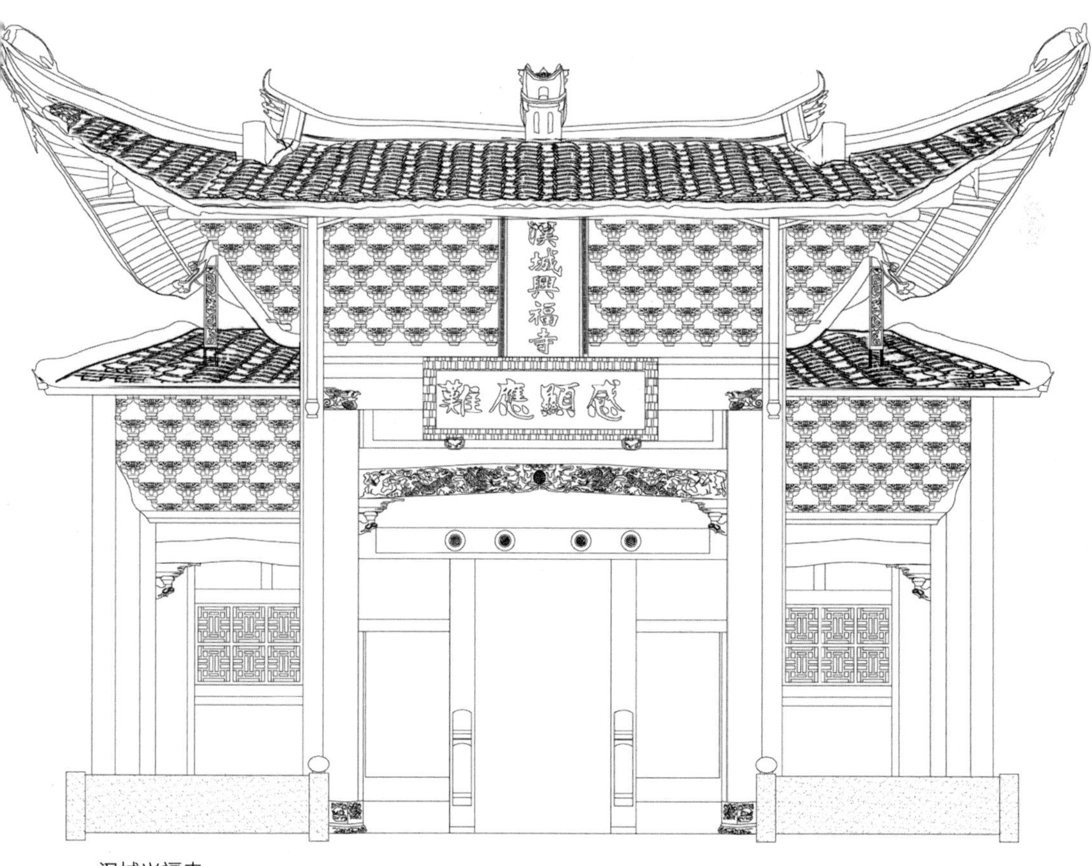

汉城兴福寺

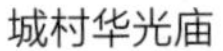
城村华光庙

城村兴福寺

城村慈云阁

供奉儒、释、道神像的场所，香火旺盛

成亭子状，中施重重斗栱承托的藻井，工艺精湛。两侧设美人靠，可供香客休息。华光庙前的木门四柱三开间，三层歇山顶跌落，以层层叠叠的斗栱承当出檐，与前侧的百岁坊互相辉映。华光庙为四殿、两厢布局，雕梁画栋；外殿四大立柱二抬梁旁榫支架，前后以船形两层各六叠斗栱，屋顶方形似凤尾攒尖翘角，四脊雕鲤鱼吐珠形态；内殿为拼合梁柱结构，顶棚、斗栱、梁柱绘彩涂朱，配以壁画，十分宏伟壮观。整个建筑群布局组合复杂，屋顶轮廓线多变，既是村落入口的重要景观，也是城村人“三教合一”宗教信仰的证明。

这里是城村最主要的宗教场所，至今仍香火很旺。十分有意思的是，这里共同供奉着佛教、道教和儒教的神像，佛、道、儒杂糅。实际上，不仅仅是在城村，在整个闽北古村落中这种同一寺庙佛、道、儒杂糅的多神信仰都较为普遍。

对于村民而言，信仰宗教具有很强的功利性，笔者曾询问过当地村民，村民告诉我们："只要能够保佑我的平安，我们都信奉，没有什么差别。"另外，笔者发现在寺庙里面有清乾隆三十三年（1768年）重修寺庙时留下的三方碑刻，其中两方分别是《重建慈云阁林姓出银碑记》《赵姓出银重建慈云阁碑记》。另一方由于损坏严重，无法辨认，推测应为李姓出资修建的碑记。这三方碑刻以三大家族的名义竖立，说明这三大家族的势力在当时十分强大；同时可见，利用宗教资源是一些大家族树立家族权威的重要途径。

《重建慈云阁林姓出银碑记》

通过田野考察和自己的体验，在缺乏史料记载的情况下，建筑遗迹无疑为我们了解相关历史事实提供了一把钥匙。幸运的是，这些建筑基本上都完好地保存下来了。从这些遗迹中可以看到城村村民的生活世界。渡口、社会、庙宇等共同构筑城村村民的生活空间，展现了一幅生动的乡村民众生活图景。很显然，城村当年的文化艺术已达到相当高的水平，并不是空中楼阁，商业上的繁荣奠定了坚实的经济基础，这一切从目前保存下来的建筑、雕塑中得到了很好的印证。与商业繁荣相媲美的村落民众信仰空间和精神世界多姿多彩，其中家族观念、庙宇信仰是城村村民的主要精神纽带，在城村村民生活中扮演着重要角色。

3. 和平古镇

和平古镇位于邵武南部，古称"禾坪"。和平古镇最能体现其悠久历史的就是明清古建筑，如聚奎塔、光源寺、谯楼、旧市三宫等。聚奎塔，明万历四十四年（1616年）始建，历时二十余年，于崇祯年间告竣，并由时任邵武知县的袁崇焕题写"聚奎塔"三个大字。塔身砖构，六角五层壁边折上式，底层每边边长3.79m，通高27.81m。塔身上下五层，每层均设神龛，内置砖质神像。

和平古街有"天后宫""万寿宫""三仙宫"，俗称"旧市三宫"。天后宫位于古镇街北，坐东朝西，临大街，建于清咸丰八年（1858年），奉祀妈祖娘娘。邵武历史上造纸业发达，和平的廖健顺、李行升两个家族在清时赴福州、广州、上

明清古建筑聚奎塔

海、天津等地经营纸业等贸易，因而发家致富，成为富甲一方的巨贾。该天后宫是廖健顺、李行升等为首捐资所建。占地400多平方米，有上下两殿，并建有戏台。每年元宵节，以8人抬的官轿抬出木雕妈祖圣像花灯游街，宫内演戏。

万寿宫位于古镇街北，坐东朝西，临大街，为清中期江西旅邵商人所建。占地约500㎡，砖石结构，四柱三间单门，八字开牌坊式门楼，门楣有青石板阴刻篆书“万寿宫”三个大字，砖雕内容丰富，技艺精巧。有上下两殿，仅上殿供奉一尊巨大的许真君塑像。该宫建筑为合院式木结构，雕梁画栋，窗棂嵌花，非常精致，具有极高的历史价值和艺术价值。

邵武市和平古镇东门内东北侧，有一座道观“三仙宫”。始建于元代，后几毁几建，现存主体建筑为清代所建，20世纪80年代进行了修葺。三仙宫坐西朝东，为上下两殿，供奉邱、王、郭三仙塑像。青砖琉璃瓦，雕梁画栋，有进有厅，气派非凡。明清时代和平古镇屡见的豪华民宅如今已成稀世珍宝，具有浓郁的地方特色和深厚的历史文化。和平古镇和其他古镇一样，体现了建筑以及水、地、场与人的关系，和平古镇的价值是毋庸置疑的，它是中国古村镇的典范。

4. 崇仁村

光泽县崇仁乡位于由北向南的北溪往东鼓曲的内侧（即西岸），溪中有沙洲，又有绵延的案山及高耸的朝山。村西有小溪，从山中由西向东出，于村落西侧折而向南，汇入北溪，在小溪南折之处，建有崇华寺等，为村中关锁水尾之建筑。村北溪边古樟之下，建有土地庙，为水口之建筑。崇仁现存的宫庙有关帝庙与张公庙，均为清代建筑，规模不大，外观保留比较完整，但内部构造或多或少地都被改造过了。关帝庙主要祭祀关羽，也有土地公等地方神，五间硬山，出三山跌落式风火墙，富于变化。关帝庙是为了供奉三国时期蜀国的大将关羽而兴建的，已经成为中华传统文化的一个主要组成部分，与人们的生活息息相关。关公与后人尊称的“文圣人”孔夫子齐名，被人们称为“武圣关公”。一座关帝圣殿，就是那方水土民俗民风的展示。张公庙主供张巡，配祀护佑一方的地方神，门厅屋顶上升起小歇山顶，飞檐翘角，造型灵动。

崇仁村为福建省历史文化名村，旧时是重要的水运码头。这里人杰地灵，文化底蕴深厚，人文景观独特，聚落空间保留完整，传统建筑雕刻艺术形式丰富。街道两边的民居仍保留着明清时代的砖雕、石雕、木雕与彩绘艺术。崇仁古街从空间布局、街巷系统到单体建筑的布局、结构、细部、工艺特点等均表现出鲜明的地域特色，有很高的历史价值与文物价值。

5. 观前村

浦城县水北街镇观前村寺、庙、观、社、祠密集，至今留存的有金斗观、水东社、关帝庙、观音阁、谢氏贤祠、叶氏宗祠、周氏宗祠、张氏宗祠及形式各异的凉亭。此地保存基本完整的老街及各个历史时期的建筑物，体现了古村的古老传统民俗和丰富文化底蕴。留存下来的传统建筑，有的虽然破败，但仍能看出其规模相当巨大、壮观，艺术格调较高，体现出深厚的文化积淀。这些庙祠，大多是石大门，大门仿楼阁式门楼砖雕，高敞宽阔，颇具规模。内设戏台、朱楼、神龛，雕刻、绘画精细。部分木构件虽已腐蚀，显露残败迹象，但结构基本完整。一处宗祠门前还镶有“大清康熙五十六年重建”之类砖雕大字。水东社内一对古代土地公（婆）雕像，二尺来高，脸容姣好，神态可亲，色泽和谐，显然出自高人之手，而且原汁原味，完好如初。

近旁有座金斗山，山上有座名为金斗观的道观，观内供奉着玄武帝君。知名度极高，有“小武当”之称。《徐霞客游记》称：“四山环拱，重流带之，风烟欲瞑，步步惜别。”金斗山特产“金斗山红菇”，为全浦城县仅有。据说，观前有个奇异的自然现象，溪西观前街无蚊子，有些房屋终年不生蜘蛛网；溪东无苍蝇。闽北寺庙建筑的主要特色是依据山川地势巧妙布局，与山川大地融为一体，将精美的雕饰与寺庙建筑融为一体。

村西是禅寂寺（轮藏寺），距离观前村2km，唐至德（758年）初，何、邓、萧三禅师从信州（今江西上饶）来此建寺。唐大宗十二年（858年）七月，义昭（俗姓谢）上人到京都请置院额，奉敕旨赐以大中禅寂之号，取禅定空寂之意，自此名为禅寂寺。宋钦宗时，殿中侍御史张巨回乡，捐资置寺田，对全寺进行修建（余奎元，2004）。禅寂寺除门楼、天王殿、大雄宝殿、观音堂外，还有继铭书室。最有特色的是轮藏殿，轮藏殿是藏经之处。轮藏殿共有三层，下层八大金刚，中层诸尊佛像，上层九龙奔飞，藏经万卷，四直八方，小殿诸佛千尊。座次纷华美丽，四大朱柱，四大金刚，龙蟠柱而绕。寺后面的山峦连着山峦，有五层叠山作靠，寺前虽然没有溪河湖泊之照，但在正前方100m左右中间有一口长年涌冒泉水的不涸之井，流水叮咚作响，俨然是千年泉潭，“不是水镜，胜似镜照”。龙藏寺左右都是山脉绵绵，环环相抱，松苍竹翠，古木森森，修道乐处，千年古迹，历史悠久，构成了观前美丽的山野风光。

6. 元坑镇

元坑镇的谟武文苑，是一座古色古香的清代旧宅（第三批县级文物保护单位），三进庭院，坐西朝东，由外到内依次按前厅、天井、左右回廊、正厅和过亭、后厅、小天井分布，建筑面积474m²。旧

谟武文苑

宅保护良好，装饰精美，门窗雕刻神鹿、灵猴等动物图案。1986年春，旧宅改建为谟武文苑，几经扩建，现占地面积1200㎡。文苑设有立雪堂、二贤堂、立雪亭、晦翁书斋等。

7. 峡阳镇

南平市的峡阳古镇位于闽赣古道的要冲，富屯溪畔，这里碧水黛峰，景色雅致，从茫荡山3800坎至茂地，再往江西方向必经此地。古镇已有1000多年历史，扼守南平西关，所以称“西峡屏障”。当地人十分讲忠义，所以很早就在江中的鳌州岛上建有关岳庙，以祀关公和岳飞二神。

峡阳屏山如画，照溪流银，富屯似带，历史文化底蕴深厚，风景名胜引人入胜，是福建省首批历史文化名镇，有“六大文化，二十四景”。“六大文化”是祠堂文化、民俗文化、民居文化、桥梁文化、庙宇文化和饮食文化，“二十四景”主要有峡阳土库、报国寺、百忍堂、应氏状元祠、状元陵、八字桥、招科塔、溪中公园、屏山书院、庄武王庙、华光庙、千年古樟、高平堂、月圆桥、临水宫、双象桥、洛元桥、报国寺、金刚寺、万福门等。以战胜

关岳庙，祀关公和岳飞二神

忠報國勝郾城指黃龍氣衝斗牛偉丈夫安能忘一統

鼓、民间剧团、祠堂文化为代表的地域文化熠熠生辉，以土库、八字桥为代表的二十四古景别具特色。

报国寺距峡阳所在地6.5km，该寺始建于五代后唐天成元年（926年）。达摩祖师第四代弟子在西峡村渎溪（峡阳唐代年间称西峡村）新兴里（现陈坍村）兴建盘古寺，南宋淳熙年间（13世纪初），理宗皇帝赐盘古寺为“报国寺”，并大兴土木，装修拓建，规模宏大，配套完整，建有大雄宝殿、大悲殿、地藏殿、钟鼓楼以及僧舍百余间，占地约25亩，山林田间百余亩，寺中有泉井三口，清澈醇甜，可供百余僧人生活用水。传说，开山僧人普明法师亲自用泉水酿醋，敬佛迎客，遐迩闻名。经过千年的历史变迁，寺院遭受几度兴衰，毁于一旦。

1996年，群众怀念千年古刹的昔日雄姿，踊跃出工捐资，社会各界多方援助，经过三年时间，当年的报国寺又重新呈现在游人面前。现在仅存的南宋古钟是陈坍村百岁老人应大丰在中华人民共和国成立前从国民党峡阳兵工厂铸铁炉旁用赎金抢救回来的，至今保护尚好，是珍贵的历史文物。

百忍堂天井

溪中公园也称“溪中庙”，公园占地面积5000多平方米，四面环水，建在富屯溪中，常年依水相连，因恰似停泊在大溪中的一艘游轮而得名，东、西两处拢合而成，东为农民健身休闲之地，西为进香庙堂，古香古色。西园也称灵显殿，始建于后唐天成年间，千年历史变迁，几经周折，原貌损坏严重。1924年焚于兵燹；1927年重修；1974年修建峡阳大桥，前殿、正殿均被拆毁，仅存后殿和左右走马楼；1989年在当地政府的支持下，群众集资20余万元重修。由于位置独特，自然环境优美，建筑典雅，常年游人不断。

庙中奉敬的三尊神像名曰“庄武尊王”，是当地群众敬奉的偶像，有求必应，常年香火不断，每逢时节假日，热闹非凡，每年农历正月十六至十八是当地群众举办庙会的最好佳期，进香的、求事的信男信女、都会到这里求祀平安，人山人海，热闹非凡。

据传，“庄武尊王”是唐朝一位节度使，名叫阎汝明，邵武人，生平忠义刚果，他辞官回故里时为民除害。村民们为了感谢阎汝明的除妖功绩，就在敖州岛建了一座庙祭祀他。

溪中公园

三、闽北古村落的小品建筑

武夷山下梅村的小桥流水人家、风雨廊、美人靠，展示了宛若水乡的风情。最经典的传统建筑是祖师桥。它是下梅清代最具廊桥建筑艺术特色的标志性公共建筑。祖师桥是行帮业会祭祖的圣坛。刚出师的年轻木工要在祖师桥上与师傅举行拜别仪式，以祭祀祖师爷鲁班。剃头匠教出的徒弟，要在祖师桥上和师傅拜别，共同叩首祖师爷。盐帮要在祖师桥举行管仲会，祭祀祖师爷管仲。红白纸帮、香烛纸火帮要在祖师桥祭祖师爷文昌帝等。

祖师桥高20多米，雄踞于梅溪与当溪交汇的水口。1958年修建赤白公路时被拆毁。2008年在遗址上重建的祖师桥保持原风格不变，是一座集桥、戏台、亭子于一体廊桥结构的木构建筑。它在梅溪与当溪丁字交汇口凌空矗立，底层为面向街市的戏台，顶层是楼阁式的眺望台，庄严肃穆。此外，还采用传统木雕工艺，在栋梁、雀替、横梁等部件上雕刻了大量传统图案，具有浓厚的人文色彩。

旧的祖师桥不在了，可是辉煌的历史还积淀于此。清康熙年间，十多个行帮业会的工匠们共同捐资修建下梅祖师桥，他们请来戏班，歌舞欢庆，祈求天官赐福。祖师桥成为村民演社戏、行帮业会敬奉祖师爷的公共舞台。

闽北人的山水情怀很深，他们不仅欣赏自然之美，还要点染山水。闽北大小村落往往都有亭阁台榭之类的风景小品建筑。亭子也可有娱乐的用途。武夷山下梅村的五兴亭建于两宋时期（约1136年），它位于一道断坎上，村路沿断坎上缘，在断坎外侧造了这个路亭。路亭靠后是低落近2m的溪边平地，于是，面对平地，背靠路亭造了一座戏台。戏台面与路亭地面持平。观众就在平地上看戏。演戏时，路亭便是后台。亭与台之间有板障，向路亭的一面供三官大帝（天官、地官、水官，即尧、舜、禹），向戏台一面是太师壁。台缘有细巧的花格栏杆防护演员，不高，不妨碍看戏。亭和台的顶棚都布满彩画，题材都是戏文故事，色彩鲜艳灿烂。所有的柱子上都有楹联，十分潇洒闲适，非常符合武夷山的乡土文化特色。

重建的新祖师桥

梅溪有许多优美的传说。梅溪流经遥山，对岸就是五兴亭。五兴亭名字的由来，传说与朱熹有关。遥山是下梅的一道风景，此山如一具屏风，横遮西照。当年朱熹前往武夷宫授课，中午途经遥山顶上，驻足路亭处歇脚时，忽然被梅溪湾和渡津头的景致吸引住了，他来了兴致，问弟子："吾看此处景致绝佳，颇具文昌意象。"弟子问："先生从何说来?"朱熹说："我等儒生，心境兴致常被山光水色所引发，吾今兴致所在，便是一兴《诗》，二兴《书》，三兴《礼》，四兴《易》，五兴《春秋》，可谓五兴也。"从此，后人便依了朱熹的意思在遥山顶上修了一座"五兴亭"，提示后人不能忘了"五经"这个经典。如今遥山古道已荒废，公路从山脚经过，伴着梅溪水逶迤西去。

另有"美人靠"的传说。清代时，下梅村大商人邹茂章外出与山西榆次车辋的常氏做生意，他的妻子茂章伯母每天就坐在当溪两边的长凳上，盼望丈夫回来，常常是等到黄昏日落，夕阳的余晖映照在她的脸上，当溪潺潺流水又倒映着茂章伯母姣好的身姿，显得妩媚，楚楚动人。然而丈夫常因忙于手头商务，误了归期，苦苦等丈夫早归的茂章伯母时常落了空。不甘寂寞的她，就变成了一条鲤鱼，悄悄地从当溪游出去，去跟随邹茂章的商船，等邹茂章做完生意回来时，妩媚迷人的茂章伯母又从鲤鱼精还原成富贵女子，斜着美丽的腰肢靠在这风雨栏上，回眸一看，实在美丽。后来人们就把这风雨栏叫作"美人靠"（邹全荣，2006）。

"美人靠"

不过，茂章伯母那个年代已经过去了，风雨栏成了村民歇息、谈天说地的地方，大家有空就到这儿坐坐靠靠，体验一下“鲤鱼精”流连过的地方。当溪水比起过去虽然浅了许多，但许多迷人的故事却源远流长，可以遥想当年梅溪水运之路的热闹、下梅街市的繁华，也可以想象出当溪小码头挤满了进进出出的茶商、米贩、生意人的画面。一座座小巧的木拱桥横在当溪上，真是一幅小桥流水人家的风景画。下梅村，路亭是村民的休闲场所，美人靠终日有人袒胸跣足，纵论天下古今、稻黍桑麻。

武夷山城村每处人口集中的地段都有一座风雨亭，如今尚保留四座，即村西的“神亭”、大街中间的“新亭”、村东的“渔家亭”和村口的“慈云阁亭”。据村民讲，这些都是过去举办宗教仪式和集会的主要场所，其中“神亭”为传统庙会游神的起点，在村民的心目中有很高的地位。实际上，除宗教功能，平时村民茶余饭后还相聚在这里谈天说地，摆家常，交换信息，是最富情趣的人际交往场所。亭内的条凳和木墩，被磨得油光锃亮。一旦家族之间发生冲突，亭子则作为调解矛盾、解决争端的议事亭。据说，这是上古时期坊亭制的遗风，能保留至今，令人惊叹。

城村和四周山上还有许多小土地坛。这些土地坛大多没有建筑物，或只是个土台，或只是用几块砖垒起的小神橱。紧邻文武庙东北侧的是保佑全村的社坛，即土地坛，是个高约1米的土台，土台北有约20㎡的小宇坪，每逢初一、十五，人们就在小宇坪上设供，焚香磕头。山上和田里的土地坛设有小宇坪，不设供，只焚香祭祀。

武夷山的村边田头，大树下往往有些高不足2m的小庙，多是砖砌而抹灰泥的，有些造型也很精美，大都供奉三官大帝或土地公。它们直接掌管着农业的命脉，所以享祭最多。正因为多，不正式建庙，只在这种类似龛橱的小舍里栖身，或者在凉亭里坐着。三官大帝和土地公都是爱民的神，很随和亲切。

武夷山城村的“百岁坊”牌楼，矗立在武夷山市兴田镇城村村口，约建在明万历四十五年（1617年），是城村最醒目的标志性建筑，百岁坊为明代坊表。明代，城村村民赵西源与其母罗氏孺人都活了一百岁。一门五代同堂，轰动朝野。朝廷敕建“百岁坊”一座，由福建籍的一品大员，太子太师、左柱国叶向高撰《百岁瑞人赵西源公寿文》；钦差魏督抚送匾，题为“圣世人瑞”；福建巡按李御史、建宁府马太守、建阳县汪群君合赠“四朝逸老”匾。现构架系清乾隆年间建，木构，楼坊分四柱三开间，进深二开间，对称布局，两侧建山墙护卫，三歇山顶跌落，饰人字如意拱，面阔7.9m，进深5m，高8m，以12根圆木柱支撑，分上、中、下三层抬梁，每层抬梁由六叠船形斗栱构成，斗栱上绘碟形朱斗绘，十分壮观（福建省地方志编纂委员会，2004）。牌坊屋顶飞檐翘角，中间主屋顶由6层的“鸡爪栱”承托，两个次屋顶则由6层的如意栱承托。在“百岁坊”的门坊两边还留有象征长寿的四方寿桃石。“百岁坊”屋脊有鸱尾。据北宋吴楚原《青箱杂记》记载：“海为鱼，虬尾似鸱，用以喷浪则降雨。”在房脊上安两个相对的鸱尾，能避火灾。整座楼坊均以彩绘，体现明清建筑风格。时至今日，村中村民婚娶之时，仍有抬新娘过“百岁坊”以增福寿的习俗。“百岁坊”与百岁翁祠是城村最有特色的两座建筑。

大街中间的“新亭”

城村“百岁坊”

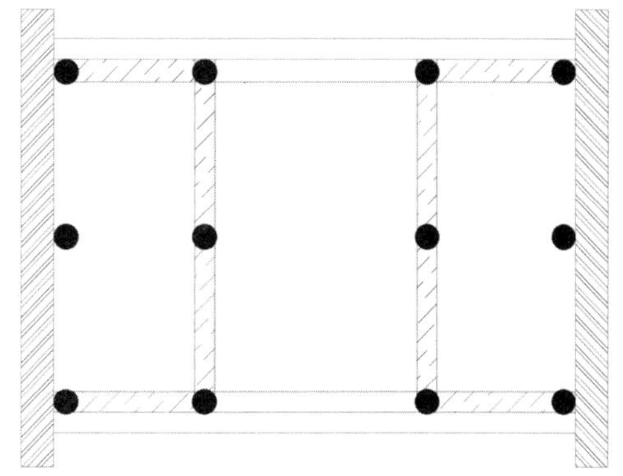

城村“百岁坊”平面图

城村“百岁坊”正立面图

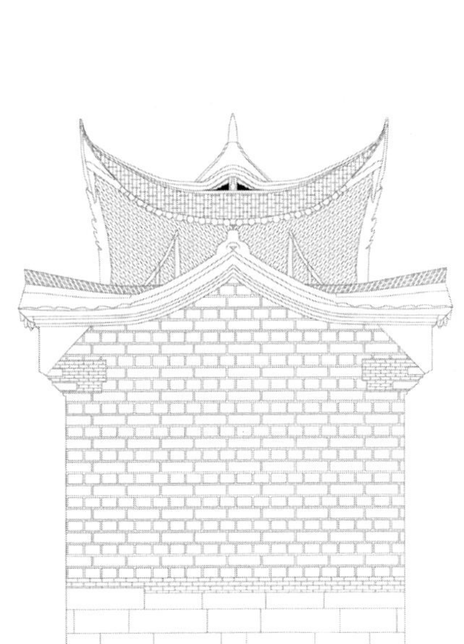

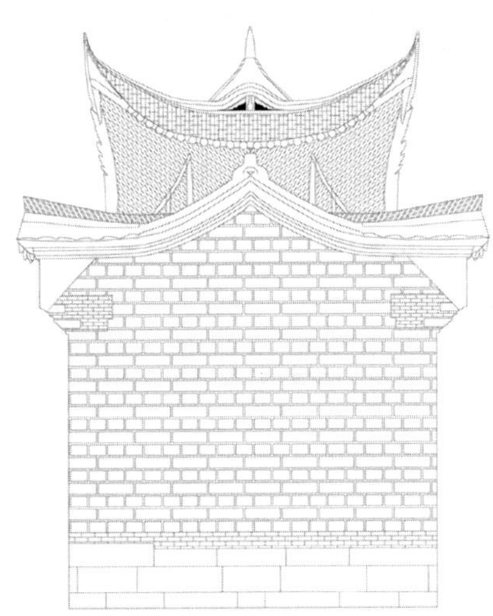

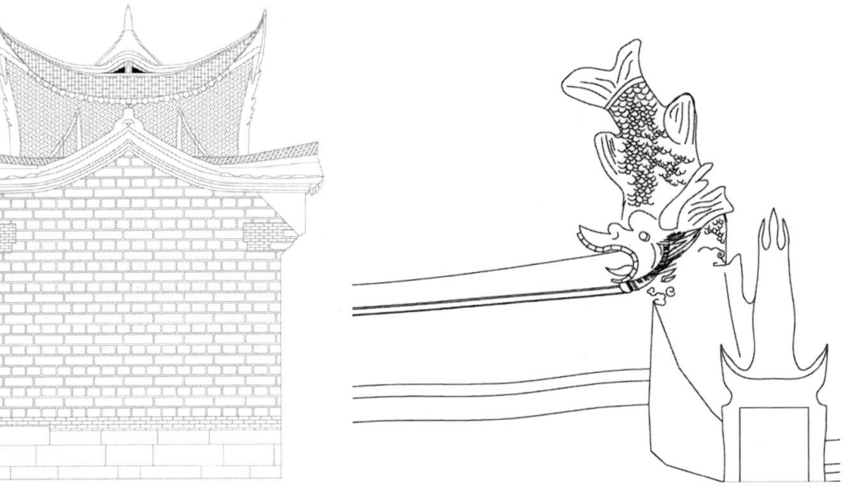

城村“百岁坊”侧立面图

“百岁坊”屋脊鸱尾

百岁翁祠位于大街，是一座坊与祠相连的建筑，前为坊，后为祠，是明万历二十年至二十六年（1592—1598年）间的遗物。百岁翁祠的四根立柱代替了祠堂门前的廊檐柱。从平面上看，百岁翁祠为二进四柱三开间二天井布局，上面有三座屋顶，中央高，两侧低，中央屋顶为四面坡的庑殿顶，两侧为歇山式屋顶，但它们的后半部屋顶即为祠堂门厅的坡顶，使坊与门厅紧密地结合在一起。百岁翁祠四根八角形的石头立柱，上面穿插木料梁枋与斗栱，承托着三座屋顶。两侧为山墙，采用抬梁、穿斗混合式构架，施月梁，使下厅空间高敞，具有明代建筑的典型特征。其砖雕门楼、木雕屏门与垫托以及石雕的柱础与门当都相当精美，中央拱起的梁枋背上多有石料或木料的雕花垫木承托着上面的枋子，两端枋子下面还有雀替与柱子相连，成为一种有地方特色的样式。现存神台基座及碑座红石雕刻具有明代风格。城村以其古粤文化、精巧的规划布局、多样的建筑形态，成为福建传统聚落中的佼佼者。

闽北的古村落有很多种小品建筑，如牌坊、溪门、过街门、廊桥、亭子等。小品建筑中，以亭子最多，过去闽北有一千多座亭子，到现在还剩有两百多座。许多路亭旁都有高大的古树，山路上的路亭大多近傍山泉。亭子不大，但功能和种类却很多，每年从端午到重阳，供应茶水和暑药。亭角有锅灶、水缸，备足柴火，给过路人煮饭歇息。小小路亭，有供路人歇脚的路亭，有寨门口作守卫之用的谯亭，有给渠头浣衣女避雨的，有给村民休息闲谈的，有点缀风景园林的，有待度的，也有纪念性的，承载着乡人互相的关怀，也培育着一代一代人仁厚的品格。它们绝大多数为最普通平常的乡民服务，公益性的建筑，最富有浓郁的乡情。所以造亭子是善行义举，宗族在族规里鼓励村民们捐资建亭。有的得了功名而造亭子，酬谢父老乡亲的关切之情。

闽北的风雨桥小巧轻盈，高架在穿村而过的山溪上，是一种路亭，也是村人日常的休闲场所。各村主要的休闲中心大多有亭，如古粤门亭、新亭、百岁坊等，还有城村独一无二的作为调解纠纷场所的神亭，以及下梅村戏台的祖师桥。

建筑是经济、技术、艺术、哲学、历史等各种要素的综合体，作为一种文化，它具有时空和地域性，地形地貌、日照角度、日月潮汐、水流风势、气温气压、食物土地、水质植被、各种文化状况下的文脉和条件，是不同国度、不同民族各异的生活方式和生产方式在建筑中的反映。建筑文化根植于人居自然环境之中，同时这种建筑文化特征又与社会的发展水平以及自然条件密切相关。

城村的古粤门亭

第四节

闽北的书院建筑文化与环境特征

一、闽北书院文化的勃兴

1．时代背景

书院诞生于唐代，唐玄宗时期的丽正书院、集贤书院一直被认为是书院的滥觞。其实在此前，已有不少民办书院，如陕西蓝田的瀛洲书院、山东临朐的李公书院等。福建在书院的建设上，保持了与全国同步的水平，其最早的书院龙溪（漳州）松洲书院大约也比丽正书院早了十多年。但福建的书院闻名于世，则是在宋代以后。

“书院”这一称谓，始于唐代。宋朝王应鳞《玉海》云：“院者，周垣也。”意思是用围墙把藏书的地方围成院子，即为书院。它们实际上就是现代意义上的图书馆。后因朝政动乱，“书院”以所藏之书，开馆授徒，加之对学派渊源的继承，对书院创始人、先贤的祭招，书院制度得以定型。

书院是中国历史上唐宋至明清出现的一种独立的教育

机构，是私人或官府所设的聚徒讲授、研究学问的场所。书院，这一当时的高等学府，成为名流学者们的讲经论道之所、文人学士们的向往之地，在我国古代教育史上占有重要而又独特的地位，具有举足轻重的影响。书院的兴起、发展与衰败，伴随着朝代的更替，成为影响我国历史文化变迁的重要组成部分。一般认为书院之名起于唐代，书院制度的形成则在宋代。唐代有两种场所被称为书院：一种是中央政府设立的藏书、校书之所，还有一种是由民间设立的供人们读书治学的地方。

南宋时，由于战争的影响，官学衰废，士子苦无就学之所，书院随之发展兴盛，于是选择景色优美、清雅静谧的山林名胜之地修建书院，形成了讲学、斋舍、藏书、祭祀及风景园林相结合的格局。闽北的书院教育受到官方支持和资助，因而起到了代替和补充官学的重要作用，从此在历史的驿道上留下一道道深深浅浅的印记。

到了元代，蒙古族入主，为推行统治，对书院进行保护，并把书院官学化，书院建设呈现一片繁荣景象。明代的官学得到了极大的发展，因而书院门庭冷落，出现了长达百年无人问津的现象。此后，明代由盛转衰，官学制度出现弊端。天下乱，则书院起；官学弊，则书院兴。书院便又开始悄悄复兴。

我国古代社会生活十分注重教育与文人取仕，所以对书院的兴建非常重视。书院的环境选址历来被视为“兴地脉”“焕人文”的象征，一般由官绅、士人和风水先生共同推敲酌定，因而深受传统观念以及魏晋山水文化的影响。翻开历史，发现那些著名的书院大都建立在风景优美的山林名胜之区，或是位于城镇中的形胜之地。

以宋代的“天下四大书院”为例，其中就有三所位于著名的风景区。白鹿洞书院地处庐山五老峰下，楼阁庭院尽在参天古木的掩映之中。书院前山溪潺潺，书院后松柏遮日。岳麓书院地处湖南长沙岳麓山下，素以“泉涧盘绕，诸峰叠秀”而著称的岳麓山位于湘江西岸，岳麓书院倚山而瞰湘江，秀丽而壮观。书院内部庭院雅致，亭台楼阁错落有致，与岳麓山形成一个和谐的整体。嵩阳书院原为嵩阳寺，地处五岳之中以浩大雄伟而闻名海内的河南登封嵩山，它映衬自然，是地方风景环境的一个重要组成部分。

2. 闽北的书院文化

闽北作为闽学发源地，既是福建远古文明的一个重要发祥地，又是中原文化传入福建的走廊，具有深厚的文化底蕴。闽学学者大都能身体力行儒家的义理，有强烈的务实精神和事业心，他们注重自身道德修养，讲究清正廉洁。

自西晋以来，闽北先后办起私塾、书院、官学，但创办书院则是闽北最重要的办学形式。唐代以前，闽北的教育事业远远落后于全国；到了宋代，闽北成为福建文化区域的中心地带，为书院的兴起和发展提供了良好的社会环境。闽北的书院与全国同步发展，南宋时甚至取得了全国领先的地位；而两宋时期的书院，无论其数量、规模，还是在中国教育史上的影响，都以闽北书院为最。

武夷精舍遗址

朱熹把以往的“尊天”上升到“讲理”，如今常说的“讲理”与朱熹的理学思想有很大关系。武夷山隐屏峰下九曲溪畔的武夷精舍，是朱熹完成《四书集注》的地方。

武夷精舍

千百年来，闽北乡村百姓希望晚辈靠读书来改变命运，进入仕途，加官晋爵，追求科举的梦想。至今在武夷山乡村还能找到的相关文化遗存，反映出人们求进取的美好向往和读书起家的思想始终在激励着后人。值得骄傲的是仅武夷山历史上就出现过特科状元。地域闭塞的吴屯，都有着“一朝两特科”（彭路、翁德舆）的光辉历史。史料记载的宋代两位特科状元彭路、翁德舆和状元詹骙，都是从武夷山乡村人家脱颖而出的。从唐朝的垂拱年间（685-688年）迄至清光绪十八年（1892年）的1200多年间，武夷山有248人中进士，可见乡村百姓崇尚读书蔚然成风，大部分乡村百姓遵循“地瘦载松柏，家贫子读书”的古训（邹全荣，2003）。

南宋朱熹在闽北讲学数十年，他热心教育，门徒众多，使闽北成为理学中心。杨时、柳永、严羽、宋慈、真德秀、李纲等名臣大家相继而出。当时闽北书院如林，学者如云，形成了非常浓郁的书院文化。武夷山历史上科第峥嵘，因而有“闽邦邹鲁”之誉。吴屯、岚谷、五夫、城村、曹墩、下梅、黄柏、澄浒等古村落中，都有科第佳话在流传。特别是那些散发着翰林墨香的“文魁”匾、“拔贡”匾，用宣纸书写的礼科、吏部、翰林院学政颁发的各类捷报，在乡村书香门第家中的板壁上，历经百余年，仍然依稀可见，残留着当年的翰林墨香。

两宋时期闽北的书院

武夷山的乡村教育是从学宫、私塾等发展起来的。办教育主要有两个目的，一个是科考，一个是教化。我国古代社会生活十分注重教育与文人取士，朝廷以科举取士，读书成了攀登社会阶梯的途径，而且几乎是唯一的途径，于是刺激了乡村教育事业的发展。而在地方长官和士绅看来，教育又是传播儒学正统、维护封建宗法秩序的重要手段。所有宗族，都有学田，以田租办义塾，资助学子膏火费和应试赴考以及中试后祭祖。不论科名仕途，不论立纪明教，都是宗族的大事。子弟取得科名的一律载入宗谱，可以用“户户弦诵”来形容武夷山乡村宗族文风之盛。多少乡村百姓的男儿都在“三更灯火五更鸡”地发奋读书，都在忍受“十年寒窗无人问”，盼望着有朝一日能“一举成名天下知”。如今，武夷山一些古村落的民居里，还能看到许多有关捷报的遗存，如下梅村还保留着清时邑人陈镛获“候补儒学正堂”的捷报（邹全荣，2003）。

两宋时期武夷山的书院

散发着翰林墨香的“文魁”匾

3. 从砖雕图案中窥视乡村百姓科第的梦想

武夷山乡村百姓长期生活在社会最底层，他们所希望的就是后辈能“一路连科”，能“鲤鱼跳龙门”，能“独占鳌头”，能“平升三级”，能“三元及第”，总的来说，就是希望通过读书改变命运，进入仕途，加官晋爵，从而有利于宗族的文运，发荣科甲。南宋时的教育家朱熹把“读书是起家之本”写入《朱子家训》中。这和武夷山浓重的书卷气，把读书进士当作最高追求有很大的关系。

这些以读书为进取目的的乡村名门望族在自家建宅时，望子成龙，大都把自己或数辈人的愿望雕刻到建筑砖雕图案中，成为凝固的教科书。砖雕作为中国传统文化观念和民族心理的物化形式，通过民间艺人的鬼斧神工，同时综合运用比喻、谐音、借代、通感、联系等艺术手法，将充满着巧妙构思和民族传统营造观念、价值观念、道德伦理、审美趣味、风俗观念以及不同时空的具有某种象征寓意的符号或物象有机地、淋漓尽致地折射和展现在一幅幅作品中。有的象征吉庆，有的表示繁荣，有的希望进取，大多蕴含丰富，表达了人们对美好幸福生活的朴素向往和积极追求。以求进取为题材的砖雕纹饰，是将各种个体的动植物元素或人物、建筑进行有机地组合，形成众多具有中国传统特色的充满寓意的图案。

从砖雕图案中可以窥视乡村百姓科举的梦想，如“一路连科”“连中三元”“金榜题名”“魁星踢斗”“独占鳌头”“鲤鱼跳龙门”“必定如意”“八仙过海”“马上封侯”“平升三级”“八骏与十鹿”等。从构思到表现，其手法多样而繁复，无论象征和隐喻，都代表着一定的祈求心理，具有一定的社会意识倾向和感情色彩。

“鲤鱼跳龙门”

“一路连科”

砖雕“连中三元”，图案的主体是荔枝，桂圆及核桃，三种果实组成纹饰。呈圆形，圆与“元”同音。画三样东西，喻连中三元，即夺得科举考试中乡试、会试、殿试的第一名，表达了长辈对子孙后代的期许。“金榜题名”，图案的主体是猪蹄。猪蹄的“蹄”与“题”同音，“猪”与“朱”同音。猪成为青年学子金榜题名的吉祥物，喻“朱笔题名”。武夷山城村传统民居门楼上的“马上封侯”，是以马、蜜蜂和猴组合的纹样。运用“蜂”与“封”、“猴”与“候”同音和隐喻等手法，表达即刻就要封爵位、做大官的愿望。

“十里不同风，百里不同俗”。民风、民俗灿烂多姿，体现在建筑砖雕装饰上，更是个性突出，风格迥异。从现存武夷山民居门楼门头上的雕刻图案可以看出，这些精致无比的砖雕豪华而不失典雅，把“行仁义事”“涵养天机”等封建社会的伦理道德作为文化融入建筑艺术之中，成为古代建筑的艺术精品。虽然经历了数百年的风雨、战乱、政治动荡和人为破坏，但穿过这道道岁月风尘，它们依旧散发着特有的魅力和沧桑气息。

4. 武夷山区村民子弟受教育的场所

武夷山村民子弟接受基础教育的场所是书院和私塾，以礼学为学习内容。私塾分宗族公办、乡民集资合办和文士官绅开办三种，大多数书院，都在村外风景佳丽而安静宁谧的地方，以利于潜心攻读。如朱熹创办的考亭书院位于建阳城西南面，距建阳城关约2.5km。这里背负青山，三面环水，景色清幽，方圆数里水波不兴，悄然无声，犹如平静的湖泊，溪木涵影，秀峰连云，环境清丽。然而私塾同样也环境优美。有的是在乡村文人的家里“设帐授徒”，这些私塾都在住宅的一侧，或在宅后的“读书楼”中。楼中多富藏书，楼前则为园庭。“安神聚气”，环境闭合内向，有利于读书人静心息虑。早期的乡村私塾，当推南宋时白水村的刘勉之（朱熹的老师、岳父）创办的“勉之草堂”。

在武夷山乡村，人们为了让一个村落中的后代能文运亨通，大都建文昌阁，文昌阁供奉文昌帝君。五夫、吴屯、岚谷、下梅都曾建有文昌阁，可惜未能保存下来。从一些文昌阁遗址的规模来看，当时的文昌阁建造得相当的宏阔，每年的县试、会试、殿试一开始，学子们就要到文昌阁敬奉文昌帝君。

闽北书院建筑经过长期的发展，完善了人与自然和谐统一的建筑思想，形成了一套完整的书院建筑的空间、布局、功能、形制，构成了一个完整的环境空间序列，成功地营造出了浓厚的尊师重学的理念，成为古代书院建筑方面的一项宝贵遗产。

朱熹是我国历史上著名的教育家，在约50年的教学中所形成的教育思想对宋代以后的封建社会，乃至现代都有着很大的影响。他每到一地便会整顿县学、州学，创办、修复书院，讲学育人，为我国古代社会培养出一大批知识文人。朱熹一生以教育为己任，极力推行书院教育，先后在闽北亲自创办寒泉精舍、云谷晦庵草堂、武夷精舍和考亭等。据统计，与他有关的书院就达67处（傅小凡 等，2008）。朱熹、蔡元定等著名学者在武夷山的碧水青山间办书院，极大丰富了科举取士的内容。刘子翚在五夫创办的屏山书院、朱熹在隐屏峰下创办的紫阳书院、蔡元定在芦峰创办的芦峰书院等，也对推动武夷山乡村的封建教育起到了一定的作用。

二、闽北书院的选址

武夷精舍三面环山、一面向水，奔腾跳脱的麻阳溪从这里流过。被称为建阳母亲河的麻阳溪，发源于武夷山麓，流经建阳市130多公里汇入闽江注入大海；而流淌到此处的麻阳溪，受阻于翠屏峰，水势变得温顺柔缓。这里方圆数里水波不兴，悄然无声，犹如平静的湖泊；隔岸翠屏峰倒影映入溪中，形成了溪山相环绕、波影画翠屏的动人景色。这种三面环水、一面背山，外部环境以水为主的选址是以水为龙脉，呈水抱之势，符合当地“水注而气聚”之说，即所谓的“吉形”，是一个不可多得的宝地，是苍天赐予的一副山水自然骨架。孔子所说的“智者乐水，仁者乐山”，老子所说的“上善若水，上德若谷”，反映的就是这种“比德”的观念。

建阳市考亭村，朱熹晚年定居于此，并在考亭书院讲学。考亭书院门口立于明嘉靖十年（1531年）的石牌坊尚存完好。考亭书院位于建阳市西郊，是南宋理学家、教育家朱熹晚年著述讲学之地，是南宋时全国最有影响力的书院之一。朱熹在此创立了考亭学派，成为“闽学”之源。

考亭村大有来历，村子山环水绕，群山环抱，风景优美。考亭村还可以泛舟麻阳溪采莲捕鱼，颇有江南水乡的风韵。朱熹之父朱松北宋宣和五年（1123年）赴任政和县尉，途中驻跸建阳，考亭的碧水丹山给他留下了深刻的印象。因而朱熹晚年遵从其父遗愿，于考亭筑室定居，并在居室东面建成竹林精舍，即后来的考亭书院。

闽北书院就地理分布而言，从方志所载书院的位置来看，不像官立学校（在地方行政中心区所建的书院）分布在城镇中，也不像州县学那样建在城市中心的繁华之地，而是选择僻静形胜之地。因此，私学书院与官立学校之间存在着山林布局与城镇布局的对立（林拓，2001）。从历史上看，闽北的书院建筑大都建立在风景优美的乡村名胜之地。书院非常注重环境景观对人的影响，一般选择清静优美的境地办学，让学子置身于美的环境之中，得到美的陶冶，将自然美纳入书院，起到审美、育人的作用，将道德修养、知识学习和寄情山水的审美情趣融为一体，成为古代优秀的山林文化的结晶。武夷山30多处书院许多都是在风景区中。

朱熹创办的考亭书院

南宋中后期以后，随着官府大量介入书院的建设，书院在选址上呈现明显的多种取向。个人修建以及改建的前代书院大多仍位于较偏远的山林之中，而官府新建的书院则全部坐落在城镇之内或近郊。由于官府是这个阶段书院建设的主体，所以本时期书院选址呈靠拢或进入城镇的趋势。如嘉定二年（1209年），郡守陈宓在城南的九峰山仿白鹿洞书院建延平书院；嘉熙二年（1221年），郡守王埜在建宁府城中建建安书院，为“郡士子讲学之处”（黄仲昭，2006）。而此时个人所建的书院也有位于城镇附近的，如真德秀在浦城县东隅营建西山精舍等。官立书院建在城镇附近有两方面的原因：一方面，书院在偏远的山林之地，不利于官府管理，而书院的官学化必然要求书院向城镇靠拢；另一方面，城镇是地方的行政、经济、文化中心，向城镇靠拢在很大程度上有利于书院的进一步发展。南宋以后，各地的官学都开始衰落，而书院这种新兴的教育机构有利于促进地方文化教育的发展，与官学发展相互补充，甚至取代官学。而城镇的繁荣、官府的支持又可以促进书院自身的发展，因此官立书院建在城镇附近是书院发展内在逻辑的体现。

书院是儒生聚宿和讲习之地，其建造也由儒生主持和参与，从选址布局、造型风格到空间意境都体现了儒家寄情山水的旨趣和礼乐相成的理想。受传统观念的影响，书院志中多有《形胜》篇，论述如何选择书院的位置。从现有的资料来看，书院的所在地大多依山傍水。

书院选址布局的类型有以下三种。第一，三面环山，一面向水，这也是较为常见的，如武夷山的武夷精舍。第二，依山傍水，山水分列书院两侧，如五夫镇的屏山书院。第三，三面环水，一面背山，外部环境以水为主，如考亭书院便属此种。倘若其地的自然环境未能达到“吉形”的要求，则通过构筑人工环境来弥补不足。如在书院前挖塘蓄水，在书院后植树造桥。

书院建筑大都坐北朝南，书院的大门大多居中向南或向东南、西南方向。如朱熹创办的建阳市考亭书院即属此类。山村的早晨，有奇异的美景——城在水中，水在城里，依山环水。

书院建筑的相地择址，自觉不自觉地受传统观念的影响，书院环境一般均为山川秀美之处，与书院建筑“择胜而处”的士人传统观念相吻合。书院之所以如此重视营建环境，在士人看来乃源于“天人感应”“天人合一”“得山川之灵气，受日月之光华”这种朴素的自然观。所谓“山水自然之奇秀，与文章自然之奇秀，山水之体骨形势，与文章之体骨形势”。具体来说，书院的选址主要遵循以下几个原则：

书院选址注重自然环境因素，强调自然景色要优美动人。如朱熹专程勘察白鹿洞书院旧址，感慨道："观其四面山水，清邃环合，无市井之喧，有泉石之胜，真群居讲学、遁迹著书之所。"清静幽雅的自然环境既有利于书院的教学，又能使学生得到理学所谓的"天地灵淑之气"的陶冶，达到修身养性的目的。

书院建设应选址在有良好地质条件的地方，要有足够的场地，十分强调环境的"气""势""脉"适合建造房屋，地基不能过于潮湿，地势的起伏变化也不宜过于复杂。

书院的选址十分注重对人文环境的利用，儒家认为人文因素可以与自然"相互映发"，如《岳麓旧志》中说："夫山川奇异，与人文相互映发。"因此，书院选址强调历史文化古迹、名士遗踪等人文环境。人文因素既能加强教化气氛，又能加强环境的历史文脉感。

三、书院建筑的空间布局与功能

书院建筑经过长期的发展，完善了人与自然和谐统一的建筑思想。若按功能划分，书院建筑大体上可分为讲堂、祠堂、藏书楼、斋舍和园景五大部分。书院的"三大事业"是讲学、藏书和祭祀，所以讲堂、祠堂和藏书楼就自然成为书院的主体建筑，三者的空间排列是严格按照中轴对称的布置原则逐次递进的，体现出书院建筑对中国传统礼乐思想的遵从，形成了一套完整的书院建筑的空间、布局、功能、形制，构成了一个完整的环境空间序列。具体来说，书院采用的是中轴线贯穿的分进式。中轴一般三、四进，多达五、六进。如三进式的书院，第一进为门厅，第二进多为三到五开间的讲堂，第三进为先贤祠堂、文昌阁或魁星楼、藏书楼等。除此之外，书院也兼有供师生生活起居、游憩玩赏，以及面向社会进行文化学术交流等多项功能，是一个开放的多功能综合体。

就建筑类型而言，书院虽然同民居、寺观、宗祠等建筑之间通用性较大，有时甚至可以互换（如不少书院就是由寺观改建或直接征用而来，或复归于寺观中），但紫阳书院却相对完备、丰富。紫阳书院在武夷山五曲隐屏峰下。始建于宋淳熙十年（1183年），称武夷精舍，南宋末年扩建，称紫阳书院，明正统年间改称朱文公祠。宋代理学家朱熹曾在此讲学达十年。紫阳书院整体结构为庭院式，所遵循的是垂直的等级秩序和"以中为尊""左贵于右"的礼仪规范。作为同中国传统文化关系最为紧密的士人集中的主要活动场所——读书、讲学、研究探讨及传延传统文化的地方，书院主体建筑的安排突出了书院以讲学为中心的教育功能，又宣扬了书院尊师重道的传统精神。紫阳书院严格遵循“内主外从”“左先右后”的礼仪规范。中国传统书院，大都采用中轴线贯穿的分进式，其主体建筑严格顺次布置在中轴线上。书院建筑较其他民间或官式建筑更为集中地反映出中国传统的文化思想，从而使建筑本身“具有官式建筑和民间建筑都难以具备的深刻的文化艺术价值”。

1. 讲学空间

古代书院以讲学为主要的教学手段。书院讲学一般有三种方式——学术传习、讲会、督课讲艺。讲学空间位于书院的中心位置，是书院的教学重地和举行重大活动的场所，也是书院的核心部分。自宋代紫阳书院创建时，即有“讲堂五间”。讲堂是书院建筑中最具公共性的空间场所，讲学和一些大型的公共活动都在这里举行，是院内与院外功能的交汇处。因此，书院建筑在整体布局时总是将讲堂置于中轴线上。南宋乾道三年（1167年），著名理学家朱熹曾在紫阳书院举行“会讲”，开中国书院会讲之先河。

闽北书院的教学是与学术研究相结合的，由于书院教育面向社会，凡有志

紫阳书院的大门

学者，均可前往听讲，重视师生切磋、对话交流，鼓励质疑问难。因此书院讲堂大多是面阔大于进深或与进深相同的横向方形，通常情况下是书院中最为宽阔开敞的地方。此外，大多数书院讲堂的前部都对前庭完全开敞，无论采取庭院式、廊院式还是天井式，都是为了使讲堂的空间得以延伸扩大。书院教学讲堂空间的形成正是适应这种讲学方式的结果。

2. 祭祀空间

闽北传统教育的一个鲜明特点，就是非常重视学统与师承。强调学派师承，赡崇圣人先贤是书院祭祀的主要目的。书院祭祠是另外一种意义的讲堂。书院祭祀以学派师承为重，所祭祀的多为鸿儒硕学，以及为地方文教做出贡献的官宦乡贤。如果说讲堂是教习学问的地方，那么祭祠就是传播精神的殿堂，以祭祠为中心的区域是书院建筑中相当重要的部分。书院精神偶像的塑造，一方面为求学士子树立了处世治学的儒学规范，所谓“圣人乃万世之标准也”；另一方面也阐明了书院的学术渊源，有利于扩大书院名声，聚揽更多士子学人。书院祭祀不同于寺庙，虽祭祀对象众多，一般不过多设置塑像，而以画像和牌位来代替。祭祀仪式由室内延伸至室外，因此，它所需要的室内空间不大，士子们排队进去，行礼之后，排队而出。

由于祭祀活动的崇高性与重要性，一般处在书院建筑中轴线上最后一进的都是祭祀用的祠，即在讲堂之后。这样既突出了以讲学为中心，又显示了先师先圣的尊贵地位。为了体现祭祀活动庄重、肃穆的气氛，祭祀建筑在空间组构上多表现出独立性与封闭性，与讲堂空间组构有着明显的差异。有些书院因各种原因，祭祀建筑并不在轴线后端，如紫阳书院建于五曲左侧，自成院落，由照壁、门楼、大门、门廊、庭院等部分组成，其采用歇山的屋顶，专祠区建于轴线右侧，各自独立。

3. 藏书空间

藏书楼是我国古代书院承担藏书功能的主要场所。藏书是书院雏形时便有的功能，也是书院创设必须具备的物质条件之一。唐宋以来，造纸技术发展，雕版尤其是活字印刷术得以发明与推广，纸本书籍大批量生产和流传，使大量藏书成为可能，书院之设也肇始于此。紫阳书院创建开始即在讲堂后建有藏书楼。书院与书籍间固有的依存关系，使书院中藏书建筑应运而生，也使藏书成为书院不可或缺的事业。书院藏书多与否，是衡量书院号召力的一个重要标准。

书院为士子肄业之所，学生从四面八方而来，聚居乐业是书院的一大特色。斋舍以间为单位，各成院落分隔，书院斋舍既是士子生活起居的场所，也是读书自修的地方，创造了较为安静的自学环境。配套于斋舍的还有厨房、更衣间、厕所、米仓等，它们与斋舍一起组成生活区。此外，书院在讲求书本教育的同时，更注重品格的培养，即所谓的修身养性。利用环境来陶冶性情就是书院所采用的方法之一。很多书院在力求外部环境优美的同时，还在内部设置专门的游憩空间，以供师生闲暇时同游共商、交流思想、陶冶心性、探讨学术。游憩功能在书院中主要表现为园林形态，供士子们读书之余赏心怡情。

在礼制等深层文化影响下的中国古典建筑，一般都是中轴对称，多重院落纵深组合，对外封闭对内开敞的布局模式。书院建筑也是如此，采取庭院式布局模式，一方面，是传统文化和传统礼制制约下的必然选择；另一方面，对于书院这种较为复杂的建筑类型来说，庭院式布局也是使用功能的必然要求。

四、闽北著名书院的建筑与环境

1．兴贤书院

兴贤书院位于闽北武夷山五夫镇。地处崇山峻岭之中的五夫镇方圆170多平方公里，属丘陵盆地，四面灵山环抱，自然环境优美，气候宜人，有潭溪和籍溪环抱交汇，是典型的“水抱山环”之宝地，自古就有“邹鲁渊源”的美称。南宋时期是其鼎盛的年代，工商各业繁荣，名人士子云集。理学宗师朱熹在五夫从师就学，受学于武夷三先生——胡宪、刘勉之和刘子翚，他们是程门理学家。

五夫可谓群英荟萃之地，朱子理学在这里萌芽、成熟、传播。朱熹就读、讲学的屏山书院、兴贤书院等成为当时最有影响的书院。朱熹的理学成就，与五夫有着不可分割的联系，五夫堪称朱子理学发源之地。屏山书院是朱熹理学思想根植的一块沃土，紫阳楼是朱熹发展理学的一个基地，兴贤书院是朱熹在五夫传播理学的一所课堂。朱熹一生的大部分时光都在武夷山度过，最初受教育，后来的生活、教学与著书都完成于武夷山。

走进五夫镇兴贤古街，映入眼帘的就是气宇昂扬、庄严雄伟的兴贤书院，这里是朱熹在五夫讲学授徒之处。兴贤书院门楼为幔亭式，九山跌落，有古色古

兴贤书院门楼立面图

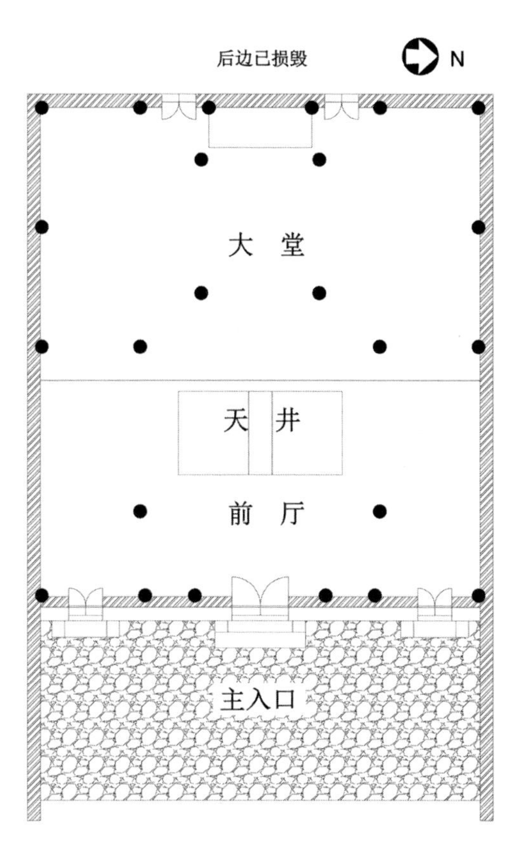

兴贤书院现存部分平面图

左门额为“礼门”

香的阶梯式布局的砖雕图案，其建筑门楼最有特色的是屋顶上有三顶砖雕官帽，正中为“状元”，左为“榜眼”，右为“探花”。边缘的飞檐翘角的气势凌云，门楼的梁与柱紧贴墙面，而门楼顶部却高出墙头凌空而立，在梁枋和柱头上用砖雕作装饰。灰砖砌筑的高大门楼和黑漆剥离、金属饰件锈迹斑斑的大门断断续续地讲述着曾经的辉煌历史。清一色的灰砖砌筑门楼的大门，周围墙上布满彩绘，鲜艳夺目，在正面灰砖上雕刻着美妙的植物纹样，在墙身和屋顶衔接的地方又有纯装饰性的灰砖雕成的斗栱，一层一层，非常丰富，非常精细。这样完好生动的装饰细部为这寂静的兴贤古街增添了几分生气，让人隐约感觉到这里蕴藏着深刻的内涵。这座存在于武夷山五夫镇八百多年的书院始建于南宋孝宗年间（1163－1189年），因胡宪推辞朝廷高官厚禄，回乡兴教而取名“兴贤书院”，民间传说有“兴贤育秀”“继往开来”之意。胡宪逝世后，朱熹继承其教义，曾在该书院讲学授徒，又将此书院扩建，广收天下学子。后因朱熹的影响而学风兴盛，登峰造极。

兴贤书院的门饰全部为镂空砖雕，花鸟人物栩栩如生，正中央嵌朱熹手书石刻“兴贤书院”竖匾，围以龙凤呈祥浮雕，正门横

右门额为“义路”

额为“洙泗心源”，左门额为“礼门”，右门额为“义路”，门楣均为石雕，气势磅礴，很是壮观。朱子理学“礼、义、仁、智、信”这五常首要的是为人处世原则，文臣武将讲究礼义，更要信奉忠义。朱子的理学思想是继孔孟伊洛之正宗儒学，而洙水河与泗水河正是前圣哲孔子之家乡的脉源，故为前溯渊源、继承正统之意（姜立煌，2005）。进入书院回头一望，可见官威一品、高高在上的状元帽，而不见“榜眼”“探花”。“学而优则仕”是儒家的古训，是自隋代开创科举制度以来读书求通达于社会的唯一途径。朱熹教诲弟子正心诚意、博学进取、发奋苦读。力求功名、读书做官、报国治民、光宗耀祖，便成了古代许多读书人的终身追求，和世代相袭的传统。

在讲堂两边的立柱上，配挂着楹联——“穆穆皇皇大圣人宗庙之门万世学宫，沧沧济济唯君子能由是路出登紫阁”，“祖述尧舜宪章文武，裁成礼乐参赞天人”。兴贤书院门楼高耸，构筑精巧，造型古朴。建筑规模轩敞宏丽，整个布局为三进式，沿着中轴线依次排列，第一进为门厅，分上厅与下廊，上厅为正堂，上供孔子神位，厅正壁彩绘“九龙”图案，高3.3m，宽2.3m。群龙飞舞，

进入书院回头一望，可见高高在上的状元帽

苍劲有力，栩栩如生。相传龙生了九个儿子，各不相同，却也都各有其特别的超凡法力。这是以神话来形象地教导学子们：每个人的天赋和秉性不同，在各个领域所表现出来的悟性就不同，只要发挥自身的特长，就是出类拔萃的佼佼者。正上方悬以朱熹笔体“继往开来”堂匾，匾长2.6m，宽1.2m，意为“上继往哲，下开来学”。堂柱楹联均为抱住联，下廊廊厅悬“升高行远”横额一幅，下廊设有两厢房，另设有东西厢房作为藏书之所；第二进为讲堂，分左右斋舍，讲堂为老师授课之所，两斋舍供学生座谈；第三进有二层木结构，楼上的文昌阁、魁星楼是当时五夫最高的建筑。文昌阁内供有文昌帝君的神龛，按年代阶段分别祀奉着“胡氏五贤”“刘家三忠一文”等五夫诸贤，是表达尊师重学、缅怀儒家先贤和书院有功之人的祭祀区，在书院中起传统教育的作用。楼下为书院学生起居室和书斋及其他辅助用房，分列于中轴线左右，整个建筑重点突出、主次分明、空间序列流畅。书院的左侧是当年朱子门生们焚化稿纸的焚化炉，是一座3.5m高、4层的铁铸炉鼎，有着精美的龙门造型，上面雕刻着盘龙、凤凰的吉祥图案，四周还有精美的花卉、钱纹等浅浮雕边饰，更加富有装饰趣味。白墙壁上一对栩栩如生的灰塑龙鱼，寓意“鲤鱼跳龙门”的典故，表达了对学生们在秀才、举人、贡士和进士四级科考中科科顺利的期许。

兴贤书院建筑采取天井式布局模式

2. 和平书院

和平书院是五代后唐工部侍郎黄峭晚年弃官归隐后所创。书院创办后的数千年间，邵南地区文风鼎盛、人文荟萃、俊贤辈出。历史上曾出过两位宰相、6位尚书、137位进士，明清时期的贡士、太学生更是数不胜数，素有“进士之乡”的美誉，文学家、书法家辈出。和平文化炽盛，和平书院承载了教化的使命。古朴苍老的和平书院，至今仍然挺立在古镇之西的深巷间。黄峭为了造福桑梓，毅然选择归隐，回到家乡和平镇，创立了“和平书院”。书院创立之始，专供族中子弟就学，和平书院从此开了宗族办学的先河，千百年来为古镇培养出一代又一代的人才。后来各族争相效仿，宗族办学自此相沿成俗。

和平书院始建时是什么模样，已无处可知。现存的书院是修建于清乾隆年间的建筑。沿着被学子的步履研磨得如镜的青石板路，缓缓接近书院。驻足书院的门口，心间陡然而生升敬慕之情。斑驳的风火墙和墙头的野草显出岁月的沧桑，在千年的时光中，它塌了又建，建了又塌，绵延而不辍，从时光的深沟里打捞起学子匆匆的身影。和平书院北向大门的设计非常讲究，院门青砖而筑，匠心独运，顶部形状像一顶官帽，三扇门形成了一个“品”字。“品”字寓意要做官就做有品级的官，砥砺学子勤勉学习。一个“品”字，不知桎梏了多少人的才情，但它又是当时读书人最好的出路，反映了旧社会读书为做官，“学而优则仕”的思想，让读书人不追求也难。“品”字似乎也向读书人指明了要为官就要备尝人间五味。

每当学子进入书院大厅，必须登十三级台阶，前六级为努力读书打基础之意，从第七级开始为七品至一品，寓意步步高升。大门上方的木雕月梁为打开书卷的样子，寓意“开卷有益”。“书

和平书院大门

和平书院天井

卷”上原本镶嵌着“天开文运”四字，令人惋惜的是现已不在，只留下模糊的印迹。俯视脚下，地砖已被磨蚀得坑坑洼洼，里面涌动的是学子的汗水和凿壁偷光求学的精神。

书院正厅为授课之所，正上方悬一匾，上书“万世师表”四字。匾是新做的，从中可见古镇居民对传道授业夫子的褒扬之情。环顾四周，已不见古人踪影，然而眼前却浮动着学子习四艺的场景，能感受到这里走出人才的脚步声，悠扬的琴声在耳畔响起，经久不息。

古镇的中心“和平书院”，是一座并不出众的建筑，却是中国创办最早的私人书院。现存的和平书院建筑为清乾隆三十四年（1769年）于文昌阁辟地复建，其建筑青砖高院，大门两侧是精致的砖雕，雕饰内容丰富，现在陈旧书院虽然尚未修缮，但仍然能感受到书院昔日的规模，这书院已有1000多年的历史，是黄氏先祖峭公所创办的学堂。

邵南历来都以尊师重教乐学之风盛行，文化底蕴深厚而享有盛名。如果说和平古镇是邵武文化的发祥地，那么和平书院就是这座具有悠久历史的文化古镇的文化核心，被后世誉为人杰地灵之地。文化教育的发达，营造了和平千余年读书求学的氛围，造就了一批又一批英才人杰。宋代大理丞黄通，司农卿黄伸，榜眼龙阁侍制上官均，元代国史院编修、文学家黄清老等都是从和平书院走出来的。和平书院自宋以后逐渐成为一所地方性学校，吸引了一大批历史上的著名人物到书院讲学。如宋代著名理学大师朱熹、程门立雪的杨时都曾到和平书院讲学布道。据说现存和平书院东面门上的“和平书院”四字就是朱熹题写，伫立其下，犹闻那铁勾银划弥漫的墨香。

和平书院可以说是邵南人才的摇篮。在和平书院的莘莘学子中，也不乏才情如炬，但寄情山水、不屑仕途的清雅之士。明代山水人物画家上官伯达就是其一。如今镇里已有了设施齐备的中小学校，但乡民们对书院的敬仰与寄望之情却依旧不减。和平书院的一脉书香至今仍氤氲在乡民的衣袖间。

黄峭不仅是一位贤者，还是一个思想在当时空前豁达之人。黄峭创立的和平书院居于古镇一隅，它将儒学的思想浸染进古镇的每一条街巷，影响了闽北地区一千多年，这一带出了不少杰出的人才，读书也成为闽北孩子出人头地的捷径。尽管不如白鹿洞书院、岳麓书院、嵩阳书院、应天书院名满天下，但它教化一方子弟的操守却不打半分折扣。至今民居中遗存的“忠孝持家远，诗书处世长”“世间只两样事耕田读书，天下第一等人忠臣孝子”的竹木刻楹联，仍流淌着儒家文化的芬芳。但愿和平书院的墨香在古镇上空恒久不散。

黄峭以教育为本办学的远见卓识，不由得让后人深感佩服。他的思想在当时无疑是难能可贵的，在那个年代已够开明，直至今天仍然很有意义——教育后人自强自立，不袭父荫，毅然分遣子孙远走他乡自己开拓创业，繁衍发展。正因如此，至今生活在世界各地的黄峭后裔约2846万人之多。现在每年都有大量的海内外黄姓后裔来这里寻根问祖。今我国闽、粤、赣等省和台港地区以及东南亚各国大多黄姓宗族均认黄峭为其开基始祖，和平是他们心目中的圣地，是值得他们顶礼膜拜的地方。每年清明，均有大量海内外后裔前来黄峭墓祭扫，到和平寻根认祖祭扫祠堂，也正因如此，黄峭后裔繁衍繁盛。

两宋时期是闽北经济文化发展的鼎盛时期，当时的闽北经济繁荣、文化发达、人才辈出，出过进士、状元的数量在全国领先。实现了真正意义上的“惟昔瓯越险远之地，为今东南全盛之邦”。在此过程中，原本基础相对薄弱的闽北，为书院的兴起和发展提供了良好的社会环境。在这一时期，麻沙成为全国三大出版中心之一，“建瓷”“建茶”驰名四海，铜银冶炼在全国举足轻重。杨时、柳永、严羽、宋慈、真德秀、李纲等名臣大家相继而出，特别是朱熹，在闽北讲学数十年，他热心教育，门徒众多，使闽北成为理学中心。当时闽北书院如林、学者如云，是闽北最为繁华之时。后因明清时期开发沿海，重心南移，闽北才相对落伍。

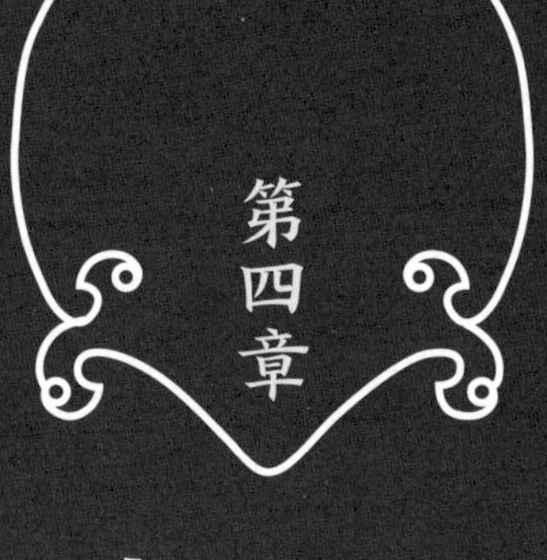

第四章

闽北民居的地域性表达与建筑形式语言

一、民居建筑的材料

闽北的传统民居发展到明清，材料与技术较前代都有发展、进步，如灰砖可以用于外墙，那么也就不需要用排檐来保护了，所以在硬山墙的基础上出现了高出屋面的山墙，因主要功能在于防火，便称作风火墙。由此也可看出明清建筑的地方特色加强了气候、材料、风俗、制度等的协调，从现存的传统民居实例与资料看，各地的建筑材料及具体建筑技术各有差异。福建民居从大的概念上可分为闽北、闽南两大块。因而，各个地方民居都具有自己的鲜明特色。这不仅是指各个大的地区，还包括不同小地区。

闽北地区盛产木材，尤其是杉木，很多传统民居除了屋面覆瓦之外，其他部分都使用木材，特别是墙体，不论是内隔断墙还是外围护墙都用木板。闽北的老屋全是木构架建筑，除了一些大门、柱础、磉墩和少量金柱使用坚硬杂木外，几乎全部使用老杉木，如柱、梁、枋、椽、望板、壁板、地板、顶棚、门窗等。

闽北传统民居大量使用杉木，把它作为主要建材。杉木生长快，产量高，成材速度快，是闽北山区的特产和主要树种。在闽北，一幢普通的房屋可以全由杉材建成，并且不施油漆，叫清水杉。逢年过节，用水刷洗板壁，便露出黄褐的杉木本色，花纹诱人。房屋的木构部分建成后，农闲时村人们互相帮忙夯土墙，做个围护，就可以入住了。如浦城县水北街镇观前村保留有大量以木材料为主的地域建筑，至今仍沿用全木结构吊脚楼和大出檐瓦屋面，具有轻巧、简洁、质朴的特色。由于不同的家庭有不同的经济状况，所以人们都根据实际情况与需要，灵活使用其中的一种或几种材料，以致形成了闽北地域建筑的多样化外观样式与丰富的质感变化。以杉木为主要材料建造的民居既创造出亲切温馨的居住环境，又表现出浓郁的乡土气息。

闽北古代建筑之所以能够突出地发展木构架，一个重要的技术关键就是成功地把木构和夯土结构结合起来。闽北的土木资源非常丰富，是运用最广的建筑材料。材料取于自然，所以，不论是哪一种或哪几种材料搭建成的民居建筑，都与当地的自然景象非常和谐、融洽。在建筑技术上，木建筑是闽北传统民居的基本类型，结构轻盈、灵活、自由，又便于扩建、发展。闽北木材料民居除了具有这些基本特点外，还在露明的本色木构架和木板墙上，重点装饰木雕花纹，活泼、质朴、自然，与乡村环境相结合，使人印象深刻。为了防潮，夯土台基起了极其重要的作用，不仅为承重木柱提供了坚实的土基，而且通过土的夯实消除了黄土自然结构的毛细现象，也阻止了地下水的蒸发，通过地基阶位的提升排除了地面雨水对木构的版筑墙基部的侵蚀，在提高抗压强度的同时，也具备了一定的防潮性能，为木构架提供了所需要的坚固和干燥的满堂基础[①]，有效地保证了土木结构的工程寿命。民居墙基也多以灰砖和石砌筑，其中的石块多是就地开采的不规整的毛石，带有粗犷、质朴的独特风格。这类古建筑多分布在南平、浦城、邵武、光泽、武夷山、建阳、建瓯、政和、顺昌等地。

传统民居中大量使用杉木

闽北的土壤以红、黄壤为主，这种土质很适于夯实墙体，其优点是坚固、承重、耐久，防水吸潮性能也好。经过数百年风雨侵蚀，一些民居的木构架早已坍塌或荡然无存，但生土夯筑的墙体依然巍然屹立，表现出顽强的生命力。因闽北土质的稳定性极好，采石挖土较为方便，以“土”作为建筑材料的民居其围护结构多用卵石砌筑墙基，用红、黄壤泥土夯筑成厚实的墙身，不仅节省木料，而且冬暖夏凉，特别是冬季，可以节省取暖所用的必需而又短缺的木材燃料。

砖类主要有铺地、砌台壁的花纹方砖，砌墙垒阶的红烧条砖、花纹空心砖，还有少量的三角砖。闽北民居比较气派的建筑多为砖木结构，寻常人家则使用土木材料。闽北的红、黄壤泥土也很适合烧制成砖，可以在砖上烧制出深浅不

① 满堂基础一般分为有板式（也称无梁式）满堂基础、梁板式（也称片筏式）满堂基础、箱型满堂基础三种形式。

民居墙基以灰砖和石砌筑，以泥土夯筑墙身

同的花纹，砌筑时则可以利用不同颜色的砖拼砌出不同的图案来，也可以雕刻成精美的砖雕。闽北民居有些建筑的正门，许多部分都用砖、石雕刻着精美的纹饰。砖，主要用于砌墙和铺地。墙砖分眠砖和斗砖，眠砖又大又厚，质地坚硬，用在墙的底部，有的砌到1m多高，有的更高些，视整堵墙高而定。眠砖上部砌斗砖墙，均用约3厘米左右的薄砖，做码斗墙帽、挑檐也用此类砖块，但各家用的砖规格不尽相同。闽北以灰砖为主，灰砖的强度比红砖好一些，灰砖也是以红壤为主的泥土为原料。灰砖制作是在烧到一定火候，砖体表面还很热时，突然浇水加以淬火，使砖体与水发生氧化反应以改变其

主要用于砌墙的砖

颜色。闽北传统民居的结构多是由木料来完成，后来也有一部分砖、石结构的；墙面材料则多为泥土，也有砖、石的。地砖比斗砖厚，多用于铺大厅和走廊，中间多用正方形砖，斜铺呈菱形，四周用长方形砖围边。有些地方民居较注重地面装饰，所以对地面建筑材料也有较高的要求。传统民居的地面用建筑材料还包括室内地面、廊内地面、庭院甬路、散水等几处的铺设材料，均以砖料为主。依据砖料的质量及铺设方法的不同，又分为若干等级。传统民居中较讲究的做法是"细砖地面"，砖料需要打磨加工，使之规格统一、尺寸精确、棱角分明、砖面平整，铺设完成后还要用桐油浸泡。细砖地面细致、整洁、美观而又坚固耐用。淌白地面稍次于细砖地面，只要求将砖料的四个小面进行打磨，而大面则不需要，这样的砖料铺出的地面自然要粗糙一些。不过最粗糙、随意的要算糙墁地面，砖料不经打磨加工，铺出的地面不但粗糙，而且砖块之间的缝隙较大。一般来说，细墁地面用于较讲究的室内，淌白地面用于普通民宅室内，糙墁只能用于室外的甬道、散水。

石材在建筑上多用于民居的入口门廊和建筑的重要部位，如台基、柱础、墙身、槛墙、门枕石、门槛、台阶等。清代是闽北传统民居的收尾与成熟期，是在明代的基础上，更进一步发展、丰富，各地民居的特色近皆显现。民居是一种最普遍的建筑，但在农耕文明时代，它也是一种功能最复杂的建筑。现在所能见到的传统民居实例，多是清代所建，明代的相当一部分都在清时改建过。民居建筑材料的使用，主要是在结构、墙面、屋顶三部分。

武夷山市下梅村邹氏大夫第大量使用了花岗岩。事实上，因为采石不易，闽北建筑里石材的使用十分俭省，只在门楼、天井、走廊、檐阶等少数地方铺设。石、卵石多用于排柱位、山墙、风火墙、围墙地下堆砌基础和街巷铺砌路

用条石做成门墩、柱础、门框、门槛

住宅的入口有精细的青石雕

面。花岗岩条石多用在排柱位和墙基处，起平衡稳定作用，如现在使用的钢筋水泥圈梁。花岗岩良好的质地，加上精细的加工工艺，美观而经久耐用，这种石材的应用表现出结构技术与艺术的完美统一。而为了防潮，传统民居墙体的基础部分用石块砌筑，石料多为条石、青石，大约砌到腰线的高度。另外也用条石做成门墩、柱础、门框、门槛、门楼、望柱，及雕花石柱、梁、坊、须弥座、栏杆等，有的还用于铺砌走廊、天井、水沟、台阶等。条石与灰砖之间，自然产生色彩质感的变化，非常明亮耀眼，值得今人好好总结和继承。

闽北每个地方的传统民居都有自己的特色，材料也互有差别，但这只是从总体上来分析，某个地方较盛产某种建筑材料，人们偏爱使用某种建筑材料和风格，而不是全部，没有细致到每一个个体。所以，在一些以木材料为主的地方传统民居中，也会使用石、砖、瓦等材料。

瓦类有板瓦、筒瓦、瓦当。闽北传统民居主要用青瓦做屋顶材料，闽北多雨，特别注重建房的阻雨材料，而瓦片是闽北传统建筑广泛使用的屋面阻雨材料。闽北烧制的瓦片质地坚硬、经久耐用。瓦又分菜瓦和缸瓦，屋面平铺用菜瓦，角沟、过墙有的用特制缸瓦，也有用铁瓦的。滴水和下水槽则是特制陶制品。闽北传统民居是具有代表性的“灰砖区”民居，青瓦屋面，重楼飞檐，灰砖墙体，青石墙基。住宅的入口有精细的青石雕，人物栩栩如生，入口两边的侧墙以灰色深彩条砖拼砌成图案，既实用又富装饰性。

民居选择当地的传统建筑材料，给人以生命活力与人性的温暖，营建技术则是经过千百年实践检验逐渐选择的适宜本土的传统技术。同时，地域建筑必须强调地方建筑材料的创新性利用，不断总结、研究地方材料，使营建技术、材料、使用功能与艺术达到和谐统一。

二、民居建筑的构造

民居建筑是人造的空间环境，一方面是为了满足功能使用上的要求，另一方面是为了满足精神感受上的要求，前者构成了实用属性，后者构成了美的属性。美的属性必然衍生出美的空间环境，只有遵循了美的法则才能创造出美的空间环境，达到建筑与环境之间及建筑空间本体与传统空间的协调。建筑的发展遵循着形式美的法则，即多样统一，也称作有机统一或者有秩序的变化。建筑形式美以简单的几何形状求统一，简单的几何形状可以创造美感，构成几何形状的要素之间具有严格的制约关系。

闽北大部分地区一直使用木制梁柱排架结构，受此种材料和结构方式的局限，闽北民居建筑的空间组织不可能有比较大的变化，因此，闽北的公共建筑和纪念性建筑的形制，大多一直和住宅的形制基本相仿。公共和纪念性的建筑由于受到各种教条的拘束，形制比较保守、程式化，而住宅是生活化、地域化的，尤其在僻远的乡野和山区，程式化的程度要低一些，更富于变化。

住宅的变化，大致缘自自然环境、人文环境、技术条件，以及居民的经济、社会情况等的差别，其中包括一些民族历史传统的差别。武夷山脉由于绵亘省境西北，又向东北延伸与

住宅是最古老的建筑

住宅与自然环境

仙霞岭对接，成为福建与赣、浙之间的天然分水岭，也是历史上福建与中原长期交通阻隔的重要分界线；闽北山丘广布、平原狭小，境内山岭纵向并列，地势西北高而东南低，地表起伏自西北向东南渐次降低，整体地貌横剖面似马鞍状；由西向东基本并列的两大山脉均西坡陡急，但东坡舒缓且有良好的层级地形发育，在山脉、支脉中分布有许多呈长条状的山间盆地和谷地，成为历史上闽北居民定居、开发的乐土。盆地和谷地为河流所串联，沿河两侧发育了宽窄不一的冲积平原和数级阶地，使河流成为闽北古村落间的最主要交通孔道。这些主要河流属山地性河流，受气候因素影响，季节变化大，水流湍急，同时因地质地貌的作用，河床普遍呈现河谷型盆地和河曲型峡谷相间排列的态势，大小村落从而有次序地分布。

闽北地域的网格水系，以及串珠状大小盆地等基本地理特征，对闽北古村落的形成产生了至关重要的影响。封闭的地形使闽北古代社会与外界的交往与交流受到极大的限制，生产力的阶段性大发展主要由历史上历次移民因素引发，而平时的发展速度则相对缓慢；闽北的村落选址大多在自然条件较好的山地东南坡或河谷两岸，主要集镇仅见于由大河冲积形成的河谷盆地中；村落之间交通不便，交通路线往往循溪延伸，与河流走向一致，并在河流的下游交汇处形成文化、经济交流中心；村落依山而建，大山成为古村落间不同体系分割、形成的“始作俑者”；闽北因为山脉的阻隔，交通比较困难，村落内部传统文化根深蒂固，发育自成体系，具有较强的自我消化功能与排他性等，形成了各自相对独立的小经济区域，培植出不同流域间村落聚居的不同风格。

闽北传统民居从建筑个体来看，存在材料、构造、形态、规模、施工方

山区民居多为两层的“高脚厝”

式、平面形式、墙体、屋顶等方面的差异。传统民居平面多为“天井式”布局，内木构承重和外砖、生土墙体结合。山区的民居多为两层的“高脚厝”干栏式建筑，达官贵人则盖“三进九栋”式的青砖大瓦房。传统民居的特色与该地区的地理环境、经济、文化和历史等诸多方面有关系，并受其制约。

闽北全境的十个县市区，古村落在地域分布上很不均衡，风格也有所不同，其中以武夷山的风格最为明显。闽北的民居虽有着传统的相似性，但又都各有特色，受中原文化和相邻近的浙南、皖南、赣西等地区影响较大，明清时的建筑艺术已逐渐发展成熟，达到了十分精练的程度。

三、民居建筑的形制

人类的建筑活动从住宅开始，住宅是最古老的建筑。随后出现的其他各种建筑类型，如陵墓、庙宇、宫殿等，它们早期的形制大多直接从住宅脱胎而来。由于历史的流变，中原文化逐渐进入闽北，并成为主导文化，闽文化成为中原传统文化与地域性多种文化的复合体，形成了非常鲜明的具有闽北地方区域特色的建筑文化。不同时期的汉人迁入闽北，带来了中原不同时期的建筑形式和风格。

闽北民居平面多为“天井式”布局，土坯土墙住宅就是中原汉人带进闽北的。随着北方汉文化南移，干栏建筑被其他类型的建筑所取代。现存的闽北传统民居，在建筑构造形式上，既有北方地区抬梁式木构架形式，又有南方地区穿斗式木构架体系。在古村落中，从小家庭到宗族的组织关系和形态结构都决定着住宅的发展和形态。因此民居的空间组织、使用和构成均受到村落生活和人们日常习俗的制约，必然有一个与之相适应的建筑形态，其形成的建筑空间也表现出共同的普遍的模式。从唐代以来，朝廷立下制度，庶民百姓的房子只许可“三间五架”（陈志华 等，2007），不能更长更宽。因此，独家的、木梁柱排架结构的、内院式的住宅，是闽北传统民居建筑的主要类型。其中构成民居建筑形制的主要要素有厅堂、住房和庭院三种空间模式。闽北各地古村落在村落的选址规划与民居的建材、结构、形制、装饰手法等方面都非常有特色。

闽北传统民居以砖、石、土、木为主要材料，古墙基，柱础以木为主。建筑结构以抬梁式和穿斗式相结合，挑梁减柱的空间营建方式，极大地丰富了民居建筑的室内空间。民居建筑的基本形制是一进院落的格局，在一进院落的基础上，沿纵向轴线扩展形成二进院落、三进院落乃至更多。闽商阶层的兴起，

木梁柱排架结构的内院式住宅

使闽北建筑造园活动有了一定的经济基础，达官贵人、富商世贾在营造自家宅院时，会在房屋的后面特意划出一片天地，虽然占地面积不大，但其中草木水榭应有尽有，虽然不似苏州园林那般规模恢宏，但是作为民居宅院的点缀，加上各种精雕细琢的三雕构件，花影斑驳下，愈显得小巧精致。罩房、厢房在纵向序列延伸的过程中，自然形成四面围合的天井院空间，民居天井院中多放置石花架、石水缸，其上放置几盆兰花，方寸之间，让人觉得别有一番自然格调，也彰显了闽北传统民居“天人合一”的居住观念和哲学思想。

一个地方的建筑文化是固有历史文化和自然地理环境相互作用下的产物。由于特殊的地理与历史环境，传统民居中的“三雕”艺术充分体现了地域建筑深厚的地方文化艺术内涵。把闽北建筑形式与其他建筑形式进行比较，可以发现不同的文化呈现出不同的建筑现象。而且由于地域、文化、气候因素，闽北地域建筑形成了特有的形式语言。闽北地域建筑的装饰手法很多，室外的有石雕、砖雕、陶塑、灰塑等，室内的有木雕、彩绘等，在传统民居装饰中常常综合运用，在同一空间中和谐统一又相得益彰。

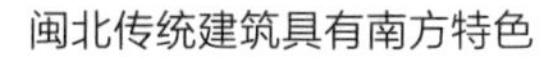
闽北传统建筑具有南方特色

特色鲜明的闽北传统民居建筑

闽北地区的网格水系，以及串珠状大小盆地等基本地理特征，对古村落的形成产生了至关重要的影响，包括闽江上游的各支流（建溪、金溪、富屯溪）广大地区。武夷山市下梅村便是一个典型的代表。源远流长的历史文化、自然隽秀的山水格局与宛如天成的闽北传统民居提供了一个个活生生的古村落标本。

“闽北”在历史上长期存在相对独立的武夷文化区域，这个“闽北”不仅仅是指现在的南平市，而且还指涵盖武夷山脉的大闽北。因此，该文化区域不仅包括现在地理意义上的闽北，还包括闽西北。古代历朝的地理沿革多有变化，但闽北各地历来关系密切，语言和风俗相近，形成了一个相对独立的文化区域。闽北传统民居主要分布在唐代的建州、明清的建宁府，全域是闽江上游的三条主要河流——建溪、金溪和富屯溪流域。分为东、中、西三片。东片为建溪上源南浦溪流域的建瓯、松溪、政和、延平、顺昌，以建瓯为代表。中片为建溪另一上源崇阳溪流域的建阳、武夷山、浦城（南部），以武夷山为代表。西片为闽江另两条上源金溪和富屯溪流域的邵武、光泽、泰宁、将乐，以邵武为代表（戴志坚，2009）。

闽北历史悠久，人文荟萃，形成了许多各具特色的文化名村名镇，如武夷山市的下梅村、城村、五夫镇，邵武市的和平镇，光泽县的崇仁村和浦城县的观前村等，其中保存了大量形态相近、特色鲜明的传统民居建筑。其规划水平甚高，结构布局丰富多彩。闽北现存的古村落大多数是在明清经济、文化发展繁荣时期（14—19世纪）逐步建设发展并成型的。传统的村落形式是随着集市的形成而产生的。集市为人们的交换活动提供了固定的时间、地点。为了能就近进行贸易活动，人们围绕集市安家落户，于是形成最早的贸易聚落。

当溪两旁的古井

邹氏大夫第的四方天井

第二节 民居建筑的特点及其形式语言

一、民居建筑主要部分的组成

闽北传统民居主要部分由生土、砖瓦、石料、木材组成，闽北是福建重要林区，盛产木材，因此民居的所有柱、梁、板及建筑构件均以木构件为主要承重构件。另外，生土夯筑的墙体承重、保暖、吸湿、防盗，是很好的墙体材料。要把新挖出的黏土先放置一两年，待到黏度合适后再进行夯制。外墙是用黄土夯筑成约0.6m厚的生土墙，仅起围护作用。墙体与内骨架各自发挥作用，墙倒屋不倒。夯土墙体施工时用1.5m左右的木模板，依墙厚两边放好，用特制的卡子夹住，再配置黏度合适的黄土分层夯筑，内部采用木板、竹片或芦苇编织成片，外持草泥，作为内分隔墙。夯好一板再移动模板，一板一板地夯筑。待墙体全部完成后，用特制的小木拍子把墙面补平拍实，以达到使用要求。经济实力较好的人家，改砌砖墙，同时也会修筑精美的雕花门楼。

闽北传统民居其特点有三：一是宽敞，整座建筑有大门、门楼、前厅、大厅、后厅、书楼、香阁等，每栋均为三进，大厅堂用杠梁造法，柱头挑出二支斗栱，斗栱镌有花鸟饰案。二是精美，无论青砖雕砌的门楼，镂空雕花的木梁，精美的镂窗，典雅的檐廊，都经过精工细雕。三是布局统

枕溪而建的民居建筑

风火墙上多绘有二方连续彩画

一，山墙造型优美（何绵山，1998）。

闽北由于地处山区，为省土石方，常用垂直等高线办法布置，建筑依山就势，进进升高，山墙和屋面层层跌落。一幢房屋高差3~5m并不罕见。民居不论建筑进深、开间如何变化，最后一进总是两层楼房。楼下会客，楼上可以读书、休息，分区明确，空间利用合理。厨房、饭厅设在民居的最后头，即在后进房子长长的披檐之下。有条件的通常在此设内庭院作为服务、活动空间。民居各厅堂的山墙处常做成硬山的风火墙。风火墙有平行阶梯形、云形、马鞍形等许多丰富多彩的形式。为了防火，通常风火墙高出屋面和屋脊，随屋面的倾斜而向下跌落。整个墙面没有多余的装饰，毫不矫揉造作，自然流畅，顺理成章。它有别于安徽等地阶梯形直上直下的层层跌落的风火墙，而是用流畅自如的曲线墙头给人一种优美的波浪形线条，极富美感。

闽北民居建筑门面多饰以砖雕、石雕，青瓦屋顶起架平缓，墙体采用灰砖和木柱板壁。由于农村住宅的类型和形制十分丰富，列举不可能穷尽，分类十分困难，所以抓不到一个有本质意义且有可比性的公共因子揭示各种住宅的基本特点。从社会性特点分类，有核心家庭的独家住宅和大家族聚居式住宅。从结构材料分类，有半木构的，在闽北有一种墙体是由土、砖、石三种材料依次砌成的（如用夯土墙、砖墙、石墙）。这种墙体的通常做法是，勒角以下部位由卵石叠砌成卵石墙，其上砌青砖实心墙，再上用三合土夯成土墙，有的还在大约一层楼面以上的位置砌空斗砖墙。这样由卵石、生土、砖墙共同砌筑的结构，材料搭配科学，受力合理，保证了墙体的稳定和牢固。还有全木构的、独家的木梁柱排架结构，其中全木构的住宅无疑占绝大部分，分布也最广。从空间格局上分类，有内向院落式的，如四合式、三合式。

闽北的家庭大多数是“三口之家”或“五口之家”的小家庭。在长期的宗法社会里，财产私有制和一夫一妻制，使家庭生活一般具有强烈的排他性，所以住宅自然倾向于独家式。在闽北农村虽然有“父母在不得析产分居”的规矩，但习惯上是，长辈家长未过世，儿子就要分家，除长房一直住在祖宅里之外，其余儿子都要另建新屋。乡间俗话，一个男子汉一生的三件头等大事是“造房子，娶妻子，生儿子”。造房子是娶妻子的前提，娶妻子是生儿子的前提，而生儿子是宗法社会中宗族繁衍的利益所在。所以，造房子是对男子汉人生价值的肯定，是他的尊严所系，是他对宗族的责任。父母嫁女儿选择女婿的标准是“自家门头自家井”，这种风俗更导致独家式住宅流行。

排他性的小家庭生活需要安静和私密性，住宅就倾向内院式。内院式住宅产生于很早的古代，但它后来长期的盛行还有几个重要原因。其一是，由于“地狭人稠”，绝大多数乡土住宅集合成建筑密度很高的村落，所谓“鳞次栉比”。在这种情况下，内院式住宅比占地面积相同的外院式舒适。它安静，私密性高，空间完整，在当时的条件下功能比较齐全。其二是，梁柱式排架结构的房子，受材料和技术的限制，进深不大，内部空间的增加不得不靠并列更多的开间。内院式住宅的又一个优点是能加强家庭成员之间的亲密感，能使在喧闹熙攘的世界中劳碌终日而归家的人感到身心的解脱和亲情的温馨。

闽北传统民居的建造并不复杂，村民们从山上、河滩找来石料、卵石，用石料垒筑地基，用闽北当地特殊的红壤烧制成砖、瓦，再从山上砍来本地盛产的老杉木，这样，建造一栋房子所需的主要材料基本完备。普通人家的房屋内部基本全部由杉木板构造，杉木树干坚硬笔挺，是闽北当地传统民居理想的建筑材料，清水杉上富有韵律变化的原木纹理，给人以自然、质朴的美感，像极了隽永深沉的山水古画。

典型的闽北建筑受徽派建筑影响较深，青砖灰瓦，朴素大方。普通人家的屋脊都是平直的，只在檐角起翘，像伊秉绶隶书里刚劲而短促的燕尾；高大的风火墙错落起伏，形成梯级节奏。闽北建筑质朴的造型、刚硬的风骨、深沉的色调，都让人想起儒家思想的核心——仁、义、礼、智、信、忠、孝、悌、节、恕、勇这些社会政治、伦理道德的最高理想和标准和对后世影响深远的传统价值。

内院式的传统乡土民居建筑

全由杉材建成的房屋

闽北传统民居建筑的美不仅表现在外部造型，而且也表现在内部空间。闽北的木构建筑形式尤其突出。它与西方的石构建筑相反，墙不起承重作用。其全部承重功能都由梁柱承担，力学原理和技术就体现于结构之中，而结构则全部裸露在外，因而功能与审美合二为一。现存清代以前建造的成片历史传统建筑群，基本风貌保持完好，传统民居共性和个性共存。

木结构承重的传统民居

二、民居建筑的艺术特点

闽北的传统建筑装饰艺术明清时期已逐渐发展成熟，达到了十分精练的程度，风格端庄、敦厚而不浮艳，质朴、自然而又严谨，基本具备了所能见到的古典建筑装饰的主要特征。它根据不同材料的特点进行技术与艺术的加工，并恰当地选用雕刻、绘画、书法等多种艺术形式，灵活搭配、相融，达到建筑风格与美感的协调、统一。

一座有历史文化价值的古村落，往往是一个社会和一段历史的缩影。如邵武市和平古镇的李氏大夫第，建于清同治年间，俗称“李恒盛”（寓意“永远繁盛”）。该大夫第建筑面积1000余平方米，四合院式天井院建筑，南侧有木构二层护厝。合院内三进厅，均三开间，穿斗式构架，大式作法。门棂、窗棂、雀替等构件雕饰花草图案和人物故事。石柱础，均有桎。厅堂柱上原有用大毛竹片雕刻的一副意义深刻的对联：“天下第一等人忠臣孝子，世间只两样事耕田读书”，充分体现了儒家长期提倡的忠孝与耕读文化。站在第三厅的中央可远望

和平镇村落布局示意图

二进厅屋顶有一个四不像怪兽的屋脊装饰，即古朴又神秘。其门楼极为壮观，挑檐，砖质斗栱层叠，砖雕精致细腻，内容丰富，有栩栩如生的历史人物故事和美轮美奂的多种动植物和吉祥图案。八字面的墙上有四幅《三国演义》的典故："斩颜良""华容道""长坂坡""博望坡"。四幅砖雕采用了浮雕和镂空透雕的技法，

精美绝伦的砖雕艺术

所雕人物造型精美，将人物的喜怒哀乐惊展现得淋漓尽致。还有一幅雕刻玲珑剔透的砖雕“宋太祖千里送京娘”，人物战马形态生动，画面极为精美。门楼雕刻这些历史人物故事，折射出房主人崇尚“忠”“勇”“义”“孝”传统文化的思想。此外，雕刻精美的松、竹、梅、鹤、鹿、麒麟等组合的画面错落有致地分布在巨大的门楼上，极具美感。最奇特的是，在题额上方左右两边各有一只凤和一条雕刻精细、活灵活现的龙。不过所雕之龙在凤的下方，与传统的龙在上、凤在下正好相反，是典型的清同治年间产物，历史时代特征非常明显，让人不仅欣赏到精美绝伦的砖雕艺术，还感受到沧桑的历史印迹。

和平古镇有“进士之乡”的美称，自宋代至清代，进士就有100多人，明清时期的“贡士”、太学生更是数不胜数，可谓人才辈出，其中最为杰出的当数后唐工部侍郎黄峭。坐落在和平街东侧的黄氏大夫第，是一座时代风格明显、地方特色浓郁的占地面积2000多平方米的豪宅，该宅是黄峭第三房郑氏第十九世孙黄映璧的宅第。面临大街，主合院三进二厅，正厅为一厅三天井，均三开间，南侧有护厝。黄映璧为清嘉庆十七年（1812年）奉直大夫、直隶州五品知州。该门黄氏自雍正至嘉庆间祖孙三代均诰封为大夫，谓为“一门三大夫”。黄氏大夫第号“大东家”，清嘉庆年间建筑，共有3座院落，分别位于和平古镇主街东西两面。街东两座并列相连，坐东朝西，这两座朝西的合院为了避免夏季下午烈日直晒，厅堂檐前梁枋上设置了活动机关，用云母片制成遮帘，收放自如，非常巧妙，又不影响采光。街西一座，坐西朝东。街东两座的后宅原有花园和戏台，令人感到缺憾的是，戏台已被拆除。和平民居建戏台的目前只发现这一例，绝无仅有，实属罕见。

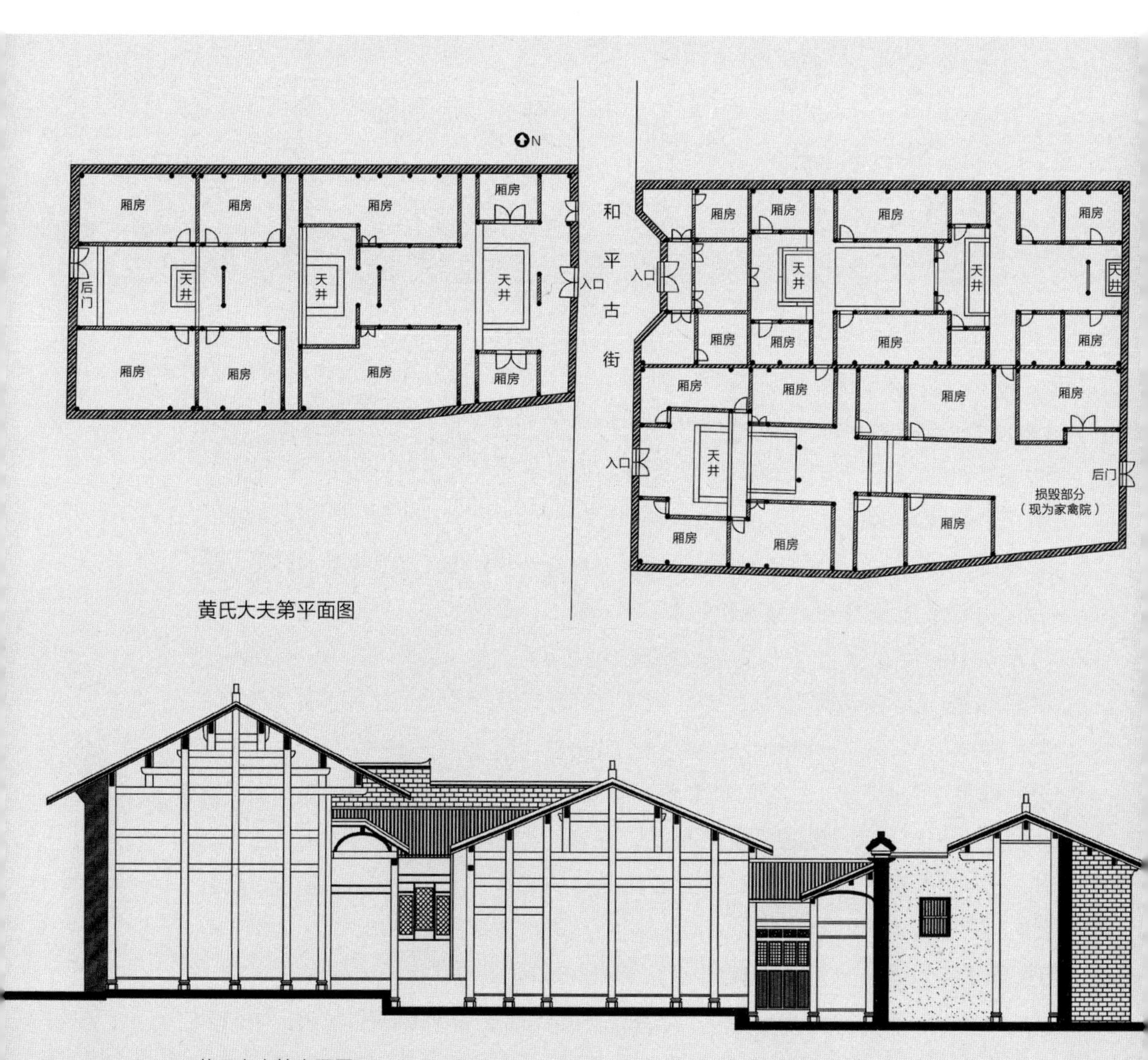

黄氏大夫第平面图

黄氏大夫第立面图

黄氏大夫第主院落建筑技艺精湛，砖石结构四柱三间一门牌坊式八字门楼，砖雕丰富精美，富丽堂皇，有简洁疏朗的图案，也有内涵深刻的画面。四幅主画面采用粗犷的写意技法，雕刻了松，竹、梅、鹤、锦鸡等物，谐喻“松鹤延年”、“竹报平安”、“富贵长留”（牡丹柳枝图）、“锦绣美满”（锦鸡梅花图），既有深刻的文化内涵，又有浓郁的地方特色。

天井水漏设计成铜钱状，采取暗沟排水

千百年来，闽北传统民居以其绚丽非凡的手笔，写就了民间建筑史上辉煌的诗篇。黄氏大夫第写实的砖雕别有一番情趣。传统民居深厚的文化底蕴既表现为砖雕建筑的艺术共性，也表现为丰富的个性。房子建筑结构为穿斗式构架，大式作法，木构件小巧细致，瓜柱、月梁、雀替、花窗、隔扇均有精美的雕饰，栩栩如生。尤以厢房门棂雕饰最为丰富精致。花窗除了雕刻精美的花草外，还雕刻了蝙蝠和鹿。蝙蝠象征“福”，鹿象征“禄”，造型生动，充分表现了主人祈求福禄的美好心愿。这里的天井水漏设计成铜钱状，采取暗沟排水，且雕凿精细，蕴含“肥水不流外人田”之意。

和平古镇的街巷

闽北传统民居资源相当丰富，不仅仅分布面广，且数量众多。在和平东门街旁有一座李友杜所立的岁进士牌坊，是和平现存唯一的岁进士牌坊。据《庆亲里李氏宗族》记载，南宋名相李纲第七子的一支后裔聚居和平，所居之处称“李家巷”。清代时此巷李姓一族出了三名进士，因此又称“进士巷”。穿过进士巷便是李宅，门楼古朴壮观，向世人展露闽北民间建筑的韵味。李宅是古镇现存仅有的两座明代建筑，其结构特点是大合院套小合院，既独立又相连。天井

精美的砖雕

讲究四水归堂，采用明沟导流。厅前两根巨柱竖立，为存世的明代传统民居建筑特点之一。无论是外观还是内部构造，这些闽北的传统民居都有着重要文化价值。

三、民居建筑的风格

中原汉人因战乱、灾荒等原因辗转南迁闽北山区落籍繁衍。汉人先民南迁定居闽北后，不但传播了中原的先进耕作技术，而且建筑民宅保持了原有的传统风格。建筑工艺采用中原汉族最先进的抬梁式与穿斗式相结合的技艺，选择丘陵或斜坡地段建造。建筑布局是以南北纵轴对称布置，前低后高，主次分明，错落有序，布局规整，封闭独立的院落为基本特征。按其规模的大小，有最简单的一进院、二进院和沿着纵轴加多三进院、四进院或五进院。

闽北邵武市和平古镇的传统民居是多种艺术融合的结晶，仅精美的砖雕就令人叹为观止。走在长长的、幽静的古街、小巷，不经意间，两旁精美的砖雕和风火墙就会映入眼帘，让人在感受到民居古朴之风的同时，也领略了它的典雅与华贵。甚至一座非常普通的民居的门楣上都有镂空透雕的砖雕精品。和平古镇民居中所荟萃的精美的雕饰，集中体现了古代闽北工匠高超的工艺水平，彰显了和平古镇深厚的文化底蕴。和平古镇不乏豪门巨宅和有价值的建筑，砖雕、木雕工艺精湛。和平古镇砖雕不仅数量多，而且巧夺天工，件件都称得上艺术珍品。行走其间，犹如置身艺术的殿堂。“花绽百姿草竞妍，鸟鸣千啭蝶翩跹。篷船摇橹漪澜丽，骏马扬鬃将甲坚。”这首题为《砖雕》的七绝，描写的就是和平古镇美轮美奂的砖雕艺术。和平古镇内的近百条小巷在高墙间蜿蜒，古朴、幽静、深邃，见证百年夕阳烟雨。

古镇的廖氏“大夫第”，又号“廖健顺”，建于清同治年间，为朝议大夫、四品衔广东候补通判加三级的廖传珍宅第。此房廖氏晚清时祖孙三代“一门四大夫”亦儒亦官亦商。廖氏大夫第有一些中西合璧的元素，文化氛围浓厚，共4座院落，占地2000余平方米。临街两院落三进二厅三天井，前店后宅。位于西门的两座坐东朝西，主院落三进二厅二天井，另一院落为单进厅。西门廖氏大夫第主院落三进二厅，面积500多平方米。大门取正西方向，是廖氏大夫第的特点之一。主院落的第一进在主门楼外，且仅在两侧建廊楼，楼上为书房，名“课子楼”。门楼仅有少许砖雕花草图案，简朴无华；门额镌刻楷书“大夫第”三个大字，遒劲有力。“课子楼”的雕饰题刻及楹联书画俱精，文化内涵丰富深刻，为上乘的艺术佳作，是传统文化的体现，南侧廊楼的一株古柏，是建廊楼前就有。建房时保留古树，让其穿屋而出，是中国古代哲学强调天地自然、时空与人事和谐，注重环境协调和生态保护的思想在建筑上的体现。一首题为《穿房柏》的诗写道：“根扎雕廊下，干穿房顶荫。雕廊颜色老，虬柏绿犹新。”这是对穿房柏真实的写照。厅堂上“贤孝可风”的牌匾是清代晚期邵武府正堂朱锡恩褒奖廖德昌的儿媳、廖玉堂的妻子付氏宜人的。付氏宜人是一个贤良、讲孝道、热心公益的人，是公认的贤妻良母。门朝西的廖氏大夫第临街的院落，三进二厅三天井，前店后宅。房屋穿斗式构架，三开间。瓜柱、门枨、花窗雕刻花草图案、历史故事。

廖氏大夫第

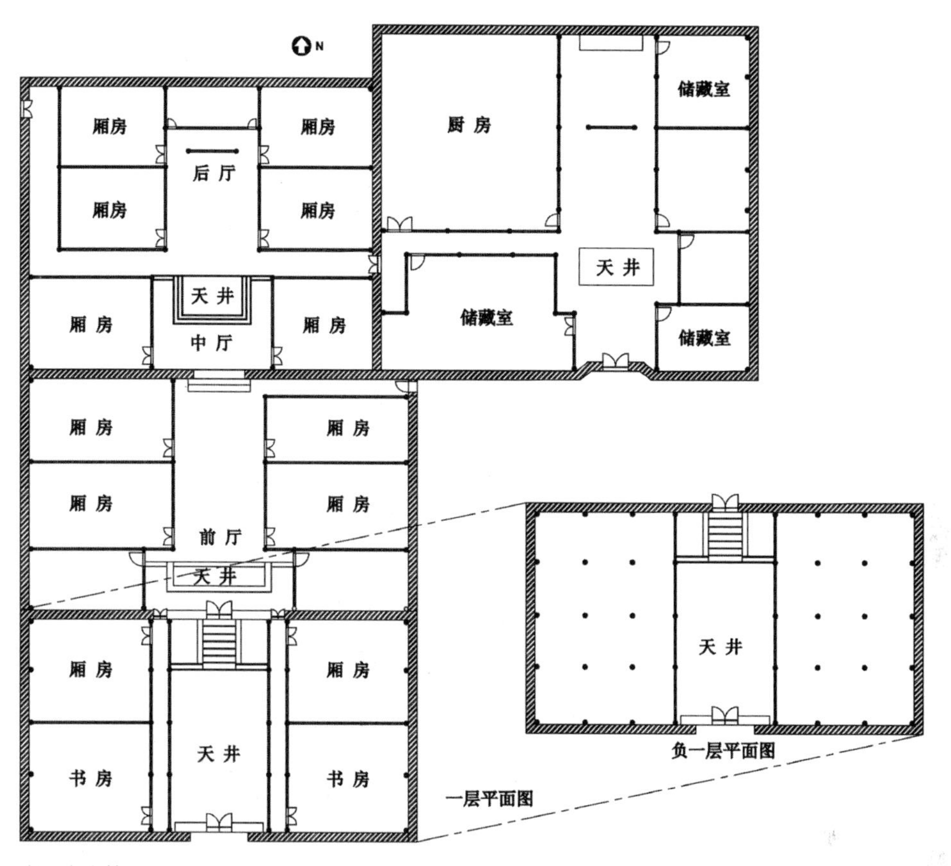

廖氏大夫第平面图

廖氏大夫第立面图

邵武市和平古镇现存东北两座谯楼。东门谯楼是三重檐歇山式，而其他三座谯楼均是两重檐的。东门谯楼，门洞用石条砌成，墙体用大块的卵石筑成。城墙脚下“禁止搬运、保固地方”的石头，是和平“旧市三禁碑”之一，为清代设立。当时地主少、农民多，农民每次把收成的大部分上交给地主，在青黄不接的时候，粮价上涨，地主就把大部分的粮食外运到邵武城关或福州，造成产粮地变为缺粮地，农民面临饥饿的威胁，因而设此碑，并轮流放哨，规定所有私自外运的粮食都必须没收或低价收购，因而它起到维护当时粮食市场的作用。

北门谯楼，当地人称“武阳楼”，因它对面的山叫武阳山，清同治年间翻修过。城门的门洞用条石砌成，比东门门洞高大。城门两边各保留了一段用鹅卵石筑成的明城墙，鹅卵石上长满青苔，漫漶的缝隙间长着青青野草，四季皆有野花开放，充满了诗情画意。风雨谯楼，见证百年夕阳烟雨；古朴城门，迎送多少古镇喜忧。

北门谯楼，当地人称“武阳楼”

和平古镇民居的朝向，大多坐西朝东或坐东朝西。这种朝向导致夏天太阳长时间从天井上方照射至厅堂，使厅堂酷热难当。为了避暑，房子采取了两种遮阳的方法，即轨道推拉式和卷帘式。黄氏大夫第朝西的两座合院采取的是轨道推拉式遮阳法。这种遮阳法是在厅堂檐前梁枋上设置活动机关，用牡蛎片制成既可遮阳又可采光的遮阳板。若要遮阳就拉动机关的拉线，遮阳板就顺着轨道往天井上方运行，直至完全遮挡住；而将拉线反向拉动，遮阳板便往回运动。另一种是转轴式，即用一个转轴来卷放遮阳布。廖氏大夫第使用的是这种遮阳方法。此外，和平古镇还有郎官第、恩光宅等。郎官第位于古镇主街西侧，是现存两座中的一座。这座郎官宅，门楼用青砖建成，砖雕少许，此宅门面朴实，简约大方，刻在门额青石板上的“郎官第”，笔画苍劲有力。砖雕窗户精美无比，寓意深刻。民居厅堂在天井后，窗棂用青砖精雕细刻而成，分别刻了琴、棋、书、画四样东西，充分彰显了这家主人的艺术品位。

邵武市和平古镇独特的地域文化与丰厚的人文、建筑景观交相辉映，风俗极具地方特色。有一个小酒坊，坊前挂“古镇第一家”的字号，出售农家水酒，有“闽酒当以此为第一”的美誉，古镇一条保存完整的青石板街道两旁开有小

郎官第

游浆豆腐

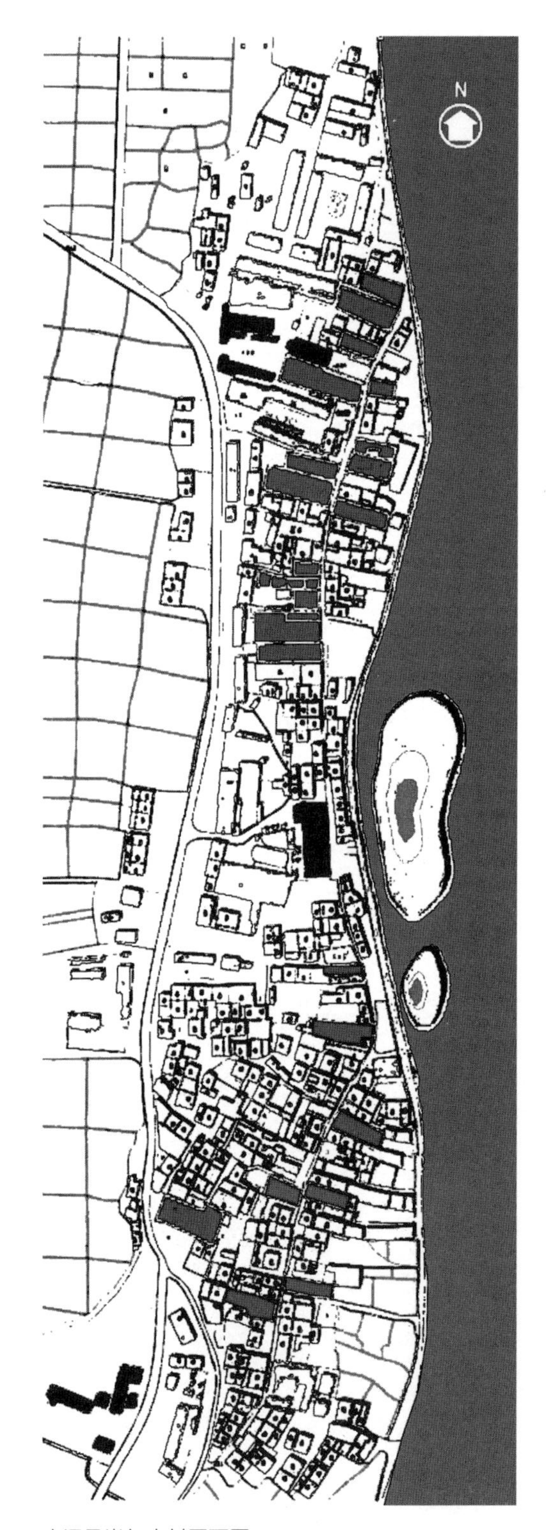

光泽县崇仁古村平面图

卖铺。和平还有“三绝”——摆果台、观星茶、游浆豆腐。和平镇有古朴的手工作坊，几户人家以祖传做豆腐为生，门前摆放的白嫩嫩的就是“和平豆腐”。传统的豆腐制作不是用石膏就是用盐卤，他们做豆腐与众不同，既不用石膏，也不用盐卤，只是把头一天磨制的豆浆留下一点，以陈浆作为酵母制成豆腐。次日熬煮豆浆时，一边搅动大锅里的鲜豆浆，一边慢慢注入昨日留下的陈浆，这种豆腐就叫“游浆豆腐”，这种独特的制作工艺堪称一绝。小镇的豆腐远近闻名，据说，到了和平镇不吃和平豆腐就不算来过和平。游浆豆腐细嫩爽口、风味独特、营养丰富，是纯正的绿色食品。

古镇古街旁的木架上还晾晒有整排的手工线面。特色邵武土菜小鱼干、油炸豆子、汤老板家的鸡汤等，凡此种种，把“食在和平”的说法演绎得淋漓尽致。和平古镇浓郁的文化积淀、古朴的精美建筑、丰饶的民风民俗令人难忘。

崇仁村的明清古街位于光泽县城北部，离城7km处，为崇仁乡所在地。全长约1.5km，古时号称“5里长街”，总面积约2万平方米，由民居、祠堂、庙宇、书院、牌坊、戏楼、道路等组成，现居200多户人家。据史料记载，该村建于宋代，有1000多年历史。而古街完整形成始于明末，距今已有400多年的历史。走在崇仁村中，让人感到如走进了厚重的古文化历史。这里保留下来的古建筑、人文历史、民俗风情无不让人感受到古村的魅力，古街至今保留明清时代的风貌，其建筑工艺和古朴的民风、深厚的文化内涵，备受人们的青睐。

在明清时，崇仁古村的古街上建有崇仁书院，至今旧址尚在。这里历史上出过不少杰出人物，过去中科举出仕做官的大有人在，让古街人为之骄傲。明代年间，山东省渤海龚姓人在朝做官，得罪权贵而被治罪，家中三个儿子分头逃难。一个儿子跑到光泽与江西交界的增坊村定居躲避。几十年后家族中一人考举做官，于是开始发达，移居到这有山有水、地势平坦、交通方便的崇仁来买地盖房居住，繁衍子孙，家业兴旺起来，从而慢慢形成一条现在还较完整地保留着鹅卵石铺就的街面。

过去古街四周有城墙，为长圆形，长约万米，高约3m，宽约2m，团团包裹着整个古街，分东西南北四个门，东西两端还有数十米的老城墙遗址屹立在那里。街上民宅都为传统民居样式，几进几出，砖木结构，由门墙、影壁、天井、耳房、厅堂、厨房等组成，通风、防火、美观，集中原建筑文化和闽越建筑文化于一体。有的过去还有假山、花园、池塘、石桥、戏台等。

古街呈南北走向，民居属街北保留较好，两排一色传统民居，都保留明清时代建筑的风格，除几幢坍塌外，完好的有20多幢，部分完好的也有20多幢，至今仍住着邱姓、王姓、黄姓、吴姓、裘姓等族人。街道两边仍保留着明清时代的民居、家祠，保存比较完好的民居主要分布在古街北端约500m长的地段上。被列入省级文物保护单位，典型的有三处。

龚宅。位于光泽县崇仁村崇仁街12号的龚明旺宅，建于明嘉靖年间（1522-1566年），清康熙年间（1662-1722年）重修。该宅规模宏伟，建筑呈抬梁式木构架，硬山砖墙。正厅两侧的梢间作卧室，天井两侧厢房作书房，窗格饰“卍”字纹。后厅与前厅相似，四进厅与正厅相似。后有附屋，主体对称，侧屋不对称。

大门前有店面，当年是染坊。在一条纵向的主轴线上，布置门厅、正厅、后厅及附属用房。入口门厅，中设屏门保护隐私。正厅三开间，规模宏大，空间高敞，天井两侧厢房作书房，天井作采光通风用。二、三进之间用过廊连接，过廊顶部做简单顶棚。厅堂高大开敞，处于十分突出的地位。而厅堂之前的庭院相当狭小，似厅堂空间的延伸，这是潮湿的气候在建筑布局上的突出表现。厅堂是

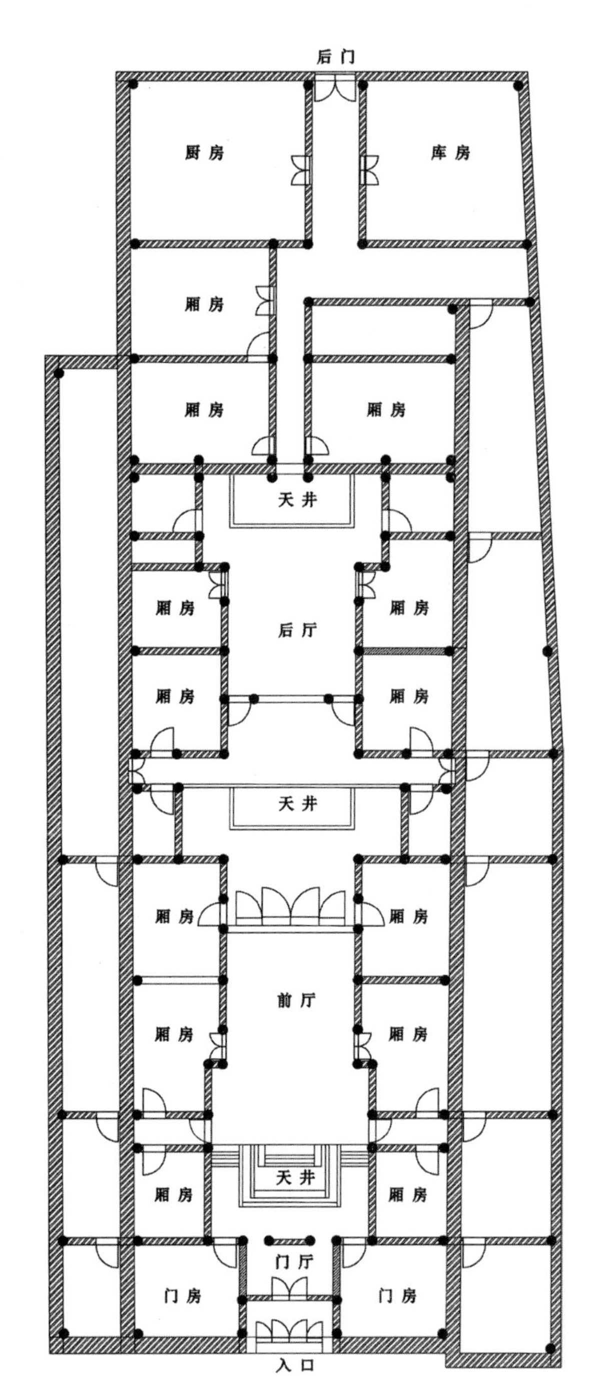

龚明旺宅平面图

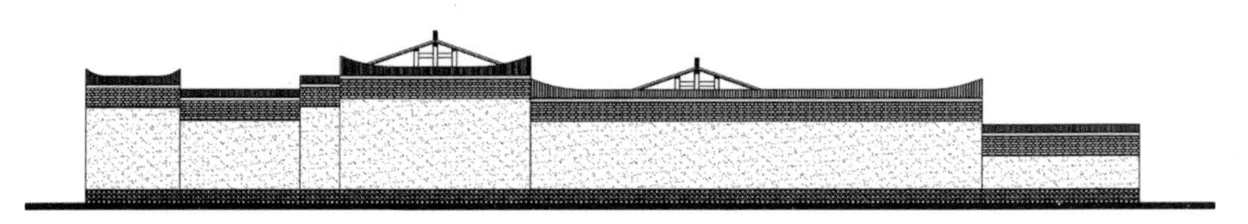

龚明旺宅外立面图

建筑的主体，日常的家居活动，一般都在厅堂展开。宽敞明亮，前后贯通的檐、廊、厅堂既能遮阳避雨，又有良好的通风条件，居室与之相比显得狭窄晦暗。整栋建筑细部装饰繁简适中，简明大方。正厅两根金柱柱础的柱身裸露，八角形柱础造型古朴，雕刻精美。梁架雕刻极具地方特色，穿枋造型优美，枋上雕花，梁托子（斜撑）做象鼻状，上托莲瓣状方盘。藻井饰蝙蝠，斗栱、雀替雕工精美，花窗雕刻题材丰富，雕有四季花卉、喜鹊、松鹤等图案，寓意“花开富贵”“竹报平安”“喜上眉梢”等。宅内保留有一张古色古香的高脚几案。

龚宅的建筑呈抬梁穿斗混合式，土木结构。内墙材料为木板。外墙体系用正面青砖空斗墙，其余为夯土墙；墙面出于安全需要，对外极少开窗；鹅卵石基础上平砌青砖，既有利于防潮湿，又有利于排水。硬山两坡屋顶，山墙为跌落风火墙，屋面材料采用小青瓦。

福字楼。位于光泽县崇仁乡崇仁村街中的“福字楼”，约清康熙年间（1690—1710年）建，建筑面积830m^2，建筑样式独特，正厅的明间有两根木柱，靠近天井，柱基和柱身裸露，柱基雕刻精美，檐前顶棚为一道弧形的轩，地面方砖历经百年踏磨，依旧闪闪发亮。整个建筑由门楼、停轿厅、门厅、正厅、天井、大厅、后厅、厢房及后屋等组成。五山式砖构门楼，大厅前檐卷棚轩，后厅置神龛。内部厅堂回转，后厅围绕天井分东西南北四厅，称为“十字厅”，建筑风格今人罕见。柱基、屋檐、门窗花纹雕饰精美考究，展现了明清工匠高超的技艺。内部的门窗、梁栿、斗栱等木雕花纹精细考究。后厅原有檐楼、花园、鱼池、假山、石桥等，四周建有风火墙。

福字楼保持清代民居建筑风格。两进合院式，大厅规模宏伟，空间高敞，细部装饰精美。均面阔三间，门楼虽不怎么气派，但一进门楼的走道是用石板铺就的，里面的天井也是清一色的石板，房子是典型的南方建筑，有正房、厢房、天井与围墙。正、厢房共11间，雕梁画栋，做工精细，二楼屋檐下有几个破败的窗格显得很老旧，一楼大厅中，挂有3个牌匾。所有的这一切，都彰显着主人曾经的飞黄腾达。

据说，在清代，祖先从陕西的丹凤县搬迁到崇仁乡崇仁村，传了18世子。三百多年前，崇仁发达了，于是斥资建造具有影响的福字楼，为后人留下了宝贵的物质与精神财富，2010年被列为省级文物保护单位。

裘氏民居。位于光泽县崇仁乡崇仁村崇仁街13号，建于明嘉靖年间（1522—1566年），清康熙年间（1662—1722年）重修。面宽36m，进深42m，建筑面积1512m^2，裘氏民居四周风火墙，青石砖雕八字门面，抬梁与穿斗混合结构，土木结构建筑是大式做法。平面布局为五天井五开间，中轴对称。进门为停轿厅、小天井，左侧为厢房。正厅面阔五间，前厅有屏门，中天井带踏步，天井两侧有对称的厢房作书房。

进门小天井前照壁上额砖雕龙、凤及松、鹤、竹、瓶等图案，木构件雕饰题材丰富。该宅规模宏大，硬山砖墙，正门上方有三层牌楼，上面雕砖花墙，砖花上花鸟虫鱼、龙凤腾翔、八仙人物、花园院落、山水美景等，形态逼真。前后厅堂空间宽敞，砖雕精致细腻，龙凤图案组成“福”字，雕有松鹤、花瓶，谐喻“松鹤延年”“竹报平安”。整座建筑木雕精美，具有较高价值。天井中置有石制花台荷花盆，中间和两侧有踏步。正厅后中间设过厅，正厅两侧的梢房作卧室。正厅穿斗、月梁、斗栱、雀替的木雕精细入微、题材丰富、造型生动，尤其是正厅檐柱雀替木雕一对狮子，极为逼真鲜活。过厅顶部做藻井，雕刻蝙蝠，谐喻“五福呈祥”。花窗雕刻喜鹊、“卍”字纹、如意图、鲤鱼跳龙门等雕花图案，栩栩如生。右侧有券门房，后厅有藻井，两边小天井、中厅、后厅依次展开。建筑的主体是厅堂，而不是庭院，因此庭院相当狭小，厅堂却高大开敞，是活动的主要场所。后进又是一厅两卧房，居室与之相比显得狭窄晦暗，券门外是厨房。原来后院是花园，现已成废墟。

这高水平的建筑造型和匠人的精湛技艺，在当时手工建筑时代可谓难能可贵。外墙体在鹅卵石基础上平砌青砖，正面青砖空斗墙，山墙下为青砖上为夯土。内墙材料为木板。

古街最突出的建筑是裘氏家祠，是高过全街的房子。清雍正十一年（1733年）建，为家庙结构，面积340m²。砖石结构，四柱三间，有八字形牌坊式门楼。三进厅，门厅设屏门，大门上有三层砖雕牌楼，大门上方有砖雕花墙，纹饰精美，斑斓辉煌。大门上方正中嵌一青石匾——“裘氏家祠”，采用“假屋顶”的方式衔接，大门和屏门之间的屋顶中间饰有一个八角形的藻井，由庭院、戏台、廊楼、大殿、后殿神龛等组成，艺术价值颇高。大门两旁有骑楼，下方为影壁，当时官宦人家才能这样开。有趣的是，裘氏家祠被三四家祠堂团团包围，据说是为了形成合围之势。

沿街还有一座御赐的龚姓门楼式节孝牌坊，也是全县最后一座门楼式的节孝牌坊。正门上方是牌楼建筑，正中石匾雕塑有金龙，以示皇恩，“恩荣”二字下有一石匾，上书“乾隆二十五年礼部题奉旨旌表儒士龚文宗妻李氏节孝”。崇仁古街至今还保留着浓厚的民俗文化氛围，几乎每月都有活动。本村和各地信众在这里聚会，加上表演当地茶灯舞、三角戏、马仔灯等地方戏曲艺术，吸引众人前来观赏。

外墙体在鹅卵石基础上平砌青砖空斗墙

闽北民间有开族立祠之举，为的是追本溯源，不忘先人和睦族之意，光泽县司前乡台山村的毛湛毛家也是如此。“树有根，水有源”，毛氏宗祠记载了毛姓家族发达的历史。据《毛氏家谱》和老人传下来的说法，毛湛毛氏家人到十三

龚姓门楼式的节孝牌坊

世，大约到清代中叶，发展到1000多人，人丁兴旺而且都很富足，无论为农、经商、读书、做官，都很出色，可谓不辱祖宗。毛湛毛氏宗祠，约清嘉庆年间（1796—1820年）建，建筑面积720m^2。坐北朝南，砖石结构，房高7.2m，正面高墙三开门，正中大门，上方有“毛氏宗祠”楷书大字。顶端雕龙飞檐，气势不凡。大门两边各一个月门，左边月门上方有“出弟”大字，右边月门上方有“入孝”大字。四周风火墙，一字式门楼，前后三进，三开间。正大门与大厅前天井之间为戏台，天井两侧廊楼为看台，戏台有藻井，木构件雕饰丰富精美，屋顶为庑殿顶。前厅上方有“温柔敦厚”牌匾，后厅上方有“安孔成寝”牌匾，字迹书法均出自清代年间著名的书法家毛鹤龄之手。里面为前厅侧廊，过天井上石阶到大厅，两边木柱粗大，撑起高高屋架。地面方砖铺设，大厅上方左侧有道光乙丑年毛世飞贡生选魁牌匾，右侧有辛卯年毛世荐举人牌匾，后厅供有历代先祖牌位，后有厨房杂屋。

由毛氏宗祠以古朴的造型、典雅的风格、完善的结构可见北方建筑的大气和南方建筑的隽秀。其兼收并蓄、因地制宜、顺其自然、系统规范的营造法式，形成了独特的建筑风格。

四、民居建筑的形式语言

闽北地域文化是传统农业社会中不可或缺的一部分，传统的民间工艺、民间建筑、民间戏曲与民间信仰相互交汇，通过直观的形式、精湛的工艺以及对文化内涵的提炼等共同对闽北地域建筑形式语言产生影响。在闽北地域建筑形式语言中，建筑的各个构件，承重结构有楼梯、阳台、支柱、过梁、斜撑等，非承重结构有门、窗、雨棚、遮阳板、栏板等，还有用于装饰的建筑构件。

地域建筑形式语言是形与义结合的统一体。建筑形式语言以建筑形式创造为依据和原则；同时结合地域现实条件，区分建筑模式化形式语言中的各种元素。建筑语言与符号学对应，将具体的建筑形式符号化，通过建筑的形式、建筑的内涵表达出来。

闽北地域建筑遗产丰富，不仅有雄伟庄严的闽越王城宫殿遗址、坛庙、陵墓、寺观等官式建筑，还有住宅、祠堂、会馆、书院等民间建筑。从形式与外观的样式两个方面，认识形式与意义的关系，尤其是建筑与地域的关系、人与空间的关系以及建造与形式的关系。建筑色彩、造型、空间的不同形式、组合，往往会给建筑本身赋予特定的文化内涵。

仔细观察闽北地域建筑，譬如下梅村的传统民居，不难发现村落中民居建筑外立面出于安全需要，都没有大面积的门窗，极具智慧的古匠人们，通过窗与窗之间的排列组合，配以窗框、栅格及其他装饰构件，化零为整的同时考虑了建筑外立面上门窗的比例尺度分割，要和其所在的建筑立面整体的比例和尺度相适应的问题，将其合理巧妙地放在一个大的视觉环境下，在满足功能性的同时，也不失去其自身尺度的亲切感。

闽北地域建筑整体的虚实处理往往独具匠心。大到建筑与其所在的整体庭院空间，小至一件砖雕图案，相对的整体的虚实关系皆经过仔细推敲。建筑外立面上的虚实变化处理手法，在外观上增强了空间的层次感，也具有实用性。

闽北地域建筑语言对称与均衡的形态呈现在建筑立面上，建筑自身反映出一种动静结合之美。建筑的造型一般都表现为相对稳定的形态，而在各种复杂的形态中又体现出一定的形式美感，并在一定程度上蕴含着对称与均衡的关系。建筑自身的均衡之美，除了形式的对称外，还体现在保持建筑立面外观量感的均衡，实现视觉上的稳定上。建筑空间也更加强调空间形态上的适应功能，以及对平衡、对称、条理、反复等形式美的规律和装饰艺术语言的运用。

闽北地域建筑立面结构特点

『手法表现』

建筑的结构为抬梁、穿斗混合式，土木结构。内墙材料为木板。

『手法特点』

普通的临街住宅，凸出的柱子划分了立面的竖向比例，栅格窗户在实现功能性的同时，形成了上虚下实的关系，也丰富了立面的比例关系。

『手法表现』

上实下虚，二层挑出，多见于山区的民居。

『手法特点』

二层建筑整体挑出，包括二层的实体框架部分和窗户。在空间关系上，整体上形成一层内凹、二层凸出的虚实关系，如同倒置的阶梯状。

『手法表现』

外墙体系用正面青砖空斗墙，其余为夯土墙。墙面出于安全需要，对外极少开窗，巷道窗户内凹。

『手法特点』

这样的处理手法多见于以砖石为主要建筑材料的巷子的墙体处理上。古巷立面多是几个小小的窗户，和大面积的实体的石墙相配比，形成了一种原始的粗犷大气之美。

『手法表现』

临水挑出栏杆和柱子形成平台，多见于临水而建的建筑风雨廊空间处理上。

『手法特点』

在建筑的虚实空间处理上，风雨廊所构成的通透空间，与实墙围合之下形成的庭院的厚重感和墩实感，也构成了巧妙的虚实关系。从外观及内涵来看，都极为合理、实用、适度。正所谓“增之一分则太长，减之一分则太短”。

『手法表现』

闽北古代的建筑以斗栱为“基本词汇”。亭、台、楼、阁都要用飞檐来标明自己的身份，表达自己的情感，而且飞檐的高低、长短往往会成为建筑设计的难点和要点。

『手法特点』

斗栱，是将屋檐托起的交叠的曲木，它可以将纵向的力量向横向拓展，从而构造出多种多样的飞檐。作为闽北古代建筑的“主要句式”，飞檐也有许多类型，或低垂，或平直，或上挑。其不同的形式语言可达到不同的艺术效果，或轻灵，或朴实，或威严。

『手法表现』

形式上对称的美学标准。

『手法特点』

形式上对称的建筑，以一条线为中轴，左右两侧基本相同，建筑的各个部分也都均等分布，形成具有规则感和秩序感的集群。

『手法表现』

整体与局部之间内在的和谐与均衡。

『手法特点』

建筑立面内在的均衡，更多的是在于观感意念上的“相称”和对应，而其外在表现形式多是不对称的。

建瓯，地处闽北内陆山区的武夷山东南麓，是一座历史悠久的文化名城，有文物佐证的历史可追溯到四千多年以前的新石器时代。东汉建安初年（196年）以汉献帝年号建县，至今已有1800多年，是“福建”最早设县之一，“福建”就取之于福州、建州首字。建瓯名人众多，宋代重臣郑钰、明代宰相杨荣、中国十大史学家之一袁枢等人才荟萃。历史上出了1154名进士、6名状元、10名宰辅、1位侯王，为全国18个千名进士县之一。县史记载着建瓯这个闽源之地和郡、州、都、府、路、道之治所的发展脉络。

全县境内星罗棋布般的传统民居建筑群，在闽北地域建筑长河中占重要的一席。古城源远流长的文化，千百年来连绵不断的缔造经营，形成了丰富的历史积淀、深厚的文化底蕴和璀璨的名胜古迹。现存的地域建筑距城西南三四十公里，均具有十分典型的乡土特色。建瓯保存至今的地域建筑主要有“库厝”“竹竿厝”“三拼厝”三种类型，为研究地方历史文化提供了丰富的实物见证。

库厝，为古代富商和官宦的住宅。由于人为毁坏较少，在建瓯一些偏远乡村保存的一批较为典型的大规模库厝，成为建瓯传统民居的一个特色。这些“乡村豪宅”分别是徐墩镇的“伍石山庄”、东游镇党城传统民居群落、吉阳镇巧溪村的“官宅”和龙村乡大汴地角里新闾等传统民居群落。

竹竿厝，一般厅堂、厅房、后房、厨房依次相连，用板壁相隔，多为小户人家所居，现仅在建瓯长桥门一带尚保留着一片分布区。

三拼厝，一般由左边的厅房、后房，右边的厅堂、后阁以及其后的厨房等几个部分用板壁相隔而成，多为中等人家所居，至今在建瓯城区尤其是北辛街较为集中。

川石乡川石村，距建瓯城区60km。千柱厝，传说因有千根立柱落地而得名。建于清康熙庚辰四十九（1710年）至壬辰五十一（1712年），历时三年。传说川石平民林挺森，亦农亦商而发家，亦有说是捡到九缸银后致富建此房。全厝由上厝、下厝和后厝三座宅院组成。整体建筑布局由三座宅院和一处院场组成，方块形布局，上厝、下厝和后厝三幢主体建筑成“品”字形布局，共占地11137m^2，建筑面积7841m^2，拥有地面房间254间。房屋全是土木结构封闭式瓦盖平房，与一般传统民居相似。

千柱厝三幢主体建筑坐南朝北，上厝为横三进二六幢厅，各厅都是由木构架、板壁前廊、大厅两厢、后廊组成住宅单元，横排三厅间隔风火墙，进深间隔为宽2m的空间，四围高墙；前墙内外双重，间隔6m空间；外墙大门一，石门框、双扇厚板门；内墙相连，三座厅前各设进出大门。住宅围墙两边各宽5m，

川石村传统民居建筑

内大门朝北开，但外大门朝向却有所差异，上厝内、外大门都朝北开，其高低、宽窄一样，同处于上厝的中轴线上，外大门比内大门的装饰、雕画更加富丽气派；下厝在上厝后，由两进厅和后院组成。厅两厢是鸳鸯房，后院筑有木构二层“走马楼”和假山、花圃。下厝、后厝的外大门相向对开，隔街相望，下厝外大门朝东，后厝在下厝右边，前厅、后仓库共两座建筑，围墙右侧宽5m，后厝外大门向西。每幢的四周都建有风火墙，形成各自完整的建筑群体，上厝、后厝都筑有内外风火墙，灶房、膳房、柴房、杂役房等都在内风火墙外，与正房隔开，内外风火墙间开一道腰门，一条石板走廊贯通。院场在下厝前，分别有晒场、鱼塘、菜圃和水井，并筑有亭阁。风火墙体厚60～80cm，墙基用青石块、河卵石砌就，在离地面20～30cm处，又用厚砖块铺砌，尔后再筑泥墙，风火墙超出房顶以后，又用薄砖干砌，呈花格状，中间用沙石填充。正房外建有明堂坪，地面用小号河卵石铺砌，有砌成花纹状的，有砌成各种几何图形的，工艺精湛，牢固坚实。住宅间隔4m，有卵石道相通，要道口设门楼，住宅内重重风火墙、子孙弄和门洞贯通。石板铺砌天井长5m、宽4m，加上前后座房屋间隔空间，采光、通风和排水设施功能齐全配套，防火、防盗和通道自成系统，比一般民居好。

西出建瓯往南武路北行约20km，一处规模恢宏的传统建筑群——伍石山庄便跃入眼帘。该宅位于徐墩镇下碓村伍石自然村，是清代富商伍玉灿的住宅。清同治三年（1864年），伍玉灿对伍石山庄进行大规模建设，请江西、上海等地的名匠设计图纸，浓缩清代各地民居建筑的精粹，各种建筑材料从武夷山等地经水路、陆路辗转运至伍石，历经18年建造，于清光绪八年（1882年）落成。伍石山庄是福建唯一入选《中国古代建筑史》一书的建筑范例。

伍石村四面环山，山形峻秀，风光耸翠峻奇，令人不能不惊叹它的古朴、端庄、宁静。更难得的是村中保存了数座光绪年间的老屋，静静地诉说着伍石村当年的繁盛。这些老屋的窗格、廊檐都雕饰精美，镂刻的花鸟人物图案或取自自然景观或反映日常生活以及传说故事的内容。

伍石山庄的崛起与近代建溪流域武夷山一带茶叶生产流通的繁荣有着密切的关系。最繁荣的时候，山庄拥有工人40多人，年产茶叶300多担，销往江西、浙江、上海、广州等地，现如今在下碓村到丰乐村一带还有一百多年前的茶园陈迹。

清道光年间，伍富与儿子伍玉灿商议投巨资修建一座大的建筑——伍石山庄。伍石山庄占地面积约9000m²，由三大院落组成，建筑形制吸收了徽派建筑和江浙民居的特点，布局以中轴线对称排列，面阔三间，中为厅堂，两侧为室，厅堂前为天井，具有闽北山地特征。现有二十余间房屋及附属建筑，园内房屋错落有致，巷道纵横幽静，住宅区和前后花园布局精巧、曲折多变。结构为多进天井院落式，有“四水归堂”的吉祥寓意。民居外观整体性和美感很强，高墙封闭，飞檐翘角，墙线错落有致，黑瓦青砖，典雅大方。其间山池花木，疏朗宜人，由三大进主体建筑和边屋组成，院前院后有花园、亭榭、池塘，亭台楼阁，古色古香。前院的院门外有用麻石铺设的晒坦。大院右侧还建有祠堂、戏楼各一座，面积达一千多平方米。整个大院布局严谨，建筑考究，规范而有变化，不但有整体美感，而且建筑局部各有特色，仅从房顶上

清代富商伍玉灿的住宅

村中保存了数座光绪年间的老屋

整栋建筑融古雅、精湛、富丽于一体

看，有歇山顶、硬山顶、马鞍顶、平房顶等，有平的、低的、高的、凸的、上翘的、垂弧的，可以说是一处一景，别有洞天。在装饰方面，采用砖、木、石雕工艺，如砖雕的门罩，石雕的漏窗，木雕的窗棂、楹柱等，使整个建筑精美如诗，融古雅、精湛、富丽于一体。远远望去，一组建筑形似园林，晒坦就像是一个广场。

伍石山庄大门前的屏风墙上有两幅藏诗竹画，画上的字全由竹叶组成，传言能读懂竹画的内容，就能找到价值连城的宝库。因此，凡是到伍石山庄的人，当地群众都会让他猜猜，希望能给他们指点迷津。因百年来无人参透，更成为人们津津乐道的话题。经多方查证，终于查实这两幅藏诗竹画实际上源于传说中关羽所作的《关帝诗竹图》。该画画工技艺精绝，构图奇妙。画中两根翠竹拔地而起，清峻通脱。右边的一根，竹梢向右斜出，竹叶下垂，似暴雨淋浇之状，人称“雨竹”；左边的一根，竹叶倾斜，如被狂风吹拂之状，叫“风竹”。这幅画由竹叶构成一首五言诗：“不谢东君意，丹青独立名；莫嫌孤叶淡，终久不凋零。”

这幅画运用竹叶营造“莫嫌孤叶淡，终久不凋零”的意境

厅堂雕梁画栋

伍石村伍石山庄

伍石山庄的主人把这幅画中的两根竹子分开来雕在门前屏风墙的两边，而且把其中的叶子位置稍作改动。现在看来，这两幅藏诗竹画与藏宝图没有相干，和岳飞背上刺的“忠”字一样，是儒家“忠君”思想的体现。

建瓯市政府对伍石村传统民居发布公告：不准擅自改建、增建，不准整体拆卖房料。由村委会或村民小组补充制订专项村规民约，并与住户订立古民居保护协议，规定要保护好现有居住房屋的一切设施；聘请专家制订历史文化名村保护、修复的控制性详细规划。按照“谁出资，谁修复，谁收益”的原则组织实施。严格按图纸，特别是厅堂、天井、过道等公用部分，各住户应爱护，若有自然损毁，各住户应出资修旧如旧。伍石村进一步的保护修复工作待中远期进行，为今后的民俗馆开办做好前期的准备工作。

巧溪村，地处建瓯、顺昌、建阳三县（市）交界的建瓯市吉阳镇境内，巧溪古村落古朴厚重与深情灵气兼具，气韵深远。村庄四面环山，西南有海拔1384m的郭岩山为屏障，一条小溪从村子中间流过，潺潺流水所引发的意境很容易触动游客心底的情愫之弦。乡野的清恬，古村的静谧，一次次诱惑着都市人踏访。从村头到村尾有九座桥和一座拦河石坝，犹似仙人棋盘上的过河卒。

清代是这个村庄发展的鼎盛时期，钦命五至九品军功52人、国子监生8人、太学生36人、府庠生26人、府武生8人、贡元4人、进士2人。被誉为地灵人杰的书香巧溪，在村尾进出村的要道上至今还保留有清乾隆庚辰年（1760年）的“巧水流长”题刻。远山若黛，斜阳如画，村外小溪逶迤而来，潺潺串流村落，传统民居依据地势高低错落有致，当地传统经济作物以杉木、毛竹、锥栗、果树等为主，建瓯吉阳镇巧溪村就是这样一个诗意的生态家园。

在巧溪村，触目所及清一色的青砖灰瓦，朴实素雅。该村现在仍保留着俗称“官宅”的明清时期大宅院，至今保存完好的传统民居尚有十多幢，这些传统民居建筑可以见证昔日的辉煌。其中，于清朝咸丰末期建造、距今140多年的五品军功饶国泽故居，面积1000m^2，尤其气派。据饶氏家谱记载，巧溪饶氏为宋仁宗赐以“理学大宋儒家”之称的饶鲁之后。南宋著名理学家饶鲁，号双峰，为朱熹的再生弟子。

饶氏宗祠又名“宋大儒双峰饶先生祠”，建于清咸丰元年（1851年），是巧溪村保存较好的传统建筑之一。大门用青石板精雕而成，顶上正中竖刻“理学”二字，横眉雕刻“宋大儒双峰饶先生祠”。进入大门，天井两旁有走廊，随后是大、小礼堂和三层康珊楼，整座祠堂富丽堂皇、雄伟壮观。周围风火墙下、土墙

宋大儒双峰饶先生祠

依地势而建，逐层抬升的宗祠天井

上用薄砖，大门多用磨平青砖、石板、石条雕刻，砾石砌的八卦图案工艺精湛。整座宗祠依地势而建，逐层抬升。站在后厅楼上的最高点可俯瞰整个巧溪村景。巧溪村地域建筑有祠堂的厚重，也有牌坊的深情。村口有座青石雕刻构建的节孝牌坊，建于清咸丰二年（1852年），是清五品太学生饶登麒感恩其母夏氏守贞节，抚养他成才而奏请朝廷建造。节孝坊全部用方形青石做柱梁雕刻，正中上方镌刻“圣旨”二字，中间横匾刻文是“旌表儒士饶廷侨之妻太学生登麒之母夏氏节孝坊”，四个方形石柱上刻有两副对联——“映日真心光照史乘，凌霜劲节扶植纲常”“柏舟明素志，荻画仰遗徽”，左右刻有“冰清”“玉洁”。据传，清代凡是骑马的得下马，坐轿的得下轿，无论大小官员还是平民百姓，一律步行过此节孝坊。夏氏27岁守贞节，由朝廷钦命赐建。此外，村里明清时期大宅院至今保存完好的还有不少。

建瓯市东游镇党城村始建于隋初，兴于宋元，鼎盛于明清，颓废于晚清及近代，至今已有1380余年历史。为乡人民政府所在地，现有居民近600户2500多人，不少村民仍居住在此群落民居里。清代为闽江上游颇为繁荣的商埠，向有“闽北一镇”之称。鉴于村庄现存明清传统建筑较多，且废墟绵延，国家文物部门已于2001年将其列为第五批重点文物保护单位。

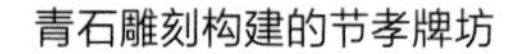
青石雕刻构建的节孝牌坊

东游镇的党城村明清传统民居

党城村，现存80多处明末清初的地域建筑群，面积达两万多平方米，其规模和精美程度在闽北也不多见。史载，党城村最鼎盛时期，有桥梁、庙宇、祠堂。历经风雨，加之当年的“破四旧”运动，村庄遭受了一定程度的损坏。但今天古村落“依山建屋、临水结村”的总体格局并没有改变，现存明清时期的传统民居布局整齐，形制相似，总体布局呈规整、对称的形式。围墙及屋体皆依地势而筑。高大敞开的大厅古朴典雅、气度恢宏。环顾四周，厢房与厨房两处的院墙，砌成高高的跌落式风火墙，借以遮蔽里面的建筑。建筑门窗梁栋，精雕细镂、飞金重彩、气度恢宏，内涵悠远的纹饰展示着极其丰厚的历史文化底蕴。反映了古代民间雕刻工匠们的审美情趣和高超技艺。独特的青砖灰瓦恰似佳人久居深闺，显得格外灵秀、恬静。

沿着半月形的古街走进建瓯东游党城村，传统古民居映入眼帘，这些民居多为两层砖木结构，四至八拼、二至三进厅的建筑，建筑内外镂刻、彩绘，虽然没有大户人家那种恢宏气势，但建筑形制精美，砖雕、石雕、木雕、匾额都体现了当年造房工匠精湛的工艺技术水平，建筑的梁柱、斗栱、窗棂、顶棚都雕有人物、花鸟、虫鱼，千姿百态，栩栩如生，其规模和精美程度在闽北也不多见。有的梁架彩绘、斗栱彩绘历经两百余年鲜艳不减当年，石花架、石水缸镂刻古朴，工艺精湛。民居群独特的前清民居属半封闭式的群落结构，是闽北传统民居建筑的代表，群落民居的院墙很高，通过一条里弄牌楼大门进去，里面或四幢或八

转轴是分界的帘子

幢，幢与幢之间有厅，有的厅是会客场所，有的厅则是女眷的活动场所，前厅与后厅的房梁上设有可装布帘的转轴，有客人时以布帘分界，女眷足不出厅。据该村的村民介绍，这转轴就是帘子，年轻的女眷不能出来，在里面玩，外面是客厅，客人是在外面玩的，帘子盖住就看不见了。

建瓯乡村农闲时，村民们聚在一起或打牌，或聊天，或品茶，悠然自得。由于水陆交通便利的缘故，集镇贸易颇为繁荣，许多古老的街道皆由贸易发展而来。民居大小略有差别，纵横高低有致，平面上里弄与里弄之间组成多个井字结构，横院纵院、大门小门互相贯通，体现了闽北民居的地方性、乡土性，别具一格。整座党城村传统民居群，更像是一部完整的闽北传统民居文化史。

闽北的传统民居建筑从根本上说一直是以木头做房屋主要构架的，属于木结构系统，因而被誉为“木头的史书”。这种建筑材料，使闽北的传统民居建筑有了独特的“艺术语言”。建筑对材料的选择，除根据不同的自然因素，还是不同文化、不同理念导致的结果。不同的语言，表达着不同的思想，流露出不同的情感。闽北传统民居建筑以木材为构架是由于当地丰富的木材资源和独特的地理条件。闽北人之所以将木材选作基本建材，还因为它与生命之亲和关系。

闽北地区有丰富的红土资源，砖在闽北是一种古老的建筑材料，闽北地区古代的建筑并非完全用砖块砌筑，但为了实现砖的砌筑感和厚重感，为了追求传统建筑的人文内涵，自古就有利用砖石材料营造建筑的传统。在闽北地区，传统建筑表皮富有规律的砖缝能够使人有手工砌筑的联想，粗糙的纹理和厚重感更能唤起人们对古老生活方式的回忆。

闽北地域建筑从建筑的价值来看，显现审美观念的异殊，民居建筑的结构与营建技术靠师傅带徒弟，靠经验和实践，言传身教。闽北民居建筑皆与天地和自然万物和谐，以趋吉避凶，招财纳福。借山水之势力，聚落建筑依山傍水，是闽北特有的一种传统建筑文化，可见闽北在观念文化、制度文化、物质文化上的特点。

闽北地域建筑内部空间、外部造型样式，基本形状和构成建筑整体形态的基本单位点、线、面、体、色五个方面构成了建筑的基本形式语言。它们不是随意的凑合，也不是简单的几何组合，而是依照人们的行为活动尺度和空间的使用功能来丰富、完善整体空间结构。它们有序地建构建筑空间，有着相辅相成、辩证统一的内在关系。不论是达官贵人的府邸，还是寻常百姓的屋宇，在营建过程中，都和闽北地域建筑形式语言的实际水准密切相关。

点在闽北地域建筑空间中处处可见，在民居建筑空间中，点起到强调视觉中心、强化构件位置以及凝聚人们视线的作用。民居建筑空间中的点，是一个相对的概念，根据民居空间不同位置的需要，其表现形式也丰富多样，可以小见大、见微知著。如地域建筑中的主题雕塑或其他主题饰物，与建筑内部空间相比尺度很小，但它们却是视觉和心理的中心。传统地域建筑砖雕门楼上居于中心的小小匾额，或雕刻圣旨，或镌刻的与宅屋、祠堂、庙宇相关的文字，可谓凝众人目光于此中心点。民居建筑中雕刻精美的砖雕斗栱、雀替，让原本寡淡的空间变得秀丽多姿，俯仰之间引人窥视遐想。传统民居通过点多变的形式、疏密、聚集与群化，构成建筑空间进深与立体维度的变化，形成不同的视觉和知觉印象。

线作为地域建筑空间中主要的形态语汇，表现形式主要有直线、弧线、曲线等，根据不同的空间维度又分为水平、垂直及其他角度的线条，其表现形式和姿态灵动多姿，同时也是一个集抽象与具象形式语言于一体的表现媒介。线在传统建筑中无处不在，门窗、线脚、柱式、长廊等都是线的表现形式。闽北传统民居建筑常常采用不同形式的线，用以划分空间序列，同时对视点起导向作用。如闽北民居建筑的风火墙，起伏优美的弧线、硬朗挺俊的直线、绰约多姿的不规则线条形式，在划分不同空间的同时，抒发着不同的空间语意与情感。除了划分形式的线之外，还有具备功能作用的线。闽北传统民居建筑经常利用柱、梁等形式构件围合空间，作为室内外的过渡，形成新的“意向”性表述语言。

面在闽北传统民居建筑空间中主要分为基面、墙面与顶面三个界面。传统建筑中不同的基面其表现形式不尽相同。顶面的处理主要是室内的吊顶与屋舍外部的屋面，起到美化传统人居环境的作用，同时保护房屋免受自然气候的不利影响。墙面是视线最常接触的空间界面，因此墙面的处理更加别出心裁，在地域建筑内部空间的实体中，常常与顶面和基面共同发挥作用。不同界面的形式语言构成了闽北地域建筑的基本形态特征，其具体变现形态为客观存在的限定要素，如民居建筑的地面、墙面、屋顶等，而这些限定要素（又称界面）的形状、比例、尺度和样式的变化，造就了传统民居建筑和而不同的功能和风格。面的构成形式、装饰纹案、色彩以及所用的材质等，共同决定了地域建筑不同空间界限的划分与限定，在整个地域建筑空间中，相对于点状和线状的形式语言，“面”在一定程度上作为地域建筑空间的视觉背景，对空间中的其他构成要素起烘托作用。

体是三维的，具有长度、宽度与深度三个维度，是容纳人们日常生活起居所需的真实建筑空间，具有实实在在的体积和量感。因此，体的分量足以成为传统民居形式语言的主导部分。闽北传统民居建筑的体量与观感，透过点的聚集与群化、线的多变、面的支撑而形成。相对而言，构成闽北传统民居的“体”除了规则的基本形体之外，也有附属于建筑的、随地形灵活变化的不规则自由形体，在建筑的整体空间中，“体”常常与建筑的“量”“块”相互协调统一。由于构成建筑形体的点的不同、线的变化以及面的比例、大小、形式、色彩的不一，体的造型与量感也会发生变化。地域建筑的“体”是建筑空间中“点”的连接交织、轮廓线的相互交接与“面”的外缘综合构成的实体三维空间，表现了建筑的外在形象特征，决定了建筑的外观形象。

色作为最富感情的表现元素，其视觉冲击力在建筑的形式语言中尤为重要，对人的生理和心理都有一定的影响，地域建筑色彩环境的营造因人而异、因事而变、因地制宜，是塑造地域建筑形象的重要方面。明清时期闽北传统建筑的色彩日趋成熟，平整绵密的肌理、暗沉的色调、明晰的建筑外廓，都显示出闽北传统民居的风格特征。闽北传统民居建筑多数为明清时期营建，传统民居建筑中的色彩，除了材料固有的本色之外，涂饰的色彩有中国传统吉祥用色红色、黄色，彩绘与灰塑中常出现的用色为蓝色，反映着统治阶级的信仰对民间用色的影响。因此，闽北传统民居建筑的色彩与当地的历史文化、人们的生活方式和价值观念休戚相关。民居建筑色彩会增加表现对象的装饰性，用富有闽北地域特色的色彩来塑造民居建筑的形象，也彰显着这一方建筑的个性。

地域建筑形式语言的组成包括建筑结构中的柱子、楼梯、门窗、栏杆等，

闽北地域建筑立面的色彩

材料　　色彩

『木材』

红色、黄褐色木质立面及灰褐色原色杉木板墙。

『泥土』

简朴的黄土夯土墙，配以青灰色卵石砌筑墙基。

『砖』

纯粹清淡的青砖墙与白灰粉墙。

材料

色彩

『石』

原色灰砖砌筑的砖墙门楼。

『瓦』

青瓦屋面配以古朴的土黄色与原色卵石墙。

『归纳』

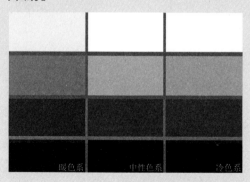

武夷山地域建筑色彩提炼。

总结

总体来说，闽北传统民居建筑立面的色彩，以清雅简素的颜色为主，根据不同的地缘环境，采用不同的色彩和冷暖倾向，与建筑所在的环境有机融合在一起，整体上给人一种淡雅素朴、英华内敛的古朴之美。

建筑的思想、观念、意义也要透过“形式”来表达。建筑形式应该处于中心地位，而不应该放在从属地位，它应该既是“工具”又是“媒介”。地域建筑形式问题是建筑的基本问题，建筑的功能要通过建筑的“形式”去实现。

闽北地域建筑装饰的图形经过人类历史的筛选和提炼，形成了独特的视觉符号。传统门窗装饰艺术是具有闽北传统文化特色的艺术之一。闽北地域建筑大多将重点放到门窗的样式、门窗装饰纹样的寓意、门窗雕刻技法等上。门窗装饰艺术除了实用功能之外还包含着具有民族特色的审美文化。这些门窗装饰形式语言及其组织构成方式、形式美表现手法和流传甚广的传统图形涉及人物、动物、植物、器物等来源于生活的形象，具有鲜明的民族性和地域性，其中融合了自然属性的图腾、阴阳相合的宇宙符号和中国的本源哲学意识，是闽北传统门窗形式的构建精髓。

地域建筑的美产生于建筑形式，产生于建筑整体和各个部分之间的协调关系。雕刻艺术作为一种重要的形式语言，关系从社会功能、使用材料、内在结构和外在形式，与建筑相互适应协调，发展成一个交融的整体。作为建筑形式的雕刻艺术随着历史的发展，风格不断变化。传统民居建筑形式中的雕刻装饰元素最早为传统形式，其装饰多为秩序性的，具象或抽象的装饰带，表现了理性空间的线性轨迹。它运用传统建筑语言——建筑模式、建筑母题、建筑细部进行雕刻，传统民居建筑形式中的雕刻正是作为装饰元素对建筑进行美化并强化其精神实质。明清时期改进了金属雕刻工具之后，建筑的雕饰更丰富了，是在平面上雕刻出凹凸起伏形象的一种介于圆雕和绘画之间的艺术表现形式，它最本质的特点在于主题性浮雕构图多样，由于压缩空间的程度不同，形成浮雕的两种基本形态——高浮雕和低浮雕。高浮雕由于起位较高、较厚，形体压缩程度较小，因此其空间构造和塑造特征更接近于圆雕，有较大的空间深度和较强的可塑性，甚至局部处理完全采用圆雕的处理方式，赋予其庄重、沉稳、严肃、浑厚的效果和恢宏的气势。浅浮雕起位较低，选择最有表现力的视角，以行云流水般涌动的绘画性线条和多视点切入的平面性构图为主，形体压缩较大，都是平面的，更大程度地接近于绘画。一般总是雕刻在某座建筑物的构件或局部的表面，如门框、窗边、梁柱、墙面、转角等或建筑物的表面。

闽北地域建筑中雕塑艺术和建筑艺术虽然是造型艺术中两种不同的类型，但是从古到今，雕和塑都与传统建筑有着十分密切的联系。雕和塑是造型艺术的一种，是雕、塑两种创造方法的综合，利用各种可以塑造的材料，创作出可视、可触的艺术形象，借以表达艺术家的审美。雕和塑与地域建筑之间也有很多的共通性。

地域建筑是人们利用一切可以利用的材料建造出来的构筑物，是通过形式上的象征向人们传达信息的一种形式语言。传统民居建筑艺术在空间和造型上把空间分为内部空间和外部空间。二者的空间组合多种多样，但都是概括的、符合逻辑的。传统建筑的三个标准是坚固、实用、美观，这三个标准一直影响着建筑功能、建筑技术和建筑艺术三要素。

地域建筑的最重要价值是实用，在实用的基础上实现实用性、审美性。实用性建筑起源于人类劳动实践和日常生活遮风雨、避群害的实用目的，重功能、技术、经济等，是人类抵抗自然力的第一道屏障。审美性首先在于其美化功能，提供视觉和心灵上的美感和愉悦。建筑艺术的审美特征，首先是技术与艺术相结合、实用与审美相统一，其次在于其历史和文化的象征和隐喻，包括静态的、固定的、表现性的、综合性的实用造型艺术，内容表现上的正面性、抽象性和象征性以及建筑与环境的协调等。

把地域建筑雕刻、彩绘装饰作为人文象征的语言符号来探讨时，更加有助于细致深入地分析传统建筑的价值所在。建筑装饰中的风格混杂是无意识的，建筑艺术与其他造型艺术一样，主要通过视觉给人以美的感受。审美意识具有对应的关系，基于不同文化审美差异而产生的装饰内涵在各自不同的文化背景下经过漫长的历史而形成不同的艺术形态，民族文化和民族风格也具有相对的传统性和独立性。

地域建筑形式是建筑内容的外在表现，建筑的内容归根到底是社会生活，正因为建筑形式直接反映人们的生活与劳动，而人们的生活与劳动又各不相同，所以就出现了建筑形式的不同。传统建筑只有遵循了美的法则才能创造出美的空间环境，从形式语言、结构语言、空间系统及其所形成的场所精神四个方面展开，展现东方文明在文化、思维方式、社会文化等方面的差异。

地域建筑的美是一种形式美。长期以来，人们也已经习惯了以统一和谐与层次变化为基本原则的形式美。建筑的形式美是一个十分古老的话题，从古代开始，人们就一直在探求形式美的规律和原则，培养对形式美的敏感，指导自身更好地去创造美的事物。探究形式美的规律和原则时，整齐、节奏、比例、和谐、对称、均衡、多样性的统一等形式美法则，产生了均衡与稳定、对比与微差、韵律与节奏、比例与黄金分割尺度等一系列以统一与变化为基本原则的构成手法。

从传统民居建筑艺术创作的历史来看，地域建筑把美的要素——对称和均衡，转化成一种新的整体与局部、各个尺度层级局部之间和谐统一的关系，通过运用比例、尺度、韵律、色彩等，以及形与义、内在逻辑性、层次结构、历史性和同时性四个方面的建筑形式语言表达出来。掌握地域建筑形式美的法则，运用形式美的法则表现美的内容，使美的形式与美的内容高度统一。

闽北地域建筑追求建筑与环境的融合，建筑风格也各具特色，并且与各个地方的风俗、地形地貌和气候等相结合。传统民居的建筑形式与建筑风格是两个不同性质的概念，“形式”一般是指物体的形状、结构、布局、种类和模型等，是具有空间和体积的物质的东西。建筑风格是在日常生产、生活环境中逐步形成的，与地域文化特色密不可分。各地的传统民居由于运用不同的建筑材料和采用不同的传统做法，因此都保留了自己的明显特点。无论是建筑整体还是局部，以及它们之间的关系，建筑材料的运用都是最主要的手段和表达方式。

闽北传统民居建筑与环境是结合在一起的，建筑风格总是依附于建筑的可见形象，因此它不可避免地要适应建筑的材料、结构等技术条件及其功能和环境，这些是它存在的前提。所以不能脱离材料和结构技术去认识任何一种民居建筑的民族风格和时代风格。随着环境不断发展变化，新的社会生活和物质手段带来了新的建筑内容，扩展了传统民居建筑的特色内涵。

第三节 民居建筑原有的生态价值与地域性

一、民居建筑原有的生态价值

闽北的地域建筑种类繁多、形态万千。虽然传统民居建筑缺少智能化，但是在结合自然、结合气候、因地制宜、因势利导、运用自然材料等方面体现了生态建筑和人居环境中蕴涵着的丰富的建筑形态和建筑经验。闽北传统民居是适应当地自然条件的有机产物，其生成和发展演变，是人们长期适应自然环境的结果。从传统民居丰富的建筑形态和理念中，可以感受到传统建筑给生活带来的舒适、方便。从民族传统文化出发，和谐处理人与自然的关系，合理开发利用资源、能源，走可持续发展的道路。要利用生态技术，从隔热、通风和遮阳的气候调节技术原理出发，继承和借鉴传统民居建筑形态以及基本构成关系。传统民居的气候调节技术，在处理人与环境、人与资源的关系方面，为人们创造了更方便的生活条件。

闽北地域建筑布局和选址体现了人与自然的结合，是人们为从事各种行为活动而构筑的空间结构，造型的多样性体现了人们的审美情趣。建造上运用的仿生结构、建筑构造手段及自然材料，在防风、防寒、避暑、取暖等方面应用的生态技术策略和技术手段是对人与自然关系的揭示。

闽北地域建筑把时间和空间融为一体，在很多领域都具有普遍性，体现了一种理想化的天圆地方，具有同构关系的宇宙观。传统民居建筑是民族文化渊源延续的重要方面，蕴含着丰富的历史文化遗产，在建筑百花园中有着独特的历史背景、文化传统和地域特色。闽北传统民居受地理条件、自然环境和人文因素的影响，在长期的实践过程中形成了具有民族地域特色的建筑风格。

闽北地域建筑元素是建筑文化中不可小觑的一部分，有了元素的构成和深厚的文化底蕴，才有了建筑对民族文化、地域文化、人文文化的体现。传统建筑形式虽经历发展与演变，却仍保持着强大的生命力。由于融合了“天时、地利、人和”这种世代相传的建筑形制的思想理念，传统建筑才能够在结合地形、节约用地、适应气候条件、节约能源、运用地方材料以及注重环境生态等各方面都体现了与自然的和谐共生，体现了融合的发展趋势。

闽北古村落辉煌的传统民居建筑以其浓郁、古朴的民族文化，集科学性、创造性、艺术性于一体，不仅体现了独特的风格，还具备了不同的功能，正日益受到社会的关注。传统民居不论在数量上，还是在技术性、功能性、影响力等方面都成为地域文化的重要组成部分。民居建筑是最原始的形式，是历经数千年发展演变而来的，是最能代表闽北传统风格的建筑形式，具有成熟的结构体系，也是最能体现地方特色及民族风情的建筑形式，它记录了社会的发展，体现出不同地域、不同民族的人文、生态环境。传统建筑的形经过了科学合理的选择与利用，包括布局、空间组织塑造的秩序，这种秩序是美的秩序、文化品位的秩序。

地域建筑有机地结合自然环境，用当地的建筑材料、建筑构件与装饰结合，巧妙配合绿化和鲜明的色彩，获得最佳的艺术效果。传统建筑的材料、技术、文化和观念在今天都已经发生了巨大的变化，对传统建筑形式的继承已经不仅仅是对传统形式的简单模仿，更不是对某一局部构件的符号化处理，而是通过对地域建筑结构体系、屋顶形式、建筑材质、色彩组合、细部装饰等方面的借鉴和利用，使地域建筑的形式得以再现。

二、民居建筑的空间形态

地域建筑的空间形态，包括构成建筑的有形要素与无形要素两方面。闽北早期的地域建筑，多注重物质形态，包括木构件、屋顶形式、建筑色彩以及空间构成等；此外，也注重从传统哲学、文化、民俗、伦理等各个层面探索传统建筑文化的基本内涵，如场所精神、环境认知与环境行为等，即建筑空间形态的无形要素。

闽北无论何种建筑，从民居到庙宇，几乎都是一个格局，类似于“四合院”模式。闽北的传统建筑采用聚落形态，把各种空间组合到一起，表现了闽北族群的文化特色。闽北传统建筑的美是一种“集体”的美，更注重空间营造，反映人文环境、自然环境特色。各种建筑前后左右有主有宾、合乎规律地排列着，以重重院落相套而构成规模巨大的建筑群，体现了闽北古代社会结构形态的内向性特征、宗法思想和礼教制度。闽北传统建筑是保守的，从文献资料可知，闽北传统建筑从发展过程看，形式和所用的材料几千年来都没有什么变化。

传统民居建筑是地域文化的载体，传统建筑装饰艺术能反映建筑所在地的社会生活与人文地域特色。闽北地域特色显著，文化积淀深厚。许多传统建筑的外观形象个性鲜明、地方特色浓郁。北方移民入闽，带来了家乡的宗教和建筑装饰技术，在此地域文化大背景之下，移民的地域文化传播最为广泛。闽北的原住民具有严格的社会组织制度和虔诚的宗教信仰，同时闽北地区自古民间地域宗教气氛浓厚，影响并形成了自己独具一格的建筑装饰艺术。传统民居建筑在环境中表现出的体量、材质、构件及建筑形式之间的关系，也就是建筑产生和建构的过程，并强调对空间的真实表达。

闽北建筑艺术的人文特质极具地域个性。儒家文化与道家文化千百年来在这里交汇，分别产生了深远的影响。闽北地域文化既有道家隐逸耕读的情趣与质朴，又有儒家理学的厚重与严谨。传统建筑因此形成了其独特的人文特质。可以将闽北地域建筑形式分为形体和建构两个方面，前者指建筑体块在几何学上的特性，建筑的形体也可以说是建筑的原形，它直接表达了构思，是建筑形式产生的原形；后者指建筑建成的过程，是建筑形式产生的物质基础、实现手段。闽北传统建筑有独特而典型的建筑形式，它以灰砖、灰瓦、风火墙为表现特征，以三雕与彩绘为装饰形式，以高宅、深井、大厅为布局特点，既自然古朴，又精美富丽，具有极高的审美艺术价值。

地域建筑在闽北地域文化中占有相当重要的地位。带有浓郁儒学特点的理学思想，在建筑中注入了崇儒重教、修身处事、避祸祈福等人文寓意，在原本深受儒家影响的闽北得到了广泛传播。地域建筑是闽北古代社会后期成熟的建筑流派，不仅具有良好的实用性和美感，更为闽北人追求精神生活、享受精神生活提供了物质空间，是闽北文化中最有影响并最具典型性的地域建筑文化。明清时期闽北商人经济实力雄厚，还乡后营建住宅，使古村落的文化丰富、景观突出。

闽北地域建筑的色彩很有特色，传统民居为砖木结构，多为二层，内设天井采光，外围高墙，墙上较少开窗，有开窗也是高而小，墙体在高出屋顶以上的地方设风火墙，主要用于防火、防盗，传统建筑上部为灰砖、灰瓦，下面大面积为土墙和石头墙基，路面是灰白的石板路，以青灰、土黄、灰白的层次变化组成统一的建筑色调。建筑是人类活动的外壳，传统建筑人文色彩面貌客观成因、道法自然的传统美学观，相对于其他艺术作品而言，耗资巨大，费时费工，不像小摆设、画、壁挂、家具等工艺品一样可以任意更换，因此建筑美学是必须得到重视和关注的。

三、民居建筑的地域性

民居建筑是地域文化在物质环境和空间形态上的体现。闽北地域建筑富有乡土气息的民间小舍，空间形体极富变化，具有较强的自然适应性。群体村落都必然要处在一定的环境之中，并和环境保持着某种联系，环境的好坏对建筑的影响甚大。建筑与自然环境尤其是地形、地貌有内在的有机联系，既体现在外部也体现在内部。

从民居建筑外部造型到建筑内部装饰，无不显示出一个民族的文化精神、价值观念、宗教信仰、艺术水平、社会风俗、生活方式及社会行为准则等社会生活的各个层面。建筑具有地域性特征，一定要适应当地特定的气候和地理条件。自然地理环境直接影响到当地建筑的布局、传统技术与构造以及外观形象。古今建筑师都十分注意对地形、环境的选择和利用，并力求使建筑能够与环境有机结合在一起。

地域建筑在特定的地域中取自然之利，避自然之害，最大限度地利用自然展现环境特色，使建筑与自然融为一体。这些建造于不同气候风土下的地域建筑，集古代匠人高超的营造技艺于一体，同时融合了特定的地域文化内涵，使建筑本身表现出较强的地域适应性。闽北气候炎热多雨、潮湿，因此建筑在外观造型上表现为屋檐较大而墙体较薄，以解决实际居住时遮阳、避雨等问题。从物质技术手段方面，要用辩证的观点来看待传统民居建筑，建筑中的材料大多来自于自然，如石、木、土、竹、藤等。建筑的形态特征、空间组合和构造方法也普遍地反映出当地建造技术的发展水平。

第四节 闽北地域建筑的传承保护与开发

一、保护地域建筑的营建技术

随着大规模经济建设的开展，在当代经济和文化全球化的背景下，具有本土特色和个性的地域文化正受到前所未有的侵蚀，民间文化保护和研究的紧迫性和重要性凸现出来。闽北地域民居建筑的营建，过去在史籍上甚少记载，匠人传艺主要靠师傅带徒弟的方式，有的靠技艺操作来传授，有的用口诀传授。匠人年迈、多病或去世，其技艺即失传。因此，如何认识和研究传统民居的地域文化并从中汲取营养，如何设计和营建民居，是地域建筑可持续发展面临的重要问题。总结老匠人的技艺经验是继承传统建筑文化的一项重要工作，也是地域建筑研究的一项重要任务。

如今由于生活习惯的改变，现代家居与择址理念开始逐渐替代传统观念与审美意识，地域建筑面临着拆毁和改造的压力，延续了数百上千年的古村落正在遭受着前所未有的撼动，遗产的真实性也受到影响。因此，要深入进行民居理论的研究和探索，历史资料、实物调查、经验做法都要上升到理论，找到规律性，才能有效指导实践。

闽北地域建筑体现了传统的选址和规划布局经典理论以及精湛的营建技术，具有较高的历史、文化、艺术和科学价值。现存有清代以前营建的成片历史传统建筑群，基本风貌保持完好。古人留下了许多极具研究价值的聚落，闽北的南山镇、下梅村、城村、五夫、和平古镇、崇仁村、观前村等便是一个个典型代表。保护闽北传统民居，必须深入到民间，到古村落民宅中去调查考察，吸取其精华。

闽北地域建筑的砖雕、木雕、石雕艺术在传统民居建筑装饰艺术中占有相当重的分量。闽北各时期的民间艺人充分发挥自己的聪明才智和艺术天赋，用勤劳的双手，在传承中发展，在发展中又不断创造，留下了许多弥足珍贵的“三雕”作品。但遗憾的是，也许是传统观念认为民间工艺只是雕虫小技，不能登大雅之堂，而那些民间艺人也“名不见经传”，所以在各地编纂的文献中，对传承的历史脉络、传承人及其谱系涉及极少，甚至没有，这就给进一步研究“三雕”艺术造成了无法弥补的缺憾，特别是当前“三雕”工艺在民间已濒临失传，挖掘、研究和保护工作就更加紧迫。因此，古村落的完整存在面临巨大的危机，保护前景也已经处于岌岌可危的境地。及时开展有关闽北古村落的系统研究，在古村落面临急速损毁的今天，怎样研究和保护历史文物建筑及其空间环境，重新重视对传统历史文化古镇古村建筑文化遗产的保护和研究在新农村建设中就显得更加迫切。

新农村建设在全国各地迅速推进，既为古村落保护提供了千载难逢的机

石雕门当抱鼓石

古民居中的木雕

遇，也带来了严峻挑战。具体表现在传统聚落文化遗产保护意识不强、安全隐患较多，旧村改造、新农村建设过程中建设性破坏状况较为严重，传统聚落文化遗产的保护经费严重不足，等等。必须采取有效措施，切实保护好千年来形成的文化遗存和文化传统，走出一条保护传统聚落、建设新农村的和谐发展之路。

古村落文化遗产的保护任务应是物质和非物质双重的，而不是单一的。非物质文化遗产作为文化传统，主要是活态的、传承的、流动的，而不是那些已经完全死亡了的“遗产”，无论就其字意，还是就其含义而言，都是指对非物质文化的“传承”，如传统建筑的布局、施工、装饰等知识，以及地域建筑装饰的脊兽、木雕、石雕、砖雕、彩绘，顶棚与各种墙面和地面装饰艺术。将这部分文化遗产妥善地保护起来，尽量找到相关技艺的传承人，将这些精湛的制作技术保存下来、传承下去。

二、建立保护机制

必须及时制定传统聚落历史文化保护的详细规划，明确保护的区域和范围，明确具体实施的政策和措施，如核心保护区，要严格控制室内外装修和改扩建，严格限制其功能转变。严格保存传统聚落原有肌理，严格限定拆迁范围，严格控制建筑高度、风格、建筑色彩、建筑密度、容积等指标，使文物建筑和历史地段的保护做到修旧如旧。避免把文物修缮得“面目全非”而损害其历史价值和艺术价值，保护地域建筑要使它“延年益寿”而不是“返老还童”。本着保护地域建筑应当连同保护它的环境的原则，系统分析闽北历史古建筑的整体发展脉络，找回曾经有过的辉煌。拆掉一座古建筑，就是带走一段历史，就是封堵一道时间隧道，不能受利益的驱使而割断人类历史的文脉。

成立各级保护协会，由古村落各产权所有人、管理部门、文化团体和热心传统文化保护事业的人士参加，同时聘请有关专家、学者担任顾问，指导保护和发展。

应当对村中每一处文物保护建筑进行整修，拆除违章搭建部分，修复破损的结构、构件。进行定期培训，培养稳定的技术管理队伍，保证古村落的保护性建设按规划要求进行。同时对参与古建筑修缮的设计施工队伍进行资格审查，确保古建筑维修在专家指导下进行。逐步建立古村落文化遗产保护档案，对古村落、古建筑实行分级保护，为不同价值的古村落、古建筑制定详细的保护档案，跟踪其变化，及时采取相应的保护措施，着重对古村落文化进行研究、展示，对具有价值的古建筑及其历史风貌采取政策保护和鼓励措施。

在经济迅猛发展的今天，如何做好闽北古村落现存地域建筑文物的保护，是摆在人们面前的一个重要课题。要统一规划、整体保护、合理利用，积极挖掘古村落传统文化的丰富内涵，探索各种方式。保护闽北地域建筑需要全社会来共同努力。

三、地域建筑文化遗产的保护和开发

地域建筑保护事关人类的可持续发展，其重要意义不仅仅在于物质存在的利用方面，也涉及文化脉络的传承。过去对古镇、古村的开发保护，从科学的角度来要求，但还有一定的欠缺。如今有了更高层次的要求，有了一定的原则，那就是“保护四性”的原则。一是原真性，要整旧如故，以存其真。二是整体性，要保护古镇、古村原来的整体面貌结构。三是可读性，也就是可看性。四是可持续性，眼光要放远。总之，要保护好古镇的整个人文环境，必须按《西安宣言》的要求去保护和开发，希望闽北能够在新一轮的古镇、古村开发保护中，在处理保护与旅游的关系中，成为一个好的榜样。

对地域建筑内外空间形态的分析，从地域建筑的形式语言、结构语言、空间系统及其所形成的场所精神四个方面展开，对探寻闽北地域建筑发展之路具有现实意义。能否保护好非物质文化遗产，关键在于能否真正认识到非物质文化遗产的传承规律，并按此规律来呵护遗产。同时，让全社会都能够对“非遗”有更深入的了解和认识，让“非遗”深入人心并使人们能够产生对“非遗”的保护及珍惜意识，使更多的有识之士参与到保护及弘扬“非遗”的行列中来，是社会各界不可推卸的历史使命。

参考文献

1. 陈支平，2009. 福建族谱[M]. 福州：福建人民出版社.
2. 陈志华，2005. 楠溪江中游古村落[M]. 北京：生活·读书·新知　三联书店.
3. 陈志华，等，2007. 乡土瑰宝系列[M]. 北京：生活·读书·新知　三联书店.
4. 戴志坚，2009. 福建民居[M]. 北京：中国建筑工业出版社.
5. 段建华，王抗生，2005. 民间石雕[M]. 北京：中国轻工业出版社.
6. 傅小凡，谢清果，2008. 朱子理学与武夷山文化[M]. 厦门：厦门大学出版社.
7. 高秀静，2005. 福建省地图册[M]. 北京：中国地图出版社.
8. 何绵山，1998. 八闽文化[M]. 沈阳：辽宁教育出版社.
9. 侯幼彬，2006. 中国建筑美学[M]. 哈尔滨：黑龙江科学技术出版社.
10. 黄汉民，2009. 福建土楼[M]. 北京：生活·读书·新知　三联书店.
11. 姜立煌，2005. 朱熹在五夫[M]. 北京：作家出版社.
12. 蓝先琳，2005. 民间砖雕[M]. 北京：中国轻工业出版社.
13. 李秋香，2008. 闽西客家古村落：培田村[M]. 北京：清华大学出版社.
14. 林国平，邱季端，2005. 福建移民史[M]. 北京：方志出版社.
15. 林拓，2001. 两宋时期福建文化地域格局的多元发展态势[J]. 中国历史地理论丛（03）：87-96.
16. 刘家军，2008. 闽文化与武夷山（第二辑）[M]. 厦门：厦门大学出版社.

17. 陆元鼎，2004. 中国民居建筑[M]. 广州：华南理工大学出版社.
18. 陆元鼎，杨新平，2008. 乡土建筑遗产的研究与保护[M]. 上海：同济大学出版社.
19. 罗德胤，2009. 观前码头[M]. 上海：上海三联书店.
20. 黄仲昭修纂，福建省地方志编纂委员会旧志整理组福建省图书馆特藏部整理. 八闽通志·卷之四十四·学校·建宁府（下）[M]. 福州：福建人民出版社，2006.
21. 南平地区地方志编撰委员会，1994. 南平地区志[M]. 北京：群众出版社.
22. 南平市地方志编纂委员会，2004. 南平地区志[M] . 北京：方志出版社.
23. 潘谷西，2006. 中国建筑史[M]. 北京：中国建筑工业出版社.
24. 尚洁，2008. 中国砖雕［M］. 天津：百花文艺出版社.
25. 王其亨，2007. 风水理论研究[M]. 天津：天津大学出版社.
26. 杨琮，1998. 闽越国文化[M]. 福州：福建人民出版社.
27. 余奎元，2004. 南浦笔话[M]. 上海：福建省地图出版社.
28. 邹全荣，2003. 武夷山村野文化［M］. 福州：海潮摄影艺术出版社.
29. 邹全荣，2006. 携手晋商 行万里茶路［J］. 小城镇建设（11）：29-31.

后 记

闽北历史文化渊博、地域文脉绵长，是一个有着五千年悠久历史和灿烂文化的地方，与其他地区相比较并没有一个迥然不同的格局。闽北传统民居虽然沿袭了中国传统民居及聚落的基本形式，但受历史因素和地域社会经济形态和自然环境的影响，又具有自身鲜明的特征。由于地域文化的不同，散落在闽北各地的古村落，其传统特色之丰富已举世闻名。古村落的传统元素作为社会文明，在许多领域都有体现，是人类的宝贵财富。这些古村落拥有优美的自然环境，同时拥有各具特色的民居建筑。从闽北地区传统的地域建筑形制上来说，灰砖建筑的砌筑方式、营造技艺和形态丰富。从传统建筑个体来看，又存在着材料、构造、形态、规模、施工方式、平面形式、墙体、屋顶等差异，它们均体现了闽北地域光辉灿烂的建筑历史文化。

在历史发展过程中，闽北地域建筑气质内敛的建筑语言，不同于中原地区传统民居建筑的稳重。闽北灰砖的民居建筑，建筑装饰是一个重要方面。从文化的角度，闽北传统的灰砖建筑装饰由于不同文化融合、不同地理气候条件，形成了独特的具有强烈地方特色的样式与风格，蕴含了大量地方历史、人文景观、社会风俗等信息，值得深入解读。

闽北地域文化和建筑形式语言的本质是对地域建筑形式的文脉延续，如村落形态、空间格局、传统街巷、民俗民风、传统工艺等，用多元化的地域建筑形式语言来探讨空间本质问题。闽北古村落源远流长的历史文化，自然隽秀的山水格局与宛如天成的地域建筑提供了一个个活生生的古村落标本，如牌坊、祠堂、民居、古塔、古桥、池塘、古树等构成古村落的主要元素，在当代全球化经济和文化背景下，与具有本土特色和个性的原生态的生活气息、风土人情、传统习俗与现代文明相适应，并在不断的建设、发展中传承下去。

闽北古村落传统风貌特色的保护和可持续发展对继承与发扬闽北地方特色具有广泛的意义和价值。要注意保护传统民居地域建筑遗产，深入研究形式多样的优秀传统民居地域建筑，挖掘本地建筑文化传统，在人居环境建设中弘扬地域文化，使民间文化保护和打造具有闽北特色与文化内涵的地域建筑。我们提倡应用各种当地建筑技术，发展传统民居地域建筑。如何做好闽北古村落现存文物的保护，迈向可持续发展道路，是摆在人们面前的一个重要课题。统一规划、整体保护、合理利用，积极挖掘和传承传统文化的丰富内涵需要全社会来共同努力。

我从事闽北传统民居地域建筑的调查研究工作已有十多个年头了。2009—2010年在中国艺术研究院美术学专业民间美术研究方向访学，在导师吕品田教授的指导下主要从事传统民居的研究，开阔了眼界，增长了见识，锻炼了能力。这一切要深深地感谢吕品田导师对我的关心、帮助和培养。

从2014年“闽北地域文化与地域建筑形式语言研究”课题的田野调查开始，可以说走遍了闽北的山山水水、角角落落。在闽北这块生我养我的土地上，我努力地耕耘着，既尝到了工作的艰辛，也感受到了收获的喜悦。课题组在对已有的闽北传统民居地域建筑资料进行搜集与整理的基础上，2014—2018年间，多次到闽北选择一些分布面相对较广、布局保存比较完整，且最具典型形态的古村落，进行了全面、深入的实地调查。调查工作得到了多个部门的大力支持，他们提供资料，并派人参加，从而保证了历次调查工作顺利进行。经过对闽北民居、祠堂、书院、宫庙等地域建筑与环境的调查，我和研究生黄静、周爱娇、黄妙红、王淑婷等，除了对闽北古村落进行详细的测绘及拍照记录外，黄静还对其中的重点及典型地域建筑绘制了平、立、剖面图。课题组成员全面的调查和细致的材料取证，为课题的完成奠定了坚实的基础。

本书在撰写出版过程中得到了中国建筑工业出版社马彦副编审和王晓迪编辑的大力帮助。在此一并深表谢意！同时，感谢国家社科基金、福州大学出版经费对本书的支持！由于本人水平有限，本书肯定存在许多不尽人意的地方，恳请专家同行们批评指正。